浙江省社科规划课题成果（课题编号：13NDJC175YB）

Aesthetics of Leisure
A Study of Leisure from
the Perspective of Aesthetics

休闲美学
审美视域中的休闲研究

赖勤芳 著

北京大学出版社
PEKING UNIVERSITY PRESS

图书在版编目(CIP)数据

休闲美学:审美视域中的休闲研究/赖勤芳著.—北京:北京大学出版社,2016.4

　ISBN 978-7-301-27009-7

　Ⅰ.①休…　Ⅱ.①赖…　Ⅲ.①闲暇社会学—美学—研究
Ⅳ.①B834.4

中国版本图书馆 CIP 数据核字(2016)第 050152 号

书　　名	休闲美学——审美视域中的休闲研究 Xiuxian Meixue
著作责任者	赖勤芳　著
责任编辑	闵艳芸
标准书号	ISBN 978-7-301-27009-7
出版发行	北京大学出版社
地　　址	北京市海淀区成府路 205 号　100871
网　　址	http://www.pup.cn
电子信箱	minyanyun@163.com
新浪微博	@北京大学出版社
电　　话	邮购部 62752015　发行部 62750672　编辑部 62750673
印 刷 者	三河市博文印刷有限公司
经 销 者	新华书店
	965 毫米×1300 毫米　16 开本　17.25 印张　240 千字 2016 年 4 月第 1 版　2016 年 4 月第 1 次印刷
定　　价	48.00 元

未经许可,不得以任何方式复制或抄袭本书之部分或全部内容。
版权所有,侵权必究
举报电话: 010-62752024　电子信箱: fd@pup.pku.edu.cn
图书如有印装质量问题,请与出版部联系,电话: 010-62756370

目 录

绪 论 1

第一章 休闲的审美蕴涵 13
第一节 理解"休闲" 13
第二节 体验与休闲 27
第三节 艺术与休闲 37
第四节 经济与休闲 55

第二章 休闲审美的构成 66
第一节 休闲主体 67
第二节 休闲资源 80
第三节 休闲原则 93
第四节 休闲方式 107

第三章 休闲审美的制约 124
第一节 伦理与休闲 125
第二节 消费与休闲 144
第三节 技术与休闲 154
第四节 "游戏说"的深义 167

第四章 休闲的生活艺术 183
第一节 中国人 184

第二节　西方人　197

　　第三节　"渔夫"情结　210

结　语　234

参考书目　238

附录1　林语堂人生艺术化思想的形成　249

附录2　当代电影中的金鱼意象探析　260

后　记　270

绪　论

休闲问题既熟悉又陌生。在实际生活中,我们不时地经历休闲,似乎也习以为常,只是很少有机会静而思之。而当被问及"世人能够进行休闲吗"的时候,我们也未必能够自如地回答。西方学者曾这样追问,他们不仅"肯定"地回答,而且要求我们应该相信休闲,"因为唯有在休闲之中,人类的目的方能得以展现"[1]。可以说,休闲并非是可有可无的"小"事,而是事关生活品质的"大"事。每个人都离不开休闲,但不是每个人都能享受休闲;每个社会都需要休闲,但不是每个人都能拥有休闲;每个时代也都需要休闲,但又并非每个人都能获得这样的机会。如何真正享受、拥有、获得休闲,这确是一个需要我们直面的问题。特别是在当下,越来越多的人选择休闲,也越来越把休闲当作一种值得追求的生活方式。休闲,这是一个值得深入反思的问题。它不仅是休闲学的研究对象,而且是美学的研究对象。本书即是基于美学的立场研究休闲问题。应当说,这种研究是别具意义的。

一、现状及趋势

众所周知,休闲现象在人类文明史中的存在已有数千年历史,但对这种现象进行思考,从学术层面加以探索并对其进行规律方面的揭示,仅有百余年的历史。西方休闲学的正式诞生标志是1899年出版的美国学者凡勃伦(Thorstein Veblen)的著作《有闲阶级论:关于制度的经济研究》[2]。自20世纪中叶以来,休闲学在西方得到进一步发

---

[1] [美]托马斯·古德尔等:《人类思想史中的休闲》,成素梅等译,云南人民出版社2000年版,第282页。
[2] 该书汉译本的初版是在1964年,目前已重印至第6次。

展。目前,北美等一些发达国家已经建立了包括休闲学、休闲美学在内的完整的休闲研究及教育体系。[1] 中国的休闲研究起步较晚,兴起于20世纪八九十年代,并在21世纪得到较快发展。以出版情况为例,国内多家知名出版社都推出了"休闲"丛书:云南人民出版社的"休闲研究译丛"(5种,2000)和"中国休闲文化丛书"(3种,2004—2005);广西师范大学出版社的"社会文化与旅游人类学·译丛"(4种,2008);重庆大学出版社的"休闲与游憩管理译丛""休闲与游憩管理丛书"(15种,2008—2009);中国经济出版社的"中国学人休闲研究丛书"(5种,2004)和"西方休闲研究译丛"(5种,2009);浙江大学出版社的"休闲书系"(7种,2009);中国旅游出版社的"西方休闲研究经典译丛"(6种,2010),等等。这批丛书大体代表了国外、国内休闲研究的最新成果,也是目前全球休闲研究基本现状的反映。可以承认的是,休闲研究已渐成气候。[2] 而休闲美学在当代休闲研究格局中亦占据了一个特别的地位,并凸显为休闲研究的重要方向。

一般认为,休闲学(Leisure Study)侧重研究休闲现象、休闲活动的一般规律,是休闲学科中的基础学科。以休闲学为核心,形成了包括休闲美学在内的多种分支学科。研究休闲可以采取多种方法。马惠娣谈到"从文化哲学的层面透视休闲"(1999),"呼唤中国的休闲学"(2000),亦指出:"休闲学往往借鉴和采用了哲学、社会学、经济学、行为学、人类学、文化学等多学科的思维方法和理论工具,形成了休闲哲学、休闲社会学、休闲行为学、休闲经济学、休闲心理学、休闲美学、

---

[1] 参见程遂营:《北美休闲研究:学术思想的视角》(社会科学文献出版社2009年版)第五章。
[2] 参见这些述评文章:马惠娣、刘耳的《西方休闲学研究述评》(《自然辩证法研究》2001年第5期),李益的《近年来学术界关于休闲问题的研究综述》(《广西社会科学》2003年第1期),宋瑞的《国内外休闲研究扫描——兼谈建立我国休闲学科体系的设想》(《旅游学刊》2004年第3期),卿前龙的《西方休闲研究的一般性考察》(《自然辩证法研究》2005年第1期),郭鲁芳的《中国休闲研究综述》(《商业经济与管理》2005年第3期),梁玥琳等的《国内近十年休闲研究进展》(《中国地质大学学报》〈社会科学版〉2006年第5期),张建的《国际休闲研究动向与我国休闲研究主要命题刍议》(《旅游学刊》2008年第5期),方青等的《1980年以来的中国休闲研究述评》(《安徽师范大学学报》〈人文社会科学版〉2009年第1期)等。

休闲政治、休闲运动、休闲宗教学等。"[1]马惠娣等学者又共同推出"中国学人休闲研究丛书"(5种,2004),深入探讨了有关休闲的理论与实践问题,对于什么是休闲、为什么要休闲、如何休闲等问题做了多层面、跨学科的思考。章海荣对"畅"与"美感"两个概念从主体所在的生活方式、美感方式、审美关系三个方面进行了区分,并指出"畅"既是休闲理论的重要概念又是美学的概念,它处于美学与休闲学的结合部,将成为一门新兴学科的逻辑起点。[2]张法认为,休闲是对非工作和责任时间的一种花费和享受,具有自由把握自己的心理体验和人性本质,从而与美学相通和交叠。美学在休闲的四个层面中可起作用:家居休闲,休闲产业的形式外观和形象塑造,休闲的诸多样式就是审美样式,休闲作为自由心境。休闲从历史和现实看,有正面和负面两种朝向,美学进入休闲是保证休闲的正面朝向的。[3]休闲与美学两者可以汇通,这已成为共识。

国内不少学者以休闲与审美的关系作为讨论议题。对于以人的问题为研究对象的休闲学来说,它与美学具有紧密关系是不言而喻的。在全球化及经济、文化转型等背景下,休闲与审美的结合愈加紧密。显然,探讨两者关系是极为必要的。潘立勇认为,休闲是人的自在生命及自由体验状态,以自在、自由、自得为基本特征,而这种特征也正是审美活动的最本质的规定性。因此,休闲的最高层次和最主要方式就是审美。[4]谢珊珊认为,休闲与诗词创作有着共同的心理前提与审美指向。休闲带给人自由体验,是以审美作为最高层次和最主要方式;诗词创作则是理想的审美实践方式,而"闲"也作为重要的审美元素拓展了诗词的审美空间。因此,她提出在"哀怨起骚人""愤怒

---

[1] 马惠娣:《中国学术界首次聚焦休闲理论问题研究:"2002—中国:休闲与社会进步学术研讨会"综述》,载《自然辩证法研究》2002年第2期。
[2] 章海荣:《休闲美感初探——兼作"Flow"(畅)与游比较》,载《上海大学学报》(社会科学版)2004年第4期。
[3] 张法:《休闲与美学三题议》,载《甘肃社会科学》2012年第4期。
[4] 潘立勇:《休闲与审美:自在生命的自由体验》,载《浙江大学学报》(人文社会科学版)2005年第6期。

出诗人"之外,更应关注古代休闲文化对文学尤其是诗歌创作的影响。[1] 杨锋刚认为,中西文化尽管对休闲的理解有其各自独特的思想重心和精神品质,但是都强调休闲的人性内涵和超越本质,强调人的自由自觉的生命状态和自适自得的内心体验。就此而言,"休闲内在地通向审美"。[2] 毛宣国认为,"休闲"不是单纯的享乐,而是人的一种心理愉悦与精神自由,正因如此,休闲与审美活动有着深刻的关系。首先,从休闲与审美活动的本质特征来说,二者都可以看成一种摆脱物质与功利化人生纠缠的自由的生存方式与生活态度。将休闲与审美结合起来,从审美角度看待休闲,对于消除当代社会中人们对物欲的贪恋,平衡内心的焦虑,保持生活的节奏与韵律很有意义;同时也可以更好地面对休闲产业与消费、社会的休闲与个体的休闲、休闲的动机与制约所面临的种种矛盾。[3] 章辉认为,休闲的基本特征与审美活动最本质的规定性相遇于自由这一层面,"玩"可以顺理成章地过渡到审美状态。游戏性是休闲的本质属性之一,游戏带有明显的审美特征。在给予人精神自由和人生幸福的过程中,休闲还给人带来审美的、创造的、想象的和超越的感受;主体在休闲活动中同样也可以表现出行为美、心灵美和人格美。[4] 此外,许多学者关注、研究具体的休闲方式,着重娱乐(或娱憩)、游戏、旅游、体育等与休闲的联系与区别。如李仲广等认为,娱憩(recreation)多指一种"情感的状况",是个人在闲暇时间从事能消除疲劳并让身心和精神得到满足、愉悦的行为。虽然娱憩与休闲都是在自由时间内追求快乐的自发行为,但是娱憩是理性化休闲(Rationalized Leisure)的一种形式,是享受快乐的一种手段,而休闲直接以快乐和自我表现为目的。[5] 陈来成认为,旅游(tour)是人们为了进行心情转换、休息或者满足好奇心而去接触新的

---

[1] 谢珊珊:《休闲与审美:古代文人自主生命的追求与超越》,载《东岳论丛》2011年第6期。
[2] 杨锋刚:《美学视域中的"休闲"及其本性》,见《美学与艺术研究》第4辑,范明华、李跃峰主编,武汉大学出版社2012年版,第349页。
[3] 毛宣国:《休闲与审美关系的刍议》,载《美与时代》(上)2014年第10期。
[4] 章辉:《休闲与审美的关系》,载《中国社会科学院研究生院学报》2012年第1期。
[5] 李仲广、卢昌崇:《基础休闲学》,社会科学文献出版社2004年版,第114—118页。

生活、未知的风景,为了提高教养、审美意识或开阔眼界而去旅行或离开居住地并逗留一段时间的一种休闲活动。两者的本质区别在于休闲强调摆脱日常义务,而旅游是以回归日常生活为前提。[1] 类似见解甚多。这些研究表明:各种日常活动都有可能成为休闲活动,都可以从中寻找出审美方面的内涵,可以对它们进行美学的理论分析,而这就是"休闲美学"。

中西都有悠久的休闲(美学)思想史。关于西方休闲思想,除凡勃伦的《有闲阶级论:关于制度的经济研究》(1899)之外,赫依津哈的《游戏的人:关于文化的游戏成分研究》(1944)、约翰·皮珀的《闲暇:文化的基础》(1952)、罗歇·苏的《休闲》(1980)等著作中都有深刻体现。这些经典著作均已被译成中文,且广为人知。而亚里士多德、康德、席勒、马克思等经典思想家、美学家的休闲见解,也日益被国内研究者所关注,且有了一些成果,如陆扬的论文《亚里士多德论休闲》(2011)、刘晨晔的著作《休闲:解读马克思思想的一项尝试》(2006)。近年来,随着休闲逐步成为中国社会文化经济中的新现象、新问题,西方休闲研究的最新成果也陆续被汉译(见前述)。这些译作对传播西方休闲研究成果,促进国内休闲学、休闲美学的研究起到了积极作用,其中不少观点已被国内研究者引用,广布在各种研究成果中。与此同时,中国文化中所蕴含的丰富的休闲、休闲美学思想也不断被重视、激活,如吴小龙的《适性任情的审美人生:隐逸文化与休闲》(2004)、胡伟希等的《追求生命的超越与融通:儒道禅与休闲》(2004)、柴毅龙的《畅达生命之道:养生与休闲》(2005)。这批"中国休闲文化"丛书涉及老子、孔子、庄子、陶渊明、苏轼、洪应明、李渔等文化人。又如杜卫主编的《中国现代人生艺术化思想研究》(2007),从启蒙角度审视中国美学的一种现代性传统,其中涉及王国维、周作人、宗白华、朱光潜、林语堂、梁实秋等大量个案,颇具研究深度。这些个案研究也出现在大量的单篇论文中,限于篇幅,此处不再列举。还有大量的中国人生活(史)研究,如龚斌的《中国人的休闲》(1998)、赵庆伟的《中国社会

---

[1] 陈来成:《休闲学》,中山大学出版社2009年版,第89—92页。

时尚流变》(1999)、莫运平的《诗意里的休闲生活》(享受"诗生活"系列,2006)、蔡丰明的《游戏史》(2007)。这些成果偏于对传统中国人休闲方式进行现代观照,同时本身具有"休闲读物"性质,因而具有生活指导意义。

　　本土的"休闲美学"建构,正是一些国内研究者所竭力追求的。目前直接取名为"休闲美学"的著作,以吕尚彬等编著的《休闲美学》(2001)较早。该书对"休闲美学"进行了辨析和定位,指出这是研究休闲活动审美规律的一门学科,它的研究对象是休闲的美和美的休闲,或者说是通过美的休闲和休闲美的研究,揭示休闲活动过程的一般特征、规律和意义。休闲美学不仅要研究休闲美的一般原理,而且要探讨休闲美在各种具体的休闲活动之中的表现规律,要研究艺术休闲如音乐休闲美、诗词休闲美、书法休闲美、绘画休闲美、文学休闲美等领域,还要研究棋类休闲美、旅游休闲美、收藏休闲美等不同方面。与持"美是什么"的本体论不同,张玉勤的《休闲美学》(2010)为休闲所确立的美学前提或逻辑视域是"审美文化":休闲的美学研究既需要从学理层面进行理论阐析,又需要关注休闲的现实存在,总之要始终在审美与生活、理论与现实、意蕴与方法之间保持着张力。该书分三编:上编(基础研究)是通过对西方人眼中的休闲、中国人眼中的休闲、休闲美系统、现实观照与审美建构、休闲的生活态考察等层面的梳理,给出了休闲美学的理论框架;中编(专题研究)涉及休闲审美与旅游、休闲审美与广场、休闲审美与节庆、休闲审美与麻将等领域,把休闲与审美具象化,使读者对休闲审美有直接的理念与体验;下编(拓展研究)辑录了"审美文化与休闲"的几组研究文章,包括休闲美系统、休闲体验、休闲与狂欢、休闲产业等问题,理论探索与实践调查报告并呈,体现出研究视角的多样化。此书之前,还有陈琰编著的《闲暇是金——休闲美学谈》(2006)。作者在"前言"中指出:"一个真正完整的人的存在,应该是他感性本质的全面丰富和完善";"真正的休闲是一种优雅的审美生存方式";"真正的休闲是以一种审美的态度对生活的雕琢";"作为一种审美生活方式,休闲是我们美丽的精神家园"。全书分"闲情雅致""适性逍遥""亲近自然""回归生活"四篇,以趣谈为主,并非追求理论构建。尽管如此,该书与前两书还是值得重视,它们为我们深入开展休闲美学研究、建构"休闲美学"的要求提供了本土案例。[1]

以上是对目前国内休闲美学研究成果若干方面的总结。事实上,休闲美学的研究遍布哲学、文化、经济等各个领域,涉及休闲概念、休闲旅游、休闲教育、休闲产业等各方面问题。总之,休闲是与人类生活密切相关的问题。如果说休闲学对于促进社会进步、经济发展和人的全面发展起着重要作用,那么从美学立场研究休闲,这种作用会更加突出。西方学者曾预测本世纪不久即进入"休闲时代",发展中国家将紧随其后。顺应当代社会需求和学术趋势,对与休闲相关的美学问题从学理层面深入展开研究,这是十分必要的。将休闲美学作为美学的一部分,置休闲于审美视域进行考察,可以极大地突显休闲的"存在"意义,彰显其人文价值。更重要的是,以此引导公众学会聪明地休闲、把握生存的美学境界,使大众能从容而和谐地生活,这对优化构建和谐社会的精神基础具有现实意义。休闲美学的前景值得期待。

二、思路与方法

为了突出休闲美学的旨趣,本书将"视域"(Horizon)作为理解休闲的起点。"视域"的本义是一个人的视力范围,是与主体有关的一种能力。视域不是僵化的界限,而是可以与主体运动一起流动的、进展的;固然主体运动可以使之得到延伸,但是终究无法达到边界,这两方面显示出视域的特点。它既是有限的,又是无限的,有限性与被感知的实在性有关,无限性与未被感知的可能性有关。因此,当"视域"被作为哲学概念运用的时候,就具有了丰富而深刻的含义。特别是在现象学和解释学中,这一概念具有根本性的地位。哲学家们的解释方式尽管不完全一致,但是贯穿其中的都是对人的历史性理解这一主题。

在胡塞尔哲学中,"视域"这一概念在一般情况下用于说明意识行

---

[1] 参见李爱军、陈曦:《休闲美学研究综述》(《韶关学院学报》〈社会科学版〉2009年第8期)、章辉:《中国当代休闲美学研究综述》(《美与时代》2010年第8期)等。

为的类型、"自我"或"自我状态"的特征,具有"背景意识""对可能对象的不关注""非课题状态"等多种含义。它的主导的含义是一种关系,即一种"意指的所有有限的意向性向整体的重要连续性的过渡"。[1] 这与海德格尔所说的"筹划"相似。海德格尔以"此在"指称人这样的存在者,其本质在于"他的存在",又即"总是我的存在"。这就是说,无论是作为可能性的在还是作为"在世之在",此在总是必须对自己和世内存在者有所理解。理解就是对意义的"筹划",或者说筹划意义就是把事物"作为什么"的解释。[2] 这种理解,事实上又构成了伽达默尔哲学解释学的初衷。伽达默尔反对把理解当作对于某个所与对象的主观行为,主张把人作为已经处于某种理解境遇,并且必须在某种历史的理解过程中加以解释和修正的"在世存在"。理解是一种存在,"属于被理解东西的存在"。理解是真理发生的方式,是"效果历史","理解其实总是这样一些被误认为是独立自在的视域的融合的过程"。[3] 如果说理解者本身构成一种视域,那么理解的对象(或文本意义的显现)也暗合了一种视域,理解即是两种视域的相遇。不同视域的差异性导致越界而向对方开放,此即"视域融合"。从胡塞尔到伽达默尔(中经海德格尔),经历了一次重要的哲学思维转向。相对来说,伽达默尔的"视域"概念更具始源性,不仅是对他人哲学观念的整合,而且包涵着对人之本体的存在论确证,显示出一种罕有的深度。无疑,人的生活世界应该被理解为"一种视域性存在"。[4]

归根结底,休闲是人的存在。在现实世界中,它总是表现为各种活动、方式,以一种"现象"而呈现。对此,我们既可以区分出审美性休闲与非审美性休闲,又可以区分出休闲性审美与非休闲性审美。但是无论是审美性休闲,还是休闲性审美,都是以能够促进人的发展及对

---

[1] 参见倪梁康:《胡塞尔现象学概念通释》(修订版),三联书店2007年版,第219页。
[2] 参见赵敦华:《现代西方哲学新编》,北京大学出版社2001年版,第105—109页。
[3] [德]伽达默尔:《真理与方法》上卷,洪汉鼎译,上海译文出版社1992年版,第393页。
[4] 参见夏宏:《视域:生活世界理论发展的内在逻辑》,载《江苏社会科学》2009年第2期。

存在感的领受为前提。这里的关键在于对"审美"的理解。何谓"审美"？姚文放说："审美是人类基于完整、圆满的经验而表现出的一种身心洽适、灵肉协调、情理交融、知行合一的自由和谐的心理活动、行为方式和生存状态。"[1]这一界说是通过本质特征的规定而达到的。但在实际中，"审美"的用法是多样的。作为语言使用，它是一个术语或范畴、一种文学特性；作为心理效果，它是一种愉悦性，是人基建于感知对象但又超越对象之后获得的心理快感；作为体验内涵，它是"通过对符号形式的体验而实现的沟通过程"[2]；作为社会行为，它是一种身份表达和地位象征；作为生活艺术，它是一种文化、一种境界，是体现人的最高价值的征象。可见，"审美"具有广泛的含义。更重要的是，这些含义依旧活跃在今天，不断地介入、融合到生活世界当中，再次构成了我们理解的"视域"。因此，借助审美话语，可以整合"休闲"的多重意蕴；以审美视域为测度，可以凸显休闲的存在价值和审美的引领意义；要确证合理的休闲评价观，也只有把休闲与审美统一起来才有可能。关于审美之于休闲的作用、意义，马惠娣这么指出：

> 从审美的角度看休闲，她可以愉悦人的身心。建立于休闲基础之上的行为情趣，或是休息、娱乐，或是学习交往，它们都有一个共同的特点，即获得一种愉悦的心理体验，产生美好感。人与自然的接触，铸造人的坚韧、豁达、开朗、坦荡、虚怀若谷的品格；人与人的相互交往能变得真诚、友善、和谐、美好。休闲，还会促进人的理性的进步——许多睿智、哲学思想得以产生，如：天人合一、生态哲学、可持续发展；人类的科学发现、技术发明都与休闲紧密相连。休闲，还为补偿人的生活方式中的许多要求创造了条件，它通过欣赏艺术、从事科学研究、享受大自然，不仅锻炼了体魄，激发创新的灵感，还丰富了人的感情世界，坚定了人追求真善美的信念，表达和体现人的高尚与美好的气质。[3]

---

[1] 姚文放：《"审美"概念的分析》，载《求是学刊》2008年第1期。
[2] 王一川主编：《大学美学》，高等教育出版社2007年版，第13页。
[3] 马惠娣：《人类文化思想史中的休闲——历史·文化·哲学的视角》，载《自然辩证法研究》2003年第1期。

因此，提出休闲的美学意义，就是对人的审美生活世界特征的强调。在当代，美学所面对的不仅有理论问题，而且有实际问题。特别是后者，它对美学的影响日渐凸显。与传统美学不同，当代美学表现出明显的大众化趋势，典型表现就是在文化的媒介化和消费化的推动下而逐渐形成的"日常生活审美化"。从办公场所到消费场所再到家居生活场所的艺术化欲求，从服饰到广告，从美容到健身，从休闲娱乐到旅游探险，强调审美体验的要求成为主动动因。这一引人关注的现象在美学界和文艺学界的学术论争此起彼伏、余波难断。[1] 平心而论，"日常生活审美化"是有积极意义的，如提高人的生存质量、提升公众的审美趣味、培育公众追求审美生活的内在冲动。但是我们不能对此过分乐观。这一现象的背后还有诸多隐忧，如由于诱导人沉迷于身体欲望和感官消费之中而滋长享乐主义，由于强化工具（技术）理性对人的操控而背离了人的生存本质。因此，在关注到日常生活发生革命性变化的同时，我们还必须揭穿"审美化"的伎俩："终究不过是只在表层上缓解和转移了日常生活本身的压抑和限制，并未从根本上把它改造成符合美学精神的人类活动。"这种软弱性的后果也是严重的："美原本具有的那种令人震惊和难以企及的独特品质，在广泛的审美化过程中被消解了。"[2] 说到底，"审美化"是一种否定性的力量和形式，是美学在消费社会的一种变形而已。因此，诉求从"审美化"回归到"审美"，这是极为迫切的。

美学在改变生活，生活也在改变美学。美学与生活本是合二为一的。没有生活的美学是空洞的，而没有美学的生活则是乏味的。审美视域下的"休闲美学"必然具有美学价值和生活意义。正如黄兴所说："把休闲置于审美的层面进行探讨是基于人类审美活动的无目的的合目的性及其具有的解放自我、释放自我的性质。休闲美学在以人为本的终极关怀下真实地关注着人类的生存，展现出高扬生命、个性解放的审美特征。它支撑和守护着人类的精神生活的家园，有助于克服

---

[1] 有关这方面的深入研究，参见陆扬：《日常生活审美化批判》（复旦大学出版社2012年版）、艾秀梅：《日常生活审美化研究》（南京师范大学出版社2010年版）等。
[2] 周宪：《审美现代性批判》，商务印书馆2005年版，第438页。

不良文化的侵蚀,促进人的自由全面发展。休闲美学的旨归是通过审美的方式来揭示出休闲蕴含的人本意义和人的生命价值,赋予休闲真正的含义,促使人们在日常生活的休闲活动中践行其趋于完美的生命实践。"[1]为此,本研究将重心落实到从"休闲"到"审美"这一转换环节,从更具体、细致的层面考察如何获得、实现审美性休闲(休闲审美)的问题。全书即围绕"审美性休闲"的建构这一中心展开,就休闲本性、休闲构成、休闲制约和休闲文化等方面进行论述,拟通过对休闲与审美关系的深度探析,求得一种从日常性向审美性提升的休闲认知;通过对审美性休闲的实现及相关问题的学理分析,提供一种在个体与社会身份认同形成过程中,休闲与审美相互影响的理论见解;通过对审美性休闲的倡扬,激活一种在人类价值理想追求过程中重视审美性休闲的文化传统,从而为公众参与健康休闲活动提供有效参考。这些构成了全书的重点。

为凸显主题和深入论述,研究中特别注重如下三个方面:

第一,在阐释中建构。阐释学作为一种诠释理论,是根据文本本身来了解文本和作者原意的规则,它在多学科研究中得到运用。本研究属于基础理论研究,重视对重点文本的阐发、对相关观点的整合、对重要概念的辨析、对典型个案的解读。通过这些方式努力进行理论建构,即以一种阐释的精神,力求在理论与现象的结合中架构起休闲美学的理论框架,并突出作为休闲美学的独特问题域及其深刻之处。

第二,在比较中突出。休闲生活历史几乎与人类历史相始终,休闲研究历史也几乎与人类文明史一样悠久;历史、文化、经济、地域、心理等多种因素的作用,导致了不同的休闲观念、休闲形态、休闲功用的产生。这些情况都决定了在研究中必须持以一种比较的意识,并且要求在比较中突出休闲美学与休闲学、美学等的联系和区别,而这种特色也正是本研究的目标和追求。

其三,在交叉中完善。尽管本研究主要从美学角度切入,但是考

---

[1] 黄兴:《论休闲美学的审美视角》,载《成都大学学报》(社会科学版)2005年第1期。

虑到休闲美学是一门交叉性极强的学问,故融入哲学、文学、心理学、社会学、经济学、文化学等各方面的知识是必不可少的。本研究将尽力给予吸收,以丰富休闲美学的知识谱系,并在这种综合中实现对休闲美学的理论预设。

第一章 休闲的审美蕴涵

休闲与审美之间存在复杂而微妙的关系。一个最基本的认识就是:休闲不等于审美,但休闲可以成为审美。休闲在根本上就是人的自在生命及自由体验状态,而这种特征与审美活动本质特征是一致的。休闲是以审美作为最高层次和最主要方式。换言之,审美生成的渠道是多样化的,它并非全部来自休闲活动,但是休闲活动中蕴含了审美的因子。因此,一般的休闲可以提升为相对特殊的审美。充分挖掘休闲的审美蕴涵,通过审美的视角去揭示休闲的内在,可以使我们更好地理解休闲的内涵。从不同的关系域去分析,我们可以获取事实上的支持,从而真正把握休闲的真谛。本章从中文"休闲"概念出发,然后说明体验、艺术、经济与休闲之间的密切关系,力求以此来突出休闲的审美内在及其向审美转化的必要,并指出真正的休闲就是审美。

第一节 理解"休闲"

休闲的审美蕴涵首先可以从一些定义中见出。作为理解的方式,定义是概念的语言形式,而概念又是建构学科及深入展开研究的基础,故其重要性毋庸置疑。在休闲研究中,亟须明确"休闲"(或 leisure)的概念。特别是在一些具体案例分析的时候,如果没有明确的定义,那么容易引发误解。然而,定义绝非易事:用熟知的语言解释未知的对象,求得区别性的本质特征,并使之成为通行的含义。在西方,围绕"休闲"的概念而产生的争议不断,至今难以取得统一意见,它的定义至少有二百种。在中国,"休闲"的定义同样为数众多。从特点、方式看,这些定义较普遍地借鉴、吸收了西方学者的成果,又适当地考虑了现实情况,从而也具有了某种本土特征。这里搜集了近二十余年来中国学者的各种定义,并结合西方学者的观点进行归纳、分析及评价。显然,将"休闲"理解为"美",是最为重要的特色,或者说"休闲"具有"美"质,这已成为共识。

一、闲暇时间及时间

1. "休闲是指已完成社会必要劳动之外的时间,它以缩短劳动工时为前提。"[1]

2. "休闲也叫闲暇,……可以给休闲或闲暇下这样一个定义:一天中扣除满足正常生理需要之后所剩余的那部分不能用来获得或创造收入,甚至还要为此消耗收入的法定时间。"[2]

3. "所谓休闲是个人闲暇时间的总称,也是人们对可自由支配时间的一种科学和合理的使用;休闲活动虽然与人们所从事的日常工作毫无关系,但与劳动并不冲突;休闲活动是人们自我发展和完善的载体。"[3]

4. "休闲是指争取生存时间之外的体悟人生和领略自我的时间。"[4]

5. "广义的'休闲'主要是从人对时间分配的层面来理解的,也就是简单地将'休闲'视为'闲暇'时间的活动、行为及心理状态。……"[5]

6. "休闲,是指在闲暇时间个体或团体自愿从事各项与谋生无关的非报酬性的自由活动时间的总称。休闲有四个含义:第一,它是一种自由选择;第二,它是一种自在心境;第三,它是一种自我教化;第四,它是一种生活方式和生命存在状态。"[6]

---

[1] 马惠娣:《文化精神之域的休闲理论初探》,载《齐鲁学刊》1998年第3期。
[2] 邓崇清:《简论休闲与休闲消费》,载《改革与战略》2000年第5期。
[3] 楼嘉军:《休闲初探》,载《桂林旅游高等专科学校学报》2000年第2期;《休闲新论》,立信会计出版社2005年版,第46页。张媛主编的《休闲概论》(上海交通大学出版社2012年版)也采用此定义(见第25页)。
[4] 季国清:《休闲——生命的权力》,载《自然辩证法研究》2001年第5期。
[5] 张建:《休闲都市论》,东方出版中心2009年版,第22—23页。
[6] 刘嘉龙:《休闲活动策划与管理》(第2版),格致出版社2012年版,第2页。

以上所列都是以"闲暇时间"或"时间"为核心词。"休闲"即"闲暇时间",这是最为通常、流行的理解之一。关于"闲暇时间",西方学者有诸多表述:亚里士多德称为"手边儿的时间"(available time);莫非(Murphy)认为是"个人在自决状态下(self-deterministic condition)可以随意利用的时间";帕克(Parker)认为是"满足工作和生活的基本需要之后的剩余时间(residual time)";基斯特和弗瓦(Gist & Feva)认为是"人们从劳动或其他义务工作中解放出来,自由地放松、转换心情,取得社会成就并促进个人发展的可利用的时间";伦敦城市研究所认为是"除了工作的时间之外,自己能自主地参与活动机会的时间"[1]。马克思界定为:"'可以自由支配的时间',……这种时间不被直接生产劳动所吸收,而是用于休息和娱乐,从而为自由活动和发展开辟广阔天地"[2]。魏翔这样定义:"闲暇时间=必要型闲暇时间(维持生计与受教育的时间,用于生产劳动力价值)+受教育时间+享受型闲暇时间或休闲时间(经由闲暇的互补效应提高社会劳动生产率)。"[3]这些都是把"闲暇时间"作为一段特定的时间或者一种特有的时间类型。

把休闲视作劳动、工作之外的不受任何约束的完全可以自由支配的闲暇时间,这里还存在对"时间"本身的理解。时间原是用于表达事物生生灭灭的客观性概念。但是,时间也是主观的,它是一种为人所感知的、可利用的对象。故关于时间,有类别、结构的划分。如个人时间/社会时间、神圣时间/世俗时间、有用时间/无用时间,这些都是依据不同标准而进行的分类。同样,人所拥有的时间也可以被划分成不同的结构形式。J. 威尔逊把一天时间分为必需活动时间和空闲时间,前者涉及"工作、家务、照料孩子、日常伙食及必要的路程",后者涉及"有组织的活动,参加大众媒介活动(如看电影)及社交和娱乐(主要

---

[1] 参见李仲广:《休闲经济学:闲暇与经济增长》,科学出版社 2010 年版,第 1 页。
[2] [德]马克思:《资本论》,见《马克思恩格斯全集》第 26 卷第 3 册,人民出版社 1972 年版,第 281 页。
[3] 魏翔:《闲暇经济导论:自由与快乐的经济要义》,南开大学出版社 2009 年版,第 6 页。

包括访问、交谈、体育和好癖,休息和有组织的社会招待会)"。他并且明确指出:"空闲时间的长短是因人而异的。"[1]克里斯多夫·爱丁顿(Christopher R. Edginton)把人的生活区分为三种不同用途的时间:生存时间(existence time)、维生时间(subsistence time)和闲暇时间(free time)。"生存时间,指的是一个人维持身体机能的运转所花费的时间,即人们要花时间来吃饭、睡觉、打理或装扮自己。维生时间,是第二种用途的时间,它要被人们用在工作上,或者说是要用在维持生计的奔波上,要用以满足物质的和精神的需要。……闲暇时间。人们通常把它看做是一种没有任何外在强制因素干扰的时间,在这些时间里,人们可以随其所愿去做自己喜欢的事。"[2]马惠娣把人的一天时间视为"三八"结构,即八小时睡眠、八小时吃喝拉撒、八小时工作。[3]王雅林等把城镇居民一天的时间预算分为工作及相关时间、满足生理需要时间、家务劳动和闲暇时间四大类。[4]这些关于时间的划分都为休闲(或闲暇)保留了一个应有的位置。

由此看来,时间是一个极其重要的问题。正是时间价值的突出,才使人们越来越重视对时间的分配,也因此使之越来越溢出个人层面而成为社会问题。正如某些学者所言:"休闲是一种人类行为,它发生在个人的自由时间里,并在个人内心本能喜爱的心态驱动下平和而宁静地进行着;休闲行为会导致某些相应制度的建立。"[5]为确保人的休闲权益,许多国家纷纷制定休闲政策,完善休闲制度。中国就陆续实施"双休日"(1995)、"黄金周"(1999),后来又把清明、端午、中秋三大传统节日纳入法定节假日(2008),这使得国人在一年之内有三分之

---

[1] [美]J.威尔逊:《闲暇社会学》,顾晓鸣摘译,载《国外社会科学文摘》1982年第6期。
[2] [美]克里斯多夫·爱丁顿、陈彼得:《休闲:一种转变的力量》,李一译,浙江大学出版社2009年版,第5页。
[3] 余光远、马惠娣:《十年对话:关于休闲学研究的基本问题》,重庆大学出版社2008年版,第53页。
[4] 王雅林、董鸿扬主编:《闲暇社会学》,黑龙江人民出版社1992年版,第37页。
[5] 李仲广、卢昌崇:《基础休闲学》,社会科学文献出版社2004年版,第98页。

一的时间是在闲暇中度过。[1] 这意味着中国将逐步地进入一个"休闲时代"。于光远早就指出,生产的一个根本目的就是"争取有闲"(1996)。他坚信未来社会高度发展的道路也必然就是随着生产力的发展进一步增加闲暇时间。[2] 而闲暇时间的增加,将迫切需要我们厘清"休闲""闲暇"等概念。在日常使用中,往往把两者当作同一个概念,事实上还是可以区别的。国际休闲组织于1970年讨论通过的《休闲宪章》把"休闲"定义为"个人完成工作和满足生活要求之后完全由他本人自由支配的时间"。这个界定初步明确了两者的含义,且已被大家所熟知。需进一步强调说明的是:"休闲"不只是"闲暇时间"(有的人甚至认为与时间无关);闲暇时间应是休闲实现的基础、条件。把"闲暇时间"作为休闲的基本含义,亦极易引发以时间为中心的诸多讨论。下面所总结的从活动或状态、生活方式等维度所理解的"休闲",许多就是以时间作为内容。由此可见,谈论休闲基本离不开对时间的理解。如果说人的活动、人的生活都是在时间范围内展开的,那么休闲是一个有关时间的问题,或者说"休闲"就是一个时间概念。

二、自由的活动或状态

1. 休闲"是有计划地暂时停止日常工作,以刻意安排参加各种与本职工作完全不同或毫无关系的活动来摆脱日常工作、劳动带来的各种精神压力,并利用这些活动与日常工作之间的极大差异性来恢复消耗的体力和精神,弥补智力磨损,获得新的知识和新的灵感,增强创造力"。[3]

2. 休闲"是在工作时间和其他日常必要时间(睡眠、进餐、个人卫生、上厕所、家务等)以外的闲暇时间内进行的自由活动"。[4]

---

[1] 有关这方面的深入研究,参见程遂营、张珊珊:《中国长假制度:旅游与休闲的视角》(中国经济出版社2010年版)。
[2] 于光远:《论普遍有闲的社会》,中国经济出版社2004年版,第2页。
[3] 梁颖:《娱乐设施经营管理》,浙江摄影出版社1998年版,第4页。
[4] 王宁:《略论休闲经济》,中山大学学报(社会科学版)2000年第3期。

3. "休闲是人们在可以自由支配的时间中用于满足精神生活之需要所从事的各种活动。"[1]

4. "休闲是人们在可自由支配时间内自主选择地从事某些个人偏好性活动,并从这些活动中获得惯常生活事务所不能给予的身心愉悦、精神满足和自我实现与发展。"[2]

5. "休闲是个人或群体以自愿性而非强迫性的方式,用自由选择的活动,满足自我心理或生理欲望的非工作性质活动。"[3]

6. 休闲是指"人们在可自由支配时间内自主地、以自己所喜爱的、认为是有价值的方式,从事某些个人偏好性活动,并从中获得惯常生活事务所不能给予的身心愉悦、精神满足和自我实现与发展。从活动内容上看,包括了娱乐、游戏、个人爱好、旅游(除商务、会展旅游外)、健身康体以及部分文化消费活动"[4]

7. "休闲是以自身为目的的自由活动,休闲是人们在自由时间里所自发选择的活动。"[5]

8. "所谓休闲,就是人的自在生命及其自由体验状态,自在、自由、自得是其最基本的特征。"[6]

9. "休闲是以自由为基础,以体验为途径,以追求幸福与快乐为目标的活动。它包括什么是幸福与快乐、如何获得幸福与快乐、获得幸福与快乐需要什么外在条件等方面的问题。"[7]

10. "休闲是人们在自由时间内自由选择的、从外在压力中解脱出来的、具有内在目的性的一种相对自由的活动。"[8]

11. "休闲是指人们在闲暇时间里,怀着积极的心态,短期为了恢

---

[1] 王雅林:《信息化与文明休闲时代》,载《学习与探索》2000年第6期。
[2] 张广瑞、宋瑞:《关于休闲的研究》,载《社会科学家》2001年第5期。
[3] 张宫熊:《休闲事业概论》,扬智文化事业股份有限公司2002年版,第10页。
[4] 宋瑞:《国内外休闲研究扫描——兼谈建立我国休闲学科体系的设想》,载《旅游学刊》2004年第3期。
[5] 章海荣、方起东:《休闲学概论》,云南大学出版社2005年版,第68页。
[6] 潘立勇:《休闲与审美:自在生命的自由体验》,载《浙江大学学报》(人文社会科学版)2005年第6期。
[7] 徐春林:《儒家休闲哲学初探》,载《江西师范大学学报》(哲学社会科学版)2006年第3期。
[8] 陈来成:《休闲学》,中山大学出版社2009年版,第58页。

复和发展体力或脑力,长期为了身心健康、提高个人素质所从事的活动或表现出的行为,这些活动或行为能让人在内心获得自由(free)、舒畅(flow)的心理体验。"[1]

12. "'休闲'就是人在自由时间保持平和、放松,感到愉悦、幸福,达致和谐。……休闲不仅是人与自然、人与人、人与自身的一种和谐状态,而且需要在和谐的人与自然、人与人、人与自身的关系中进行,更是达到人与自然、人与人、人与自身的和谐的过程。"[2]

13. "休闲是指自由体验。如果在休闲中既追求过程快乐,也追求结果益处,则我们称之为理性体验。休闲学就是以理性体验的原则和方法,去研究各种自由体验问题。"[3]

14. "休闲的本质是自由,休闲意味着自由地去选择,是'一种无拘无束的精神状态',休闲自由是一种'积极的自由',是成为状态的'成为人'的过程。休闲是摆脱必需后获得人性的本质后的一种动态的自由。"[4]

15. "休闲是人类在自由时间中,自得自足的非强制性活动。它自身就是目的,它或者利用主体自己的能力,或者利用外部的资源来满足休闲主体的身心愉悦,并且在此种愉悦中自然而然地求知和孕育创意,由此展示人类幸福和创造的必由之路。"[5]

16. "休闲是人们在个人可自由支配的时间内,自主参加的有利于身心调适的体验性活动过程及与之相关的各种因素的总和。"[6]

17. "休闲的本质含义是指人所从事的含有内在自由的身心或人性状态的活动。"[7]

上述所列都是以"自由"为核心词,"休闲"即是自由的活动或状态。如果说闲暇时间是进行休闲活动的必要条件之一,那么把休闲作

---

[1] 张建:《休闲都市论》,东方出版中心2009年版,第22—23页。
[2] 孙林叶:《休闲理论与实践》,知识产权出版社2010年版,第21页。
[3] 李仲广:《休闲学》,中国旅游出版社2011年版,第8页。
[4] 金雪芬:《试论休闲之本质》,载《湖北大学学报》(哲学社会科学版)2011年第2期。
[5] 陆扬:《亚里士多德论休闲》,载《黑龙江社会科学》2011年第3期。
[6] 汤舜:《休闲心理学》,线装书局2012年版,第35页。
[7] 吴文新、张雅静主编:《休闲学导论》,北京大学出版社2013年版,第48页。

为活动就是试图解决人们在闲暇时间时应该做什么的问题,包括休闲内容、过程、特征、功能等,其总义就是把休闲当成是自愿的、非强迫的,或者是无任何功利目的的,或者是具有创造性的活动。正如罗歇·苏(Roger Sue)所说:"任何活动,只要是自由选择,并为个人在进行这一活动的过程中能谋得自由这样一种感受的都属于休闲范围。"[1]迪马泽迪埃(J. Dumazedier)也这样说:"所谓休闲,就是个人从工作岗位、家庭、社会义务中解脱出来,为了休息,为了消遣,或为了培养与谋生无关的职能,以及为了自发地参加社会活动和自由发挥创造力,是随心所欲的总称。"[2]

休闲是自由的活动,也是自由的态度或状态。德国学者约瑟夫·皮柏(J. Pieper)指出:"休闲乃是一种心智上和精神上的态度——它并不只是外在因素的结果。它也不是闲暇时刻、假日、周末或假期的必然结果。它首先乃是一种心态,是心灵的一种状态。"[3]把休闲作为一种从容的、平静的、和谐的状态,主要是受到参与休闲的动机的指引。只有参与活动的个体本人才有资格界定组成休闲活动的要素。他们对所选择的休闲活动和从事休闲活动的场所赋予意义,只有个人的理解和经历才能决定什么是休闲。这种状态,也就是亚里士多德所说的"不需要考虑生活的心无羁绊(the absence of the being occupied)的状态","冥想的状态"(a mood of contemplation);葛拉齐亚(Sebastian de Glazia)所说的"转化状态"(state of becoming);约翰·纽林格(John Neulinger)所说的"心态自由感"(perceived freedom)。因此,判定有无休闲感的重要依据,就是看一种休闲主体是否以一种自由的、无拘无束的、不受压抑的状态展开,即使在行动过程中和结束之后,依然能够保持这种状态。如果这种状态能够保持、获得,那么它就是休闲。"休闲意味着作为一种自由的主体可以自由选择,投身于某一

---

[1] [法]罗歇·苏:《休闲》,姜依群译,商务印书馆1996年版,第3页。
[2] [法]迪马泽迪埃:《闲暇社会学》,姚永杭译,载《现代外国哲学社会科学文摘》1986年第4期。
[3] [德]约瑟夫·皮柏:《节庆、休闲与文化》,黄藿译,三联书店1991年版,第116页。

项活动之中。"[1]

无论是作为活动的休闲,还是状态的休闲,指向的都是自由这一特征。作为自由的休闲活动,是相对于那些非自由的活动而言的。个人是否将一项活动看做休闲事务或者特定的休闲时间,在很大程度上就取决于他们所经历的这种活动的性质,即这种活动是自由的。自由的活动又总是由与自由相反的活动构成。休闲之所以被认为与工作对立,是因为后者是对人的体力、身心的消耗,因此必须在非工作时间或活动中获得恢复。休闲作为活动,就在于它具有修养、恢复或复活身心的能力或功能。但是正如英国学者所言:"用这种方法来看待休闲的话,休闲对人们是一件固有的事情,这涉及他们的态度、内在思想和精神,而很少与时间段或者社会化的活动等外在属性有什么联系。"[2]休闲并不仅是作为个体的、非组织性活动,而且是可以作为集体性的、组织性的活动。

三、特定的生活方式

1. "休闲作为一种现实存在,首先通过人的外在行为方式表现出来,并由特定历史时期的人们对其所面临的生活历程及所抱有的生活理想而确立起来的文化样式、生活方式和价值取向所决定的。"[3]

2. "休闲是一种特定的生存状态或特定的生活方式。"[4]

3. "所谓休闲就是过一种符合'中道'原理的生活。它本质上是一个人生哲学的概念。因此谈休闲,就是谈人生哲学;休闲哲学与人生哲学同义。"[5]

4. "所谓休闲生活的定义:A. 一种时尚、轻松且愉悦的生活;B. 朴素、低科技、充满灵性的生活;C. 有目的的生活,保证有时间做自己想

---

[1] 转引自[美]杰弗瑞·戈比:《你生命中的休闲》,康筝、田松译,云南人民出版社2000年版,第6页。
[2] [英]克里斯·布尔等:《休闲研究引论》,田里等译,云南大学出版社2006年版,第31页。
[3] 马惠娣:《休闲——文化哲学层面的透视》,载《自然辩证法研究》2000年第1期。
[4] 张广瑞、宋瑞:《关于休闲的研究》,载《社会科学家》2001年第5期。
[5] 胡伟希、陈盈盈:《追求生命的超越与融通:儒道禅与休闲》,云南人民出版社2004年版,第3页。

做的事;D.对自身、对环境保持真实生活的本质。E.一种时尚而矫情的游戏。"[1]

5. "休闲是指在非劳动及非工作时间内以各种'玩'的方式求得身心的调节与放松,达到生命保健、体能恢复、身心愉悦的目的的一种业余生活。"[2]

6. "休闲就是生命个体摆脱外界的束缚而处于一种自由状态下追求幸福满足、身心愉悦和自我发展的内心体验与行为方式的总和。"[3]

7. "休闲是指人们在满足基本需要,超越工作束缚、家庭责任、社会义务之后自由地放松身体、愉悦身心、寻求意义、发展自我的一种观念、态度和行为的总和。"[4]

8. "休闲作为人类的一种现代社会现象,在本质上是人们社会生活的一种方式,……作为人类社会生活的休闲活动,……本质上应该属于人们的社会交往的范围,这不仅因为休闲活动是人们实际的社会生活和社会活动,而且由于休闲本身也是一种精神体验和享受,一种人在休闲活动时对人与休闲环境(存在的'在构性')融合的感觉。""休闲,作为人的生活方式,是人的价值存在的一种表现……休闲只有在人的动态存在,即'成为'和'去生存'(海德格尔)的意义上才是一种本真的含义,对人才是一种体验和享受。"[5]

9. "'休闲'是指人们在工作之余的娱乐和消遣活动,它通过时间和精力的消耗来调节身心,并在其中获得情感体验。休闲既是一种生活方式,更是一种人类文化。人类的身体和心脑都必须达到生理的平衡。体力劳动者常通过消耗时间来恢复体力;脑力劳动者常通过消耗过剩的体力来恢复大脑。前者倾向于在空闲时间里从事轻松的休闲活动;后者倾向于在闲暇时间里进行激烈的体育活动。休闲要么消耗

---

[1] 沈勇:《休闲主义》,甘肃文化出版社2005年版,第5页。
[2] 李培荣:《关于休闲的哲学思考》,载《中共郑州市委党校学报》2008年第6期。
[3] 刘海春:《生命与休闲教育》,人民出版社2008年版,第8页。
[4] 张玉勤:《休闲美学》,江苏人民出版社2010年版,第56页。
[5] 许斗斗:《休闲之消费与人的价值存在》,载《自然辩证法研究》2001年第5期。

掉的是精力,要么消耗掉的是时间,均是在工作之外的节假日等休息时间来进行的。"[1]

10. "休闲是指从职业工作的紧张状态中超脱出来,使个体能够以自己喜好的、感到有兴趣的方式,去休息、放松和消遣,积极地、自发地参加社会活动和自由地安排个人生活状态的总称。其本质就是从事职业活动以外的恢复身心、发展自我、充实精神的生活体验。休闲的最大特点是它的人文性、文化性、社会性、创造性,它对提高人的生活质量和生命质量,对人的自由和全面发展具有十分重要的意义。旅游休闲、娱乐休闲、运动休闲、度假休闲、文化休闲等丰富多样的休闲生活方式,对促进社会进步、经济发展具有十分重要的作用。"[2]

以上所列大都以"生活"为核心词,把"休闲"理解为一种特定的生活方式。作为满足人的生存需要和发展需要的全部生活活动的稳定形式,生活方式显然具有正当性。依索—阿霍拉(S. E. Iso Ahola)指出,休闲并不是消极的无事闲着,而是有着积极的意义,它为人们实现自我、追求高尚的精神生活、获得"畅"(Flow)或"迷狂(Ecstasy)"的心灵体验提供了机会。[3] 杰弗瑞·戈比(Geoffrey Godbey)有一个经典的定义:"休闲是从文化环境和物质环境的外在压力中解脱出来的一种相对自由的生活,它使个体能够以自己所喜欢的、本能地感到有价值的方式,在内心之爱的驱动下行动,并为信仰提供一个基础。"[4]他们也都把休闲理解为一种特定的生活方式。国内学者张鸿雁较早提出以生活方式作为休闲的核心的观点。他认为,休闲文化的核心就是一种生活方式,而生活方式是一种多元构成,主要受个人、家庭和社会三种原因的影响,其中个人的文化修养决定了人们如何利用、支配休闲时间。他总结中外文化理论和认识观,把现代社会的休闲方式分为5种:(1)消遣型:把休闲时间浪费在虽无害于人但对自己并无积极意

―――――――――
〔1〕 刘子众:《休闲文化的中西方差异》,载《体育文化导刊》2003年第5期。
〔2〕 刘嘉龙、郑胜华:《休闲概论》,南开大学出版社2008年版,第7页。
〔3〕 参见马惠娣、刘耳:《西方休闲学研究述评》,载《自然辩证法研究》2001年第5期。
〔4〕 〔美〕杰弗瑞·戈比:《你生命中的休闲》,康筝、田松译,云南人民出版社2000年版,第14页。

义的活动上,如去高消费场所、经常玩扑克等;(2)健康娱乐型:把健康娱乐作为休闲的主要内容,如体育活动、旅游活动、交友等,在一定程度上能有利于身心的健康,这种类型也称为积极型,其结构特征是对己有益、对人无害;(3)个人价值增值型:在休闲时间做一些对自己、对他人、对社会都有益处的活动。如帮助他人、参加社会义务劳动和自愿者组织、继续读书深造等;(4)创造财富型:利用休闲时间搞收藏,兼职从事第二职业,或从事其他创收活动等;(5)堕落休闲型:这种形式是把大部分休闲时间用于从事既害人又害己的活动。[1] 这些方式体现出休闲在现代社会的多样的表现形式,体现出现代人的多元的价值追求。

　　从生活方式维度定义休闲,正可以去包容休闲的各种特征。生活方式本身就是一个综合的概念。人的生活世界是广阔的,休闲生活只是广阔的生活世界的一部分。所以,那种局限于某类的生活世界,只能说是狭义的休闲。广义的休闲则体现在工作、消费、宗教等各种生活当中。无疑,仅仅以某一个生活领域来界定休闲,这是十分片面的。因此,许多学者不满足于从单一维度定义休闲,而是力图包容、整合。把休闲当作一种富有特征性的生活方式,这种定义正可以综合概括时间、活动、状态等不同维度。休闲是自由的,它包括一段自由时间,以及自由的行为和状态;休闲的过程是快乐的;休闲中的行为和状态可以统称为体验;休闲要追求利益,即休闲的结果要有用。将休闲作为一种特定的生活方式,也并非仅仅说休闲是一种生活方式,而是包含这样两层意思:一是它区别于传统的生活方式,是一种"新"的生活方式;二是这种生活方式又具有比较鲜明的特征,如追求自由、注重体验、促进人性发展等内涵,甚至诉求审美价值。因此,从生活方式维度界说休闲,可以突出休闲的一种现实指导意义。这样,可以把休闲与实际生活更加密切地结合起来,可以从更积极的角度看待休闲。休闲是人类自由和快乐的源泉,有助于个人的全面发展与完善;休闲具有

---

〔1〕 陈麟辉:《休闲文化:社会发展的新机遇——张鸿雁教授访谈录》,载《探索与争鸣》1996年第12期。

经济效益、生理效应和社会效应;休闲具有象征功能和认同功能,等等。[1] 这种积极性必然规定休闲生活方式应是合理的、健康的(详见本书第二章第四节)。

四、"休闲"即"美"

1. "休闲则是工作的必要的补充、弥补或报答,是个人自由的实现形式之一,也是人们探索除工作以外的其他认同、潜能和自我的渠道(如业余爱好)。"[2]

2. 休闲"是一种和作为自我疗法的心灵关怀同义的东西,当它被以论证的方式表达出来的时候,它是哲学,当它被以直觉的方式表达出来的时候,它是宗教和诗歌,当这一切都不能够的时候,它是一种思的沉默"[3]。

3. "休闲是对生命意义和快乐的探索";"休闲是人类美丽的精神家园"[4]。

4. "休闲就是受内心驱动、在快乐中发现自我的过程。休闲是人内在本质的表现,而追求快乐则是休闲的本质。任何休闲活动都以快乐为导向,以实现自我为最终目标。"[5]

上述所列之所以值得我们注意,是因为它们把"休闲"与"自我""生命""快乐",甚至"哲学""诗"等联系起来,具有鲜明的想象特质。尽管从定义角度看并不十分科学,但是这也丰富了"休闲"的含义。任何概念都应是由一系列不同的可经定义与分析的因素构成的。我们可以从多方面建构"休闲"概念:可以是作为一种创造、选择与行动的产物;可以是一种过程,即在一定时空中生成的;可以是一种生产,即在特定环境中再生出的一种意义,等等。不过在各种理解中,我们总能发现"美"的踪迹:总是运用"自由""创造性""和谐""快乐""体验"

---

[1] 参见陈来成:《休闲学》,中山大学出版社2009年版,第59—65页。
[2] 王宁:《消费社会学:一个分析的视角》,社会科学文献出版社2001年版,第220页。
[3] 季斌:《休闲:洞察人的生存意义》,载《自然辩证法研究》2001年第5期。
[4] 马惠娣:《休闲:人类美丽的精神家园》,中国经济出版社2003年版,第75页。
[5] 马振杰、蔡建明:《休闲与休闲产业》,武汉出版社2008年版,第9页。

等各种修饰性语词,而这些语词也通常是用于表述"美"的。[1] 可以说,"休闲"与"美"这对概念在语言表述上较为一致,具有分析美学所说的"相似"意味。

分析美学始终关注语言及其意义,致力通过语言来考察世界、实体等哲学一向关心的问题。维特根斯坦(Ludwig Wittgenstein)认为,语言与意义、世界之间构成一种对应性的关系;语言的意义在于日常生活中的使用,而不在于其指称。人们正是受到语言的迷惑而去不断追问本质,忽视了事物的本质隐藏在语言的背后的事实。维特根斯坦以这种方式否认了形而上学问题的虚无性,并把我们带入了"语言游戏"这个新视界当中。"'语言游戏'这个用语,强调用语言来说话是'某种行为举止的一部分,或是某种生活形式的一部分',语言的意义就镶嵌在生活中。不同的语言类型对应着不同的语言游戏。不同的语言游戏也决定了语言的不同用法和用法规则。"[2] 以"规则"代替"逻辑",以不确定性代替统一性,这种气质的改变代表了语言哲学在西方的新进向。从中我们可以深刻认识到:追求一种语言的确定意义,这不仅是毫无意义的,而且是根本不可能的。"休闲"这个中文词汇尽管有确定的构词形式,但是对它的任何定性只不过是一种家族相似性的表征而已。因此,我们可以转换思维,也把"休闲"当作"开放的家族"。各种定义都是从某一个侧面对意义的揭示,故我们可以根据实际情况灵活定义。正如申葆嘉所建议:"我们没有必要在学术程序以前就刻意追求休闲涵义或者'概念'的界定。我们可以借用'休闲'一词所表达的含义:'消磨闲暇时间'作为界定,并且加以具体化,把'消磨'和'休闲'作为两个变量,于是就可以展开休闲的学术程序了。"[3] 的确,给"休闲"下准确的定义还很困难,因为许多方面都会涉及休闲的领域,但是作为休闲至少包括几个方面:一段时间、一项活动或一种

---

〔1〕 有关汉字"美"的深入研究,参见[日]笠原仲二:《古代中国人的美意识》(魏常海译,北京大学出版社1987年版)第二章;张法:《美学导论》(第3版,中国人民大学出版社2011年版)第二章。

〔2〕 李爱民:《意义即用法:解读后期维特根斯坦的一条主线》,载《广西社会科学》2004年第11期。

〔3〕 申葆嘉:《关于旅游与休闲研究方法的思考》,载《旅游学刊》2005年第6期。

心境。当我们把休闲视为时间时,很自然就会把休闲时间与工作时间和基本生活所需的时间区分开来,即拥有工作时间就同样拥有休床时间;当我们把休闲视为一项活动时,休闲可以是人们积极地或消极地参与某些活动;当我们把休闲视为一种心境时,休闲又可以是一种心态和心境。

实际上,分析美学作为语言哲学,是以语境为基本原则的"应用美学"。用后期维特根斯坦的那句著名的话说,就是"一个词的意谓就是它在语言中的应用",此即所谓的"用法即意义"。语境原则强调语言意义根本不可能离开句子而单独存在。这种依赖性对于分析、确认概念的语义是极其必要的。当我们谈到"休闲"时,指的是作为中文的"休闲"还是英语的"leisure"?我们习惯把前者作为后者的定译词,这是对语义等价实现的可能性问题的忽略。殊不知,要使两者等义,仅仅通过语言形式转换是不现实的,而必须经过一个译介和确立的渐进过程。语义转换问题自然也是休闲研究的一部分。扩而言之,无论何种休闲研究都需要将"休闲"置于具体的言说环境之下。在经济学中,可以把"休闲"当做产品,进而可以从收益、满意度以及产品消费带来的效用的角度分析这种产品的需求。美国经济学家凡勃伦所说的休闲是"非生产性的消耗时间。"[1]而国内学者这样定义:"休闲是工作、学习活动之外的一种以文化为主的综合性的社会经济活动。"[2]除经济学之外,哲学、心理学、文化学、社会学等都应该形成自己的定义。这或许也是休闲之美的一种体现。

第二节 体验与休闲

诚然,我们可以从时间、活动、状态、生活方式等不同维度理解休闲,但是把休闲当成一种心态或精神状态,即作为体验(experience),这一观点还是得到较为普遍的认可。正如西方学者所反复强调:"对

---

[1] [美]凡勃伦:《有闲阶级论:关于制度的经济研究》,蔡受百译,商务印书馆1997年版,第36页。

[2] 邓志阳:《休闲与休闲经济》,载《南方经济》2001年第12期。

休闲这一较难把握的概念,最好的定义是把它视作在一定的时间内,以一定的活动为背景而产生的一种体验。把休闲看做体验能够避免把工作时间与非工作时间截然分开,也避免了活动分类的问题。"[1]"定义休闲最恰当的方法也许是把它作为一种体验。把休闲作为一种体验而非具体的活动或特定的时间,这跟人们对自己日常生活中休闲的看法是一致的。"[2]中国学者也这样肯定:"休闲首先是一种体验。"[3]"休闲可以作为体验来感知和研究,从这种体验中可以提炼出某些使休闲成为自由生活的因素。我们所说的体验,指的是休闲体验,也叫情感体验。"[4]把体验作为休闲的本质特征,也正说明休闲体验是一种别具特色的体验形式。故通过对体验与休闲两者关系的深入辨析,可以进一步突出"休闲"应是一种充满强烈体验意蕴的"美"的特点。

一、诗化日常经验

显然,休闲是可以直接作为体验来研究的。一般地说,体验是从事某种活动的经历、感受。心理学研究者的定义是:"个体以身体为中介,以'行或思'为手段,以知情相互作用为典型特征,作用于人的对象对人产生意义时而引发的不断生成的居身状态。"[5]这种解释是起于哲学的。哲学上所说的"体验"是一种具有原发性的、立足于人的生活活动;是从生活的延续性中产生的,并且与生命整体密切相连的活动。德国哲学家狄尔泰(Wilhelm Dilthey)把"生命"界定为"人的世界",把自己的哲学称为"生命哲学"。他坚决主张哲学必须同生活相关联,同日常事件的生动活跃相关联,而并不仅仅是一种枯燥无味的思辨。那种思辨的视野不超过"书房和教室",因而是"远离生活"的。狄尔泰对"生命"概念的使用,突出了其方法的另一个方面:经验是我们知识

---

[1] [美]卡拉·亨德森等:《女性休闲:女性主义的视角》,刘耳等译,云南人民出版社2000年版,第24页。
[2] 同上书,第121页。
[3] 徐明宏:《休闲城市》,东南大学出版社2004年版,第101—102页。
[4] 李仲广、卢昌崇:《基础休闲学》,社会科学文献出版社2004年版,第170页。
[5] 张鹏程、卢家楣:《体验概念的界定与辨析》,载《心理学探新》2012年第6期。

的唯一基础,是哲学家唯一恰当的主题。因此,生活——与间接知识相对的、我们的全部经验,必须成为哲学家的指南。[1] 可见,体验首先是区别于经验的。经验着重于某种固定的结果,是人通过对对象的认识后所获得的有效性,一般以知识形态存在。只要是人,都有获得经验的能动性。故经验具有普遍性、可授性,如个体的经验可以成为群体的经验。体验与经验的区别在于:体验是内化的,而经验是外在的;体验是创造的,而经验是静态的;体验是存在的,而经验是认识的。显然,体验是比经验更高的范畴。如果说"体验是经验中见出意义、思想和诗意的部分"[2],那么休闲体验就应是在日常经验中见出意义、思想和诗意的部分。

休闲体验是情感体验。情感是人对客观事物或现象所持的态度体验。体验离不开情感的态度,情感是体验的核心和出发点。休闲作为体验,就是一个情感活动的过程,即主体参与的过程。这种主体参与,是主体以一种投入的状态进入活动中,是身与心的融入。休闲体验往往表现为一种"移情"。移情的本义是情感的转移、投射,这在日常生活中是十分常见的现象。这里所说的不是转移简单的、粗糙的自然情感,而是转移那些渗透了经验、理智和创造的情感。自然情感是一种自然状态的情感,是一种低级形态的情感,往往带有刺激人、折磨人的特性,因此需要将之转化或提升为审美情感或艺术情感,总之是要让它变得"有组织的""塑造的"或"具体化的"。[3] 作为情感体验的休闲体验,是休闲主体通过移情的方式而展开的过程,具体包括"盼望、开始、发展、结束及回忆"[4]这样几个阶段。休闲体验就是情感体验,是伴随着具有关涉性、稳定性和共同性等特性的审美体验。

休闲体验是再度体验。体验不是空洞的形式,而是以主体在认识

---

[1] 参见[英]H.P.里克曼:《狄尔泰》,殷晓蓉、吴晓明译,中国社会科学出版社1989年版,第85页。
[2] 童庆炳、程正民主编:《文艺心理学教程》,高等教育出版社2001年版,第75页。
[3] [英]鲍山葵:《美学三讲》,周煦良译,见《西方美学史资料选编》下卷,马奇主编,上海人民出版社1987年版,第775页。
[4] [美]约翰·凯利:《走向自由:休闲社会学新论》,赵冉译,云南人民出版社2000年版,第140页。

过程和心理过程中所积累的经验内容为对象。海德格尔认为,人不是生活在真空之中,人的存在是一种理解性存在。在他进行解释或理解之前,他已经置身于他的世界,并且属于这个世界。因此,他不是从虚无之中开始理解或解释的。他的文化背景、社会背景、传统观念、风俗习惯,他那个时代的知识水平、精神和思想状况、物质条件等等,他一存在,就已经有了、已经存在了并且可以为他所拥有。这些在他之先就已经有了的东西,构成了他进行理解的或明或暗的地平线(前有、前见、前设的前结构)。[1] 体验是"思"与"行"的统一。体验不是单向的、线性的,而是既"入"又"出"的可逆的生成过程。一方面,体验者在感觉世界,并在感受世界中受到刺激,不能不产生反应;另一方面,体验者重新感觉和感受,进行体味和领悟。因此,体验者既是感觉者,又是接受者。对体验者而言,体验过程是一个受动与主动的统一。休闲体验是休闲主体的体验,这种体验同样首先缘于休闲主体对世界的感受,而后是在感受的过程中进行再度体验,从而产生对世界的一种独特感知和领会。

　　休闲体验是诗意体验。体验所达成的不是一种主客分离的对立状态,而是"物我同一"的境界。自我移入对象中,与对象融为一体,这是一种"物化"现象。在休闲体验中,人与对象之间的界限被消弭,休闲主体由于完全融入、沉浸到对象当中,从而感受到一种永恒的诗意之美。从时间性的角度看,这就是一种美或审美的状态。伽达默尔用"节日"概念来说明艺术的时间特征。在他看来,日常工作是把一切人分隔开来,而节日是把一切人联合起来,"仅仅只是为了那些参加庆祝的人而存在的东西"。一方面,它成为一种特殊的、必须带有一切自觉性来进行的出席活动;另一方面,它具有"批判性的质疑",是人们进行文化生活、艺术享受、教育接受的场所、形式,是人们在日常有限事物的压迫下进行放松的偶然机会。如果说"游戏"是艺术的本质,那么"节日"就是一个特殊时刻,这一时刻从日常各自繁忙的时间流中游离

---

　　[1] [德]海德格尔:《存在与时间》(修订译本),陈嘉映、王庆节合译,三联书店2006年版,第173—179页。

出来。它是"属己的时间",是作为审美方式而被人所拥有。艺术的这种"节日"特性,恰恰是对生活秩序的限制和突破,它让人"学会停留",感受永恒。[1] 休闲体验的意义也在于此。

二、生成审美体验

休闲作为体验的复杂性在于:它既可以是对体验的肯定,又可以是对体验的否定。休闲作为直接体验的肯定,这是显然的。在日常生活中,每个人都有闲暇的经历。如在劳动、工作间隙中的休歇,参与各种游戏、消遣娱乐,这些活动都能使人在一种无拘无束的状态中消除紧张,并能使身心得到解放。在这种意义上,休闲就是一种快乐的生活、自由的经历。但是,并不是所有的这些活动都可以被称为休闲,因为许多活动不是自发的,而是被动的。体验的发生,并不是单纯地出现在人受到限制的时候,而是更广泛体现在主动参与追求自由的活动当中。休闲体验是一种意向性活动,是时间性与空间性的统一、过程性与价值性的统一、层次性与指向性的统一。只有明白此,我们才可能把休闲当作体验。

休闲体验是人的活动。从人的心理反应看,体验是直接的、瞬间的。这就是说,要使人保持一种持久的体验,往往是不可能的。休闲体验有时往往不是从始至终保持不变的。人的情感活动是富有变化的,开始可能是功利的,但参与过程可能是引人入胜的;某种活动开始时可能出于自由选择,后来却有时变成了一种责任。所以,活动只有在很短暂的某些时刻才有可能处于"纯粹的"状态。休闲是一种能够保持这种相对纯粹的状态,具有当下的、直接的、即时的体验。如果简单地把体验作为经验,则就把体验当成了一种事后的、间接的、纯粹理性的活动。休闲体验是一种既有即时性,又是能够保持持久性的体验方式。当然,体验的实现也需要条件支撑。任何的体验活动都要环境条件。体验不仅是一种精神状态,而且是对活动环境条件的反应。体

---

[1] [德]伽达默尔:《美的现实性:作为游戏、象征、节日的艺术》,张志扬等译,三联书店1991年版,第65—76页。

验是过程性的,休闲过程中的环境因素也通常会不断变化。"休闲可能是体验,但却是存在于个人及环境的生活条件之中的体验,单方面地关注直接的精神状态无疑片面地理解体验的特性。"[1]休闲并非是体验的简单否定,而往往是基于时间化的,能够引起独特效果的感性生活方式。因此,所谓的否定并非真的表明休闲就不是体验,而是为了突出休闲体验是一种特殊的体验形式。

作为体验的休闲概念并不是一般的"体验"概念所能涵括,但的确又具有体验的视域。可见休闲与体验这两种活动在性质上具有一致性,故休闲体验也具有生成审美体验的意向性。意向本指一个人所形成的具有固定结构的心理图式,即一个人在某种场合容易或带有习惯性地做出某些事情和感受到某种东西。所以,意向结构对个人的认知活动具有很大的控制作用。体验本身就是一种意向性活动。但是为了更好地说明休闲体验的这种特征,必须将它与审美体验进行区分与联系。显然,休闲体验不直接等同于审美体验,这是我们理解休闲体验的出发点。两者具有共同或接近的特点,即都是作为过程与结果相统一的自由活动。休闲体验能够趋向或生成审美体验,这又是我们理解休闲体验的目的和意义所在,即审美体验是重要参照。审美体验具有这样的双重内涵:

> 首先,审美体验是审美的,它不同于非审美体验。审美体验总是与如下审美特征相连的:无功利、直觉、想象、意象等,而非审美体验则常常涉及功利、实用、理智认识等特征。其次,审美体验是一种体验,它不同于一般经验。经验属于表层的、日常消息性的、可以为普通心理学把握的感官印象,而体验则是深层次的、高强度的或难以言说的瞬间生命直觉。也就是说,审美体验是一种既不同于非审美体验、又不同于一般审美经验的特殊的东西,它该是那种深层的、活生生的、令人沉醉痴迷而难以言说的瞬间性审美直觉。正是这种特殊的审美体验,才构成人生中意义充满的

---

[1] [美]约翰·凯利:《走向自由:休闲社会学新论》,赵冉译,云南人民出版社2000年版,第46页。

瞬间,才成为艺术的灵性之源。[1]

因此,我们可以从审美体验去反观休闲体验,也只有将休闲体验提升为一种审美体验,才能体会到它的"真实"。

体验具有不同层次之区分,休闲体验亦如此。诚然,从休闲主体的投入强调、参与程度看,休闲体验可以区分为被动型与主动型。这种理解的前提是把体验视作为一种相对封闭的感受形式。如果从人的需求看,休闲体验未必不是纵深的、开放性的结构形式。如纳什(Nash)就是依据人对闲暇时间的利用形式,把休闲分为不良、放纵、解闷、欣赏、追随、创造6个层次。[2] 这就是说,层次越高,越是摆脱了对时间的束缚,休闲就越具有创造性。艺术创作是艺术家进行生命体验的过程,艺术品是艺术家体验的结晶。在创造性休闲中,特别是真正的艺术家那儿,艺术与休闲完美地融合在一起,主客之间达到了相融、相化的境地,成为一种本真的自由方式。对于体验的层次,我们还可以根据体验者参与或融入程度,把它划分为日常体验与审美体验。无疑,审美体验是对日常体验的超越。在审美体验中,个人沉浸于某一事物或环境中,而他们自己对环境极少产生影响或根本没有影响,因此环境基本没有改变。如此审美体验也明显区别于娱乐/表演(entertainment)体验、教育(education)体验、遁世(escape)体验等多种体验方式。因此,从经验到体验,再到审美体验,此即从休闲经验到休闲体验,再从休闲体验到审美体验的两度提升过程。休闲体验,不是停留于休闲经验,而是以审美体验为旨归,审美体验正是休闲体验的完善形式。

三、作为畅爽体验

休闲体验的独特性还在于我们可以把它规定为一种特别的"感觉"(sense)。约翰·凯利指出:"体验是一个极难定义的基本术语。

---

[1] 王一川:《审美体验论》,百花文艺出版社1999年版,第1—2页。
[2] 参见李仲广、卢昌崇:《基础休闲学》,社会科学文献出版社2004年版,第113—114页。

体验不是简单的感觉,而是一种行为以及对这一行为的解释性意识,是一种与当时的时间空间相联系的精神过程。"[1]徐明宏循此观点作了进一步的解释。他说:"休闲首先是体验。体验不是简单的感觉,而是一种行为及其对这种行为进行感知与同化的一种精神及情感过程,是一种与当时的时间、空间相联系的情境状态。建立于闲暇时间基础之上的休闲行为,或是消遣、娱乐,或是学习、交往等等,都有一个共同的特点,即获得自由、愉悦的心理体验,产生一种美好感。"[2]休闲体验作为一种意识、知觉、行为或状态,是一种特别的感觉。

感觉是客观刺激作用于感觉器官所产生的对事物个别属性的反映。作为一切心理现象的源泉,感觉是人认识客观事物的开始。一般也把感觉当作最简单的认识形式。也正如此,"感觉"成为一个极易被误读的对象。"经验主义仅仅把感觉看做一种外在的联系,而理智主义则通过'注意'赋予了这些感觉材料以一种结构。"两者都把感觉作为一个客体,即一个客观自在的、先验的世界,从而忽视了知觉主体。法国现象学哲学家梅洛-庞蒂批判了这两种"对传统的偏见",认为感觉是一种"领受"(communion),是我们的身体与场景相沟通的能力。"被感知的景象不属于纯粹的存在。正如我所看到的,它是我个人经历的一个因素,因为感觉是一种重新构成,它必须以在我身上的一种预定构成的沉淀为前提,所以作为有感觉能力的主体,我充满了我首先对之感到惊讶的自然能力。"[3]显然,感觉是积淀性的、实存性的,并非是超自然的,它以一种"现象"的方式而存在。梅洛-庞蒂正是借助"现象场"概念阐明人与事物之间的互动关系,特别强调了感觉的结构性。这对我们理解作为"感觉"的休闲是富有启发的。

对于"休闲感",目前较流行的是依据积极心理学的"Flow"理论而作出的解释。"Flow"的汉译有"福乐""流畅感""畅爽体验""幸福之

---

[1] [美]约翰·凯利:《走向自由:休闲社会学新论》,赵冉译,云南人民出版社2000年版,第25页。

[2] 徐明宏:《休闲城市》,东南大学出版社2004年版,第101—102页。

[3] [法]莫里斯·梅洛-庞蒂:《知觉现象学》,姜志辉译,商务印书馆2001年版,第276页。

流""沉浸""陶醉"等。这一理论是美国心理学家奇克森特米哈伊（Csikszentimihalyi）在对热衷于理想的艺术家的观察、访谈、研究之后，于 20 世纪中期首次提出。他认为，个体的活动技能是否与活动挑战性相符合是引发流畅状态的关键，即只有技能和挑战性呈现平衡状态时，个体才可能完全融入活动中获得流畅体验。当人们参与一项自己有能力解决但是又相对具有一定挑战性的任务，或者说需要投入很多已具有资源和技能，并且由内部动机驱使的任务时，所进入的正是这样一种特殊的心理状态。事实上，流畅体验是一种复杂的心理历程与感受。仅仅采用以上简单且机械化的操作定义判断个体是否处于流畅状态，将流畅状态的研究仅限定于高挑战性的活动中，都难以解释人们在进行低挑战性任务的活动中，如从事娱乐活动的大部分时间里也能获得流畅体验。后来，马斯米尼和卡利（Massimini & Carli, 1988）、杰克逊和马什（Jackson & Marsh, 1996）等心理学家围绕流畅状态的特征、影响因素等作了进一步的研究。[1] 杰弗瑞·戈比（1994）把"畅"作为与休闲相关的重要概念和休闲研究中最基本的概念之一。他肯定"畅"是一种可以在工作或休闲时产生的最佳体验，是一种以自身为目的的活动，甚至提议从"畅"的角度来评价什么是好的休闲和什么是不好的休闲。[2] 此外，托马斯·古德尔、约翰·凯利、卡拉·亨德森等一批休闲研究学者也都接受这样的观点。国内许多学者都肯定这一理论的原创性，有的还进行了本土式解释和创造。马惠娣指出："'Flow'在休闲研究中是一个很重要的概念，它是与'娱乐''游戏'并列的概念，有时又指一种情境。与中文的'陶醉'相似，但又不同，因为陶醉强调客体的影响，而'畅'强调主体自我的作用。"[3] 章海荣在全面总结分析西方学者及马惠娣的观点后，做了进一步探讨。他认为，"畅"这一概念不仅在休闲理论中极其重要，而且能够开辟一个

---

[1] 有关这方面的深入研究，参见任俊等：《Flow 研究概述》（《心理科学进展》2009 年第 1 期）、曹新美等：《积极心理学中流畅感理论评介》（《赣南师范学院学报》2007 年第 4 期）等。
[2] 〔美〕杰弗瑞·戈比：《你生命中的休闲》，康筝、田松译，云南人民出版社 2000 年版，第 21—23 页。
[3] 这是马惠娣主编的"休闲研究译丛"（5 种，2000）中的一个统一注释。

构建于休闲理论和美学两大理论领域的新的学术领域。他还从美学视野来分析畅爽感,认为畅爽感是日常生活的最佳体验,畅是"动态美感",畅爽的心理体验是建立在互为对象的主体间性的关系之中。这些特点显然与一般所说的美感(aesthetic)形成重大区别。[1] 总的来说,畅爽理论在当代休闲研究中已经十分普及、流行,并得到了积极运用。

  畅爽理论极大地突出了日常活动中蕴含审美冲动的事实。作为体验的畅爽,它贯通于日常活动的每个部分,处于日常体验与审美体验的中介地带,亦即是人处于各种关系之中所持存的一种积极的感受和自由的状态。这与所谓的"休闲感"是一致的。休闲感是"在积极的生命活动中通过不断展现人的本质力量、建构和获得和谐的外部关系,形成的一种较为稳定的自由、安适、乐观而敏锐的心智体验和精神状态"。曹卫平把它的心理结构因概括为四种:满意感、自由感、敏锐性及态度品质休闲感。他认为,休闲感并非通常意义上的闲逸状况,更非游手好闲。它既体现于愉悦的闲逸之中,又不排斥工作。相反,个体只有在积极有为的活动中才会产生强烈的休闲感体验。它使人无论是在安闲的休憩中、积极的娱乐中,还是努力的工作中都能感受到生命的意义、个体的价值、个性的自由表达,以及强烈的幸福体验。此外,休闲感也不等同于"自我感觉良好",它是以积极的生活态度和行为为基础,同时具有理性的自我省察能力和感受他人的能力。一个在生活和工作中有强烈休闲感体验的人,一定是一个充满感受力、创造力以及悲悯情怀的自由而幸福的人。可见,休闲感是一种能够带来自由、快乐,使人获得愉悦的"美好感"。[2] 张玉勤指出,休闲体验不仅具有体验一般所具有的自由性特征,而且具有鲜明的主体性、突出的整体性、自由的创造性和诗意的超越性等特征。它不仅是区分某项活动是否属于休闲的重要依据,而且由于其具有鲜明而突出的整体性、创造性和意义生成性,将重新塑造着休闲主体的内在品格,从而导

---

〔1〕 章海荣、方起东:《休闲学概论》,云南大学出版社2005年版,第156—167页。
〔2〕 曹卫平:《休闲感——一个弥合工作与休闲的新概念》,载《消费导刊》2008年第16期。

向新型人格"现代新感性"的产生。[1]

休闲体验作为畅爽体验,就是人的现实感的体现。英国学者罗杰克(Chris Rojek)指出,畅爽是心理意义上自由的一种现实体验,"畅爽的概念之所以受欢迎主要是因为它抓住了伴随成功休闲活动而产生的积极反应。体验这个词表达了认知自我休闲活动的人文意义。这个概念是对行为主义的一种校正";"只有将它与个人所选择的行为类型联系起来才有意义。精神层面的东西必须在社会背景下才能表达清楚"。[2] 畅爽感就是一种通过休闲行为而"获得的经历"。不同的休闲行为、休闲方式自然产生不同的体验效果。西方当代学者比较倾向用"心境"来给休闲下定义。他们认为,要想体验休闲就必须满足4个条件:感受自由(反映一个人内在控制状况)、一定的技能(参与休闲活动时常常需要某些技能)、内在的动机(反映参与休闲的愿望)、积极的情感体验(在休闲时体验)。[3] 这说明休闲体验不是什么随意的体验,而是需要条件的体验,其根本在于把休闲体验当作积极的、意向性的体验。休闲体验又以社会、人生为评价尺度。一般地说,社会尺度是绝对的,不是人的主观意志所能左右的;而人生的尺度是相对的,是人可以自由把握的。显然,在现实生活中,如果恰当地把握人生态度,那么不仅可以获得相对自由的精神空间,而且能够成就审美心境。休闲作为体验,就是审美境界的现实化、生活化。

第三节 艺术与休闲

休闲尽管不能代表审美的全部,但是包蕴着审美的诸多奥秘,这必然需要我们关注艺术的问题。艺术活动是人类的审美活动,既体现为艺术创造是作为人类的审美实践的过程,又体现为艺术品是作为人

---

[1] 张玉勤:《休闲体验塑造"现代新感性"》,载《自然辩证法研究》2003年第5期。
[2] [英]罗杰克:《休闲理论与实践》,张凌云译,中国旅游出版社2010年版,第28—29页。
[3] [美]克里斯托佛·阿·埃丁顿:《二十一世纪的美国休闲》,王建宇等译,载《广州体育学院学报》1996年第3期。

类的审美实践的结晶。我们往往把审美作为艺术的本质特征,甚至就是人类的生存维度。艺术之于人类的重要性不言而喻。但是,关于艺术的存在又是一个见仁见智的问题。艺术史家海因里希·沃尔芬(Heinrich Woffin)有句格言:"无论什么时候,并非每件事情都可能发生(Not everything is possible at all times)。"这用于说明人类的艺术的情况是极其恰当的。艺术的发生既是可能的,又是非必然的。那么人类的最早的艺术究竟是在何时、何种情况下发生的?或者说人类的审美意识是如何发生的?以及这种审美意识又是如何转化为各种实际的艺术形式的?这一过程又是如何受制于经济、社会、文化等因素?艺术形式又是如何随之而演变的?等等。学界围绕这些问题的讨论甚多。但是不管如何讨论,这些问题都与休闲发生极其密切的关联。换言之,我们从艺术的存在能够体认到休闲所具有的和应当具有的审美蕴涵。

一、从艺术起源学说看

众所周知,艺术的历史远比人类文字的历史要悠久。在文字产生之前,艺术就已经存在上万年了。人类的审美实践远远在理论之前。关于最早的艺术是如何产生的,即艺术起源这一复杂问题,学术界已形成了几种代表性学说。朱狄在《艺术的起源》(1999)一书中概括为"模仿""情感和思想交流的需要""游戏""巫术""劳动""季节变换的符号""对亡灵的哀悼"7种。这些学说中,影响较大的无疑是"游戏"和"劳动"。游戏说在格罗塞的《艺术的起源》(1894)一书中称为"席勒—斯宾塞理论"。席勒在其著名的《审美教育书简》(1794)一书中,承认模仿是艺术产生的动机,但更承认游戏应该是真正动机,并把它的产生归为"精力剩余"(详见本书第三章第四节)。斯宾塞发挥了席勒的观点,也认为游戏和艺术是过剩精力的发泄,美感起源于游戏冲动。格罗塞本人部分接受了游戏说。在他看来,游戏训练了幼小动物适应未来的生活,所以它先于未来的生活,因此他认为实践活动是游戏的产物。此外,他还认为游戏更接近艺术欣赏活动而非艺术创造活动,即当人们自然而然进入到游戏状态中去的时候,就不自觉地表现为自己好像是生活在一种戏剧的活动当中,在这种情况下人们已经被游戏的魅力整个地带走了。毕歇尔在《劳动与节奏》(1896)中指出,在艺术发展的最初阶段上,劳动、音乐和诗歌之间具有非常密切的关系,是三位一体的,它们的基本组成部分都是劳动,而其余的组成部分只具有从属的意义。普列汉诺夫在《没有地址的信》(1899—1900)一书中,通过对原始音乐、舞蹈、绘画艺术以及它们同生产劳动实际联系的分析,系统地论述了艺术的起源及其发展的问题,认为艺术不是起源于游戏,而是起源于生产劳动,且"劳动先于艺术"。柯斯文在《原始文化史纲》(1953)中认为,劳动和人们的劳动实践是各种原始艺术所有观念形态之共同的根源;而随着人类、人类社会的发展和观念形态的复杂化,艺术的这一最早的根据自然是愈来愈间接地以人类活动和关系的新生形式表现出来;不过以各种手法表现的原始艺术,总是表现为人的劳动实践形式。上述这些见解由于经常被引入到各种文学概论、艺术概论当中而已经为我们所熟知。

事实上,包括游戏说、劳动说在内的各种起源学说,有一个共同的特点,这就是把艺术的起源归之于某一种特殊的因素,并且把这种特殊的因素作为决定性的因素。从一种学说或一种理论的完整性来看,这是有很大局限的,因为某种特殊的因素不能作为决定性的因素,即使作为特殊的因素也只是相对而言。除游戏说、劳动说之外,模仿说也是一种较流行的起源学说。它强调模仿这种特殊的因素,并认为模仿必将导致最早艺术的发生。德谟克利特、柏拉图、亚里士多德等均认为,模仿是人的一种特殊能力,正因为人具有了这种能力,所以才创造出艺术。尽管古希腊哲学家们提出的这种模仿说具有一定的合理性,但终究无法证明具备了这种能力就一定产生艺术的必然性。作为最早出现的一种艺术起源学说,模仿说自然也影响了其他学说。如巫术说认为,巫术活动能够增加巫术效果的气氛、情绪与形象的逼真,又能够使这种模仿的外观创造及情绪渲染将人们带入一种幻觉真实,从而导致产生一种愉快的感觉,最终又使之转化为审美愉快。游戏说也部分地以模仿作为论证依据。谷鲁斯在《动物的游戏》(1898)中以"内在地参加一个外在对象的动作"的"内模仿"的观点来解释游戏冲动:"心领神会地模仿马的跑动,享受这种内模仿的快感",并认为这就是"一种最简单、最基本,也最纯粹的审美欣赏"。这些都说明模仿因素并不是模仿说专有,包括模仿说在内的多种学说都涉及模仿的问题。因此,如果只强调其一忽略其二,完全依照某一种学说(因素)进行解释,那么就必然无法获得令人满意的答案。相比之下,格罗塞、希尔恩、马克斯·德索等西方学者的解释都带有多元论的痕迹,因而较为客观。即使就我们习惯作为"劳动说"代表的鲁迅而言,他也并不单一地解释艺术的起源。以下这段精彩的论述是经常被引用的:

> ……诗歌起源于劳动和宗教。其一,因劳动时,一面工作,一面唱歌,可以忘却劳苦,所以从单纯的呼叫发展开去,直到发挥自己的心意和感情,并偕有自然的韵调;其二,是因为原始氏族对于神明,渐因畏而生敬仰,于是歌颂其威灵,赞叹其功烈,也就成了诗歌的起源。[1]

在这里,鲁迅重点说明劳动是如何促成诗歌的,然而并没有否认宗教的作用。诗歌起源于多方面,劳动是,宗教也是。在早期人类活动中,劳动、宗教与诗歌(文学、艺术)三者是极难分开的(甚至可以说根本没有分开)。我们把鲁迅的观点归之为"劳动说",仅是大体而言的。多元论的解释方式能够避免以任何某一种因素进行解释时造成的片面性,因而更符合艺术起源的客观实际。正如朱狄所评价:"所有的这些多元论的倾向,并不就是对在艺术起源问题上的众说纷纭的一种无可奈何的调和折中,而在于在艺术最初的阶段上,可能就是由多种多样的因素所促成的,因此推动它得以产生的原因不能不带有多元论的倾向。同时,各门艺术都有着自己的特殊性,因此的确很难整齐划一地被导源于一种单一的因素。"[2]

尽管多元论仍是建立在单一论的基础之上,但是艺术的起源终究不可能就是因某种单一因素而必然造成的后果。劳动说之所以在艺

---

[1] 鲁迅:《中国小说的历史的变迁》,见《鲁迅全集》第9卷,人民文学出版社2005年版,第312页。

[2] 朱狄:《艺术的起源》,中国青年出版社1999年版,第146页。

术起源学说中占据了一个优势地位,是基于人类活动的事实。早期人类把大部分活动时间用于满足物质性需要的生产劳动。劳动除作为满足自身生存的活动之外,还与祭典、宗教仪式、娱乐等各种活动融合在一起。对于劳动者而言,劳动不仅没有时间上的分化,甚至在空间上也如此。如作为居住地——家的周围是自己耕作的田园,家中又是自己进行手工业劳动的场所。这样的生活空间,既是劳动空间,又是闲暇空间。比利时学者鲁道夫·雷素哈齐指出:在非洲,"上田地里劳动既是一种工作,又是一种宗教行为,因为这个有关的人正在耕种祖先的土地。甚至,这项劳作是委托给妇女承担的,因为必须使土地丰产。但这同时又是一种消遣,因为在田地里遇见别人,闲谈,交换新闻或是唱歌"[1]可见,劳动的内容是多方面的,它的作用是十分突出的。巫术说、宗教说、游戏说等不仅都未能直接回答艺术产生的原因,而且都较忽视劳动的积极意义。劳动之于艺术的重要性在于:提供了艺术活动的前提条件,产生了艺术活动的需要,构成了艺术描写的主要内容,甚至制约了早期艺术的形式。因此,相比其他各种学说,劳动说的确包含了"更多的真理成分"[2]。更重要的是,"劳动"这一概念能够整合人类活动的各个方面,即它不是一种单一的人类活动或行为,而是一个总概念。

多元论提供了理解艺术起源的相对合理的方式,由此我们可以进一步认识闲暇娱乐之于艺术起源的意义。劳动与休闲作为两种基本的生活节奏方式,构成了人类生活的全部,而且两者具有较为明显的对立关系。的确,劳动是一切物质、财富的真正来源,是制约闲暇的第一要素,但它又是闲暇时间赖以存在的基础。因此,研究人的闲暇行为不能不从劳动时间以及劳动与闲暇的关系入手。娱乐是重要的闲暇活动之一。早期人类的娱乐,与劳动融合在一起,以宗教祭典等为主要甚或是唯一的形式。随着生活时间的分化,娱乐必然从生活活动中独立出来,成为特定的或是固定的部分。娱乐既包括使自己获得愉

---

[1] 转引自王雅林、董鸿扬:《闲暇社会学》,黑龙江人民出版社1992年版,第71页。
[2] 参见童庆炳主编:《文学理论教程》(第4版),高等教育出版社2008年版,第41页。

悦、乐趣,又包括使他人获得愉悦、乐趣。这里必须注意的是,早期人类的生活活动并不像今天一样,分工明确,且形成严格的劳动制度。也就是说,劳动是他们赖以生存的必要基础。相对于这种必要活动,所谓休歇、游戏等都是作为劳动中的插曲,只是用于缓解身心疲惫的继续使劳动获得动力的方式。因此,各种闲暇活动被整合到劳动当中。所谓劳动说并不否认休闲之于艺术的意义,而只是强调劳动构成了一种基础,闲暇是劳动的必要调节、补充。总之,劳动说作为一种重要的艺术起源学说,并不是对人的闲暇活动意义的否定。相反,它恰恰是以另一种形式肯定了休闲的特定意义。正如乔治·卢卡契指出:"人类的审美活动不可能由唯一的一个来源发展而成,它是逐渐的历史发展综合形成的结果。"[1]随着社会分工的细化、等级观念的形成、工作制度的建立,劳动(或工作)与休闲的关系出现了或对立或统一的关系。从社会进程看,两者走向弥合是必然的趋势(详见本书第三章第一节)。

二、审美经验的发生

回答艺术起源的问题,还存在另外的路径。朱狄认为"艺术起源"实是一个"发生学美学"的问题。他说:"在艺术的发生学问题上,我们所要确立的问题不只是最早的艺术'从哪里来';在时间上是'从哪里开始';而是精神上的'为什么'?"显然,精神上的问题远比时间上的问题"更重要",因为前者是史前考古学基本可以解决的,而后者则是一个具有普遍性意义的课题。艺术起源问题还是一个"推动力"的问题:到底是什么因素在推动着最早艺术的产生?[2] 相对而言,从发生学的角度考察最早艺术的产生,比起源学说更为合理。这一问题的实质就是要确立人类审美意识(或审美经验)是如何发生的。

关于审美、审美意识,一种普遍的观点是强调它是属人的,即区别于动物的特征或能力。这种理解具有片面性,因为它只强调人类美感

---

[1] [匈]乔治·卢卡契:《审美特性》,徐恒醇译,中国社会科学出版社1986年版,第333页。

[2] 朱狄:《艺术的起源》,中国青年出版社1999年版,第91页。

与动物快感之间具有原则性差异,而没有看到人类的美感恰恰是从动物性快感中演变、发展、升华而来的。[1] 只有回归到人类的原初生活体验当中,才能真正揭示"审美"的奥秘。这就要求在强调原则性差异的同时,还必须认识到审美意识的发生离不开从动物性到人性这一发展环节。在人的各种活动中,有许多类审美的活动,但是它们又不能完全与审美活动一致。艺术活动,说到底是人的生活活动的一部分。生活活动是人的一切活动的基础,而它的形式又是多样的、丰富的。艺术活动是人的更高层次的生活活动,形成于人的精神需要,但是终究是以动物性、物质性活动为基础,即以"有用"为前提。卢那察尔斯基在《意识形态的艺术与艺术工业》(菊人译,1967)中的这段话是很好的说明:

> "有用的东西"是什么意思呢?有用的东西,这就是能发扬人的本性,给人腾出更多的空闲时间的东西。为了什么?为了生活。一切有用的东西,这就是能把生活组织得可以自由地去享受的根本的东西。如果人没有享受,那么,这就是无乐趣的生活。但是,人类的全部目的难道就在于给自己建立一种好的但是无乐趣的生活吗?这好比只有配菜,没有兔肉。十分明显,必须改变事物,使之能提供幸福,而不单单是有用。这就是为什么石器时代的人还在自己的罐上画上记号的缘故。因为这样的罐能给他提供更大的幸福。[2]

谈到"有用",还必须与"无用""无功利",即"审美"联系起来理解。"审美"一词对应的西文是 aesthetica。德国哲学家鲍姆加通用它来命名他所创立的新学科和作为他有关著作的书名。他指出美学是以感性认识为研究对象的,美是经由感官(sense)来理解的。此后,康德、席勒、黑格尔也都将美视为具有自性特征的对象来看待。他们都

---

[1] 参见陈炎:《人类审美意识的发生》,载《北京师范大学学报》(社会科学版)2004年第2期。
[2] 陆梅林、李心峰主编:《艺术类型学资料选编》,华中师范大学出版社1997年版,第425页。

致力把美(或审美、美感)与哲学、宗教、伦理、名理、逻辑、功利、实用等区分开来,使之成为一种独立自足的主观经验。该词在19世纪中叶成为文学、艺术的普遍议题,还与视觉映象、视觉效果有关。对此,雷蒙·威廉斯这样指出:"虽然普遍流行,但用法有其盲点;无可避免地这个词已被错置及边缘化。"[1]再就中译情况看,该词有"美(的)""审美(的)""美感(的)""美学(的)"等多种译法,常见的是"美学"、"审美"。一般而言,美学指的是一个学科、一门学问,审美指的是对于美的对象的观照、考察和鉴别。于是,美学成为以审美或审美经验为中心的研究美和艺术的科学。"所谓以审美经验为中心,正强调的是aesthetica,美是无所不包的,艺术把无所不包的美限定在一种典型的样式上。"[2]简言之,美即美感,美在美感之中,美感主要在艺术中。事实上,美、美感、艺术的关系在美学上远非如此简单。不过可以肯定的是:审美经验始终是美学的中心议题。

"审美经验",或称"美感经验",这是一个与"美的经验""艺术的经验"相近或相同的概念。西方美学家在18世纪之前主要是把它当作"美的经验"看待,提出了"凝神专注"(concentration)、"着迷"(enchantment)、"观念"(idea)、"灵魂的内感"(sensus animi)、"灵魂的降服"(lentezza)、"狂热"(delirio)等各种观点,但极少有从"类差"(differentia specifica)的角度进行说明。杜波斯第一次从目的的角度解释美感经验,认为正是通过艺术和美感经验,"使唤我们的心思",以之避免无聊或"补救无聊"(remedy for boredom)。该词直到启蒙时期之后才得到了广泛解释。许多美学家承认,美感经验是一种可以单独成立的某种特殊感情。18世纪的罗伯特·莫里斯则认为"存于美感经验与日常经验之间的差异,在量而不在质"。应该说,各种美感经验的界说和理论都难以成立,原因就在于"这个名词包括了多种不同的经

---

[1] [英]雷蒙·威廉斯:《关键词:文化与社会的词汇》,刘建基译,三联书店2005年版,第1—3页。
[2] 张法:《美学导论》(第3版),中国人民大学出版社2011年版,第40页。

验"。[1] 19世纪以来,审美经验论在西方得到重大发展,对审美经验的把握逐渐转向它的自主性,"审美"的含义也相应地从狭义走向广义,从单一走向多元。

20世纪以来对审美经验的理解最重要的一种变化就是趋于"日常化"。与此前所说的"在量而不在质"不同,这种理解强调审美经验与日常经验两者既相对又包容的关系。如美国哲学家杜威以原始艺术来说明日常生活、日常娱乐等日常活动是日常经验发生的条件。他认为,舞蹈、哑剧、音乐、绘画、雕刻、建筑等这些所谓的艺术,原本就是与人们的日常生活交织在一起的,最初就是狩猎、战争、祭祀、集会等社会活动的重要组成部分,并在这些社会活动中产生实际功用。这意味着艺术是从日常娱乐发展起来的,而日常娱乐又充分体现了日常经验的含义,艺术、日常娱乐、日常经验三者是共同存在的。杜威还把日常娱乐指向当代流行文化、时尚文化:"那些对于普通人来说最具有活力的艺术对于他来说,不是艺术:例如,电影、爵士乐、连环漫画,以及报纸上的爱情、凶杀、警匪故事。"[2] 拒绝对于审美经验的狭隘理解,这是杜威表现出的一种姿态。这种姿态不仅使他的艺术哲学获得了某种弹性,而且开辟了一种新的研究视野,这就是实现从文艺向文化、从艺术欣赏向日常娱乐的过渡。[3] 这在根本上表明:审美经验与日常经验不可分离,寻找美学价值、开掘艺术源泉应该回到普通、平凡的日常经验当中。如今"日常生活审美化"越来越成为一种现实,这已经在韦尔施、费瑟斯通、波德里亚等人那儿得到集中表述。

总的来说,日常经验是审美经验的基础,而审美经验是日常经验的提升,艺术经验则是审美经验的集中表现。鉴于我们已习惯称"审美经验"为"审美体验",因此这里不如仍回到"审美体验"。审美体验不是被动式的存在,而是期待显现。正如王一川指出:"人们不满足于仅仅内在于独享体验这种妙不可言的'美的瞬间',而是渴望它形式

---

[1] 参见〔波〕瓦迪斯瓦夫·塔塔尔凯维奇:《西方六大美学观念史》,刘文谭译,上海译文出版社2006年版,第319—346页。
[2] 〔美〕杜威:《艺术即经验》,高建平译,商务印书馆2005年版,第4页。
[3] 参见姚文放:《"审美"概念的分析》,载《求是学刊》2008年第1期。

化。"在他看来,艺术正是意味着"把瞬间体验显现为永恒的形式"。[1]审美体验与艺术、形式化三者在本质上是同构的,不可能被截然分开。从艺术发生角度看,源于日常生活的审美或美感经验是艺术生成的必要条件。在人类的审美意识尚不发达的时代,美感经验与日常经验往往重叠在一起,而如今它们又将以新的方式重新弥合在一起。随着审美经验的成熟、审美体验方式的多样化,艺术及其形式亦必将不断丰富,艺术与休闲的关系将变得日益具有合作关系。

三、艺术形式的发展

艺术的审美经验是最基本的审美事实,艺术的发展即代表着人类审美经验的发展。关于审美经验的发展状况,可以直接从艺术形式的兴起这一事实中得到证明。"形式"作为艺术的维度,可以包含两层意思:一是作为与内容相对的作品形式,二是作为类型(或体裁)的形式。两种形式都内蓄了一定的社会、历史、文化内涵和人的审美情感,都是"有意味"的。相比于作品形式,类型形式更能体现人类审美发展的状况,这是显然的。早期不发达的审美心理结构使得人类创造出来的艺术风格比较粗糙,并且具有比较明显的实用倾向。随着人类活动范围的扩大和对世界感知能力的增强,艺术风格就会变得精致,类型也更显丰富。艺术形式的生成又与人类的生活状况相关。物质的盈余节省了更多的生产劳动和工作的时间,于是人们便有了大量可支配的闲暇时间。为了充实闲暇时间,人们必须参与各种闲暇活动,甚至创造各种艺术形式来实现这样的要求。社会的不断发展也必将催生更多更新颖的艺术形式,以满足日益增加的闲暇时间和不断高涨的精神需求。因此,无论审美意识还是艺术形式的发展,并不只是个体的活动结果,而是与社会发展息息相关。闲暇活动关联着个体与社会,关联着艺术或人的审美意识的发生。通过对艺术形式,特别是类型问题的考察,可以证明休闲具有审美蕴涵的一种合理性,或者说休闲的审美意蕴将被进一步突出。

---

[1] 王一川:《审美体验论》,百花文艺出版社1999年版,第278页。

艺术的分类问题由来已久。柏拉图在《理想国·政治篇》中提出"作为娱乐的艺术":"……(关于)装饰和绘画及所有只是为了我们的愉悦而用绘画和音乐手段创造的、可以恰当地归为一类的东西……被有些人称作游戏……所以这样一个名称将被恰当地用于这类活动的全部种类之中去;因为它们其中没有一种是用于任何严肃的目的的,它们全部都只是为了游戏。"[1]亚里士多德提出一个实质上已非常接近近代"美的艺术"的概念:"模仿的艺术"。希腊化时期和罗马时期一些学者也提出了有影响的艺术分类学说。如以加伦为代表的一种分类法是根据是否需要体力劳动,把艺术分为"平民艺术"和"自由艺术",或"手工艺的"与"脑力的",或"低级的"与"高级的"。塞内加坚持四分法,包括"技艺的艺术""服务于美德的艺术""教育性的艺术""娱乐性的艺术"。席勒提出"素朴的诗"和"感伤的诗",认为"素朴和谐谑歌曲,是德国人高兴倾听的,而且在他们围着桌子大吃大喝的时候给他们提供了无限的娱乐"[2]。赫尔巴特则认为,艺术分类是没有真正的、审美意义上的区别为依据的,因此也就没有严格的艺术分类界限。他反对将文学分为叙事的、戏剧的、抒情的和教谕的传统分类法,认为这只会使得文学的类别和其他艺术形式的类别都可以无限划分,从而导致我们无法为各种艺术形式划出固定的界限。不过他还是根据是高雅还是通俗,是发人深省还是使人得到娱乐,将艺术分为两类:第一类有建筑艺术、雕塑、宗教音乐、古典文学,第二类包括园林美化、绘画、通俗音乐、浪漫文学,前者明朗,后者朦胧,其魅力有赖于美感之外的吸引力。他并且这样说道:

> 我们发现,其中的一类可以从各个侧面来表现自己和满足研究的需要,而另一类却表现出某些不很明朗的东西,人们无法彻底探究它们。不过,如果我们从整体关系出发(而不要求过于详尽的说明),则能看到后一类艺术具有的多种装饰效果。第一类

---

[1] 陆梅林、李心峰主编:《艺术类型学资料选编》,华中师范大学出版社1997年版,第26页。
[2] 同上书,第156页。

艺术作品要求它们的评判者以最罕见、最高级的艺术作品作为其评论对象;而第二类艺术作品拥有这样一批爱好者和欣赏者,他们为自己能够享受到一种赏心悦目的游戏,摆脱日常的烦恼,甚至获得那种升华到无穷境界的体验而感到庆幸。因此,说到底我们很难断定这两类艺术作品中的哪一类更接近理想。那些认为艺术有义务表现某种东西的人的确颇有点靠不住。不过,真正的艺术家恰恰是在那些需要表现至高无上,那些不能贬低艺术、使之充当某种游离物的标志的领域——表现宗教对象的领域,对自己提出最严格的要求并竭力避免自己滑向别出心裁的装饰中去。[1]

以上所提及的这些分类,尽管依据不太一致,但是都注意到休闲娱乐的问题,甚至把它作为艺术的内容、特征或作用。这说明艺术形式的确立的确离不开休闲的维度。

就具体的艺术形式而言,无论是传统的还是现代的,它们都与休闲具有直接的关系。文学是语言的艺术,诗、小说、散文、剧本、报告文学等是最为基本的体裁,其中又以诗的产生最早。中国素有"诗的国度"之称,最早的文学作品集就命名为《诗经》。诗在中国人消遣闲情方面具有重要作用。"宽兴应是酒,遣兴莫过诗"(杜甫《可惜》)。诗与闲适是互补的,闲适能够产生诗,诗亦能够带来闲适;诗与闲适是共在的,闲适不能没有诗,诗也离不开闲适。"建安时期的游宴诗,陶渊明的田园诗,梁陈时的宫体诗,唐宋词中的婉约词,元代咏唱散诞逍遥的散曲……绝大部分是悠闲时的艺术创造,其中许多作品具有永恒的艺术魅力。少了这些闲适诗,中国的诗史将不成其为诗史,中国文学会黯然失色。"[2]诗又是"文艺之母",孕育了其他的艺术形式。鲁迅在《中国小说史略》(1925)中就比较肯定诗歌产生比小说更早,这主要是因为诗歌具有节奏性,与人的劳动具有直接的关系:

---

[1] 陆梅林、李心峰主编:《艺术类型学资料选编》,华中师范大学出版社1997年版,第263页。

[2] 龚斌:《中国人的休闲》,上海古籍出版社1998年版,第176页。

> 我想,在文艺作品发生的次序中,恐怕是诗歌在先,小说在后的。诗歌起于劳动和宗教。其一,因劳动时,一面工作,一面唱歌,可以忘却劳苦,所以从单纯的呼叫发展开去,直到发挥自己的心意和感情,并偕有自然的韵调;其二,是因为原始民族对于神明,渐因畏惧而生敬仰,于是歌颂其威灵,赞叹其功烈,也就成了诗歌的起源。至于小说,我以为倒是起于休息的。人在劳动时,既用歌吟以自娱,借它忘却劳苦了,则到休息时,亦必要寻一种事情以消遣闲暇。这种事情,就是彼此谈论故事,而这谈论故事,正就是小说的起源。——所以诗歌是韵文,从劳动时发生的;小说是散文,从休息时发生的。[1]

鲁迅在这里还提到小说起源于"谈论故事",后来还提到小说的发展问题。所谓"宋建都于汴,民物康阜,游乐之事,因之很多"[2],以极简略的语言道出了宋代白话小说得以繁荣的一个重要原因。胡适在《白话文学史》(1928)中认为,故事诗(Epic)在中国起得很迟的原因不是中国古代缺少这方面的记录,而是与传统的文学观念有关。古代文人的政治功利性决定了他们重议论与说理的文学写作,因此故事诗这种重在"说故事"的平民文学没有更多的发展余地。他认为,真正的故事诗是起于劳动人们在生产之外的自娱自乐。

西方的情况亦如此,这里以悲剧与小说为例。悲剧是一种古老的艺术形式,是古希腊文学最有代表性的成就之一,它起源于祭祀酒神的庆典活动。法国史学家兼文学评论家丹纳在《艺术哲学》(1865—1869)中以实证主义的观点说明了社会文化条件直接决定文学形式的事实。他认为,17世纪法国的新形势对人的性格与精神发生了重要影响,当时人们的娱乐、趣味如他们的人品一样"高尚""端庄"。这种影响在文学上更加明显,突出表现就是悲剧成为"发展特别完美"的文学品种。[3] 小说在西方的发展呈现出明显的阶段性特点,至今至少已

---

[1] 鲁迅:《中国小说的历史的变迁》,见《鲁迅全集》第9卷,人民文学出版社2005年版,第312—313页。
[2] 同上书,第330页。
[3] [法]丹纳:《艺术哲学》,傅雷译,安徽文艺出版社1998年版,第91—96页。

进入"第五代"。美国当代学者伊恩·P.瓦特在《小说的兴起》(1957)中认为,小说之所以能在18世纪英国兴盛起来,与当时占优势地位的中产阶级的读者大众的欣赏趣味、文化程度、经济能力有直接的关系。他特别以有比较充分闲暇时间的女性读者为例来说明这一问题。这在很大程度上说明:闲暇时间是小说这种审美艺术得以兴起的直接原因。

与诗歌、小说、戏剧这些传统艺术形式相比,影视艺术是后起的。这类形式的艺术融时间艺术与空间艺术为一体,是复合艺术,具有综合性、技术性、娱乐性等多种特征。电影是影视艺术的起源,从产生至今天不过百余年,却已发展成为最受大众欢迎的"消遣品"之一,这自然与它作为艺术的电影本体特征密切相关。一方面,电影是在传统艺术形式的基础上发展出来的。正如叶·魏茨曼(1978)所说:"艺术力求最大限度地广泛利用艺术形象的造型和表现元素,力求在表现时间空间和人的内部世界外部世界时的辩证统一,这是以作为个性的人的历史发展本身为依据的追求——这就催生出电影艺术,而且在电影之前就已经在'传统'艺术中催生出'电影性视象'。"[1]另一方面,电影是技术与商品合谋的产物。本雅明指出,"为艺术而艺术"的理论在根本上就是商品生产的反映。电影是现代艺术的演变的产物,它由创造技巧的革命所引起。20世纪人类艺术活动发生了一系列变更,作品价值由膜拜转为展示,由有灵晕(aura)转为机械复制,由美转为后审美,等等。机械复制艺术虽然消失了灵晕,但是能贴近与占有某物的愿意,能克服传统艺术的"独一无二性"。作为机械复制艺术的电影能够成为大众消遣娱乐的对象,原因在于此。[2]

电视则是影视艺术的衍生物。与电影艺术相比,影视艺术更具日常生活性。电影只是我们的日常生活的一部分,而电视在今天差不多已经占据了"中心位置"。对此现象,罗杰·西尔弗斯通进行了探讨和

---

[1] 〔俄〕叶·魏茨曼:《电影哲学概说》,崔君衍译,中国电影出版社1992年版,第226—227页。

[2] 参见〔德〕汉娜·阿伦特编:《启迪:本雅明文选》,张旭东、王斑译,三联书店2008年版,第237—262页。

分析,并深入阐述了电视对我们的情感和认知意义,以及在时空和政治方面的重要作用。他首先指出电视占据了社会生活最根本的空间与时间层面,是"最为重要的——时间与空间的中介物",进而推论到:"我们的电视经验是世界经验的一部分……电视彻底地融入到日常生活中,构成了日常生活的基础。"[1]尽管每个人的具体生活环境存在差异,而我们的生活环境又受到我们所处的社会及文化环境的影响,但是电视对我们的日常生活的各个方面有着巨大而普遍的影响,甚至成为日常生活的一种支撑。托马斯·古德尔则认为,电视展现的世界是"一个无限制的社会,能对人们对真实自我的追求有重要的作用";"电视不仅拒绝人生的悲观态度,而且担负着快速吸引的责任";"电视和豪华汽车、郊游一起成为'美好生活'的象征,是能给人带来无穷无尽娱乐的休闲发生器"。[2] 由此可见,电视艺术的发展拓展了社会闲暇时间。正如冉华指出:"社会闲暇时间是一笔宝贵的财富,它是一种具有相当自由程度并转化为自由创造从而创造价值的财富。社会成员在闲暇时间内,通过学习、娱乐、创造,使自己的文化水准提高,汇入社会文明进程中。尤其是在现代社会,电视等大众传播媒介的问世,使人们能够成功地调节时间跨度,凝集瞬息时间,建立新的生活时间坐标。"[3]

总之,艺术形式的产生是审美意识提高的反映,它的发展是时代日益进步的体现,它的丰富也是传播媒介技术的成果。所有的艺术形式都是社会发展的产物,音乐、绘画、舞蹈、戏剧是如此,电影、电视更是如此。在当今,多种艺术形式共存,传统艺术与现代艺术都起着调动大众审美趣味的重要作用。特别值得一提的是,"网络社会"极大地影响了当代人生活方式的选择,改变了文艺的存在样态。网络文艺作为一种新兴的文艺现象迅速崛起。它以互联网为展示平台和传播媒

---

[1] [英]罗杰·西尔弗斯通:《电视与日常生活》,陶庆梅译,江苏人民出版社2004年版,第32页。
[2] [美]托马斯·古德尔等:《人类思想史中的休闲》,成素梅等译,云南人民出版社2000年版,第225—227页。
[3] 冉华:《电视传播与电视文化》,武汉大学出版社1998年版,第218页。

介，借助超文本链接、多媒体演绎等手段来表现，这种形式完全颠覆了传统文艺的存在方式。"审美"从精英走向日常，艺术成为娱乐的对象之一，这已然是当代最突出的文化现象之一。无论从何种维度而言，人类的艺术都不可能离开休闲。休闲是促进审美意识、艺术及其形式不断发展的必要条件，而审美意识、艺术及其形式的发展又表征着人类的休闲状况。没有休闲就没有艺术，这不是危言耸听。

四、关于"休闲文学"

"休闲文学"是一个极易引起误读的概念。2000年中国文论界发生了一场关于"休闲文学"的学术争鸣。始作俑者魏饴在4月25日的《文艺报》上发表了文章《悄然勃兴的休闲文学》（下称"魏文"），指出人类文明发展至今，注重休闲已成为人们的广泛共识，以写休闲并以供读者休闲为旨趣的"休闲文学"便突显价值。他把"休闲文学"概括为三方面的特点：题材的休闲性，基本上不关涉政治；审美的美美性，即对美的题材再一次审美；价值的回归性，能让人更多地体验人与自然、人与人的一种质朴关系。他还认为，"休闲文学"将与"号角文学"或"主旋律文学"并行，成为"主旋律文学"的有益的附曲。这样的论调很快引起了国内一些学者的注意。5月23日的《文艺报》刊发了一组文章，有张炯的《关于"休闲文学"之我见》、童庆炳的《休闲功能：文学作品的二重性》、陆贵山、包晓光的《走向愉悦与自由的休闲文学》和陶东风的《社会理论视野中的休闲文化与休闲文学》（以下分别称"张文""童文""陆文""陶文"）。后来这组文章与魏文相继被《新华文摘》第8期、人大复印报刊资料《文艺理论》第7期全文转载。《文艺报》又分别在7月4日发表了李孝弟的《需区分感官享受的情感愉悦和审美的精神愉悦》，在8月15日发表了魏饴的《再谈休闲文学——兼与张炯先生商榷》，在9月19日发表了刘泰然的《矫揉造作的休闲文学——兼与魏饴、陶东风等先生商榷》等文。为了把"休闲文学"的讨论进一步引向深入，11月份出版的《常德师范学院学报》第6期推出了专栏"休闲文学"争鸣（三篇），分别是陈果安的《也谈休闲文学》，宋剑华、戴莉的《消费 休闲 文学》和汪正云的《休闲文学的特征及其建设性向度》。在甫入新世纪且在不到一年的时间里,产生了10篇文章。这场关于"休闲文学"的讨论,足见引人关注,亦值得我们总结和再反思。

　　从争鸣、商榷的内容看,首先涉及"休闲文学"的命名问题。命名是对一种新生事物、现象的名称的确定。如果一种对象确定是新生的,那么对它进行命名显然是必要的。但是任何的命名都不是随意的、任性的,它必须是合乎逻辑且经得起事实论证的。张文一方面肯定文学具有道德、认识和审美三方面的价值,另一方面指出休闲文学不涉及道德,且与认识作用无多关涉,因此这两方面是矛盾的。因此,该文认为魏文所指的"休闲文学",不仅在逻辑上是混乱的,而且与事实不符合。童文指出两点:一是写"休闲"生活的作品,其功能未必止于休闲;二是具有休闲功能的作品,又往往不限于以休闲为题材为旨归的作品,非休闲题材的作品,未必就不能在阅读中达到休闲的目的,故给"休闲文学"命名似乎没有必要。陆文认为,魏文从主题、题材、对象角度进行界说是有道理的,不过还需深入一步,使之更加全面。该文还认为,"休闲文学"是指涉文学的某些形态,而不是文学的全部。

　　陶文认为"休闲"和"休闲文学"都是十分有歧义的,因此必须首先做一些界定。"休闲文学"的歧义,首先在于它既可以指以休闲为描写对象的文学,又可以指以休闲为目的并发挥休闲功能的文学,或者两者兼而有之;其次在于普遍性与特殊性的矛盾,即既可以理解为一种自古有之的、普遍的文学类型,又可以理解为只有在现代消费社会才出现的、具有特殊历史内涵的文学类型。这种矛盾必然使得休闲文学成为另类。因此,真正有意义的问题在于"源与流":"休闲文学为什么只是到了今天才如此蓬勃发展? 在休闲文学的狂潮背后有什么样的社会文化原因?"应该说,之所以在今天提出"休闲文学",并不是因为只有在今天才出现这种的文学文化现象。把文学作为休闲,也是文学自身发展传统。"休闲文学"这一名称在中文里的含义太丰富。且不说"文学"这一中国文化的漫长演变,但是中国文化中的"文学"是在西方观念影响下的产物,而"休闲"观念也基本是外来的。从根底上说,"休闲文学",或是今人对某一种文学类型的说法,或是对此前某一类题材的文学的归纳。因此,仅仅把休闲文学当作是完全新兴的文学类型,显然是偏颇的。只不过说,在今天我们对文学的看法更加开放,而不是像过去那样固守某一种传统。该文进一步指出,休闲文学的出现是社会主义市场经济体制全面启动后,人类物质文明的进步迫使人们寻找并建构文学相对独立的空间的必然结果。

  围绕"文学"谈"休闲文学"是一个较一致的取向。文学本身就是一个特别复杂的问题,至今没有获得一种被全面认同的定义,这是一方面。另一方面,文学总是在发展的,这一点也不否认。每个时代都有相应的文学形式、类型。也就是说,文学总是具体的、语境化的。在今天,文学的独立的审美观念与文化观念融合为一体。文学与消费、休闲等现象结合在一起。而休闲作为当今一种特殊的文化,它的确影响到人生活的方方面面,自然也包括文学活动在内。休闲对文学的影响不是今天才发生的事实。也有人认为,"休闲文学"是"西方休闲学引入中国后产生于文学界的新名词。""休闲学源于西方的休闲传统,它承继了一种自古希腊以来的休闲哲学观,其核心是人心灵的自由。文学是人类劳动后在闲暇时间产生的一种特殊游戏方式,具有休闲特质。休闲和文学都是人类内心的要求。"[1]可以说,"休闲文学"本身并非特别新鲜的玩意,提出这一概念只是为文学的研究提供了一个休闲学的新视角和新空间。休闲与文学的关系其实早已存在,且不可相互分离。正如文学、休闲永远都是人的活动一样,休闲文学也永远存在。在今天提出所谓的"休闲文学",并不在于对一种现象的命名,而在于让我们更加关注休闲,关注文学的作用、功能。

  至于"休闲",它本身就是语义丛生。"休闲文学"中的"休闲",往往指涉一种娱乐性、感官性的形式层面。在过去,过于注重载道、启蒙的意义而使得"休闲"的面目可憎,以致一提到休闲,就产生排斥甚至恐惧之感。但在今天,"休闲"形象发生了重大的变容。如果我们笼统地以一种形式主义的观点去理解"休闲""休闲文学",那么这是完全

---

[1] 马永利:《论休闲文学》,载《山东师范大学学报》(人文社会科学版)2005年第2期。

不够的。休闲是有层次的,有相对性的。如果说休闲是相对于劳动(或工作)而言,那么"休闲文学"是非劳动者的文学,或者是享乐阶层的文学,或者是劳动之余用于消遣的文学,纯粹是作为调节劳动生活而发生的。随着现代劳动制度的完善,休闲的功能日益多元化,"休闲文学"的形式更加丰富多彩。但是不管休闲如何发展,"休闲文学"绝非是最终的文学形式,更不可能替代"文学",文学休闲化仅是一种趋势而已。所以,我们对于"休闲文学"的关注点不能只在它的愉悦性一面,而更应在现实性的一面。的确,目前有些休闲作品存在格调低下、金钱至上、唯利是图、趣味庸俗的现象。这种出于物欲目的的休闲作品,我们自然需要无情地批评。正如童文所指出:"休闲功能作品,可能具有丰富我们生活情趣的积极价值,但也可能麻醉我们的感觉,或使我们丧失对社会的关心,和对工作的热情。"休闲文学的高品位,意在要求它也要有一定的思想价值。我们要从更积极的角度关注休闲文学的人文精神和伦理关怀,关注人类共同关心的主题。对于目前的文学发展而言,除鼓励多元化发展之外,就是让文学真正回归到生活审美化的建构当中,从而沟通起文学与休闲之间的亲密联系。这种联系是生命的。"生命情感是文学的生命,生命情怀是文学的价值。文学尊重生命,表现生命。文学能够再现生命的辉煌,也能抒写生命拼搏时的惨烈和悲壮,还能描写生命闲暇时的惬意与舒畅。"[1]生命是文学的真正意义上的内涵、价值,同样是高品质休闲的真义所在。

第四节 经济与休闲

经济是通过一定的手段和方式促进发展以获取物质财富的行为。它既是人类社会的物质基础,又是构建人类社会并维系其运行的必要条件。作为人类的活动,经济又总是随着人类社会的发展而变化,且受到不断进步的社会需求的影响。从趋势看,人类的经济活动越来

---

[1] 李立:《休闲与休闲的文学——一种古典意义上的休闲美学》,载《江西社会科学》2004年第1期。

频繁,越来越朝向灵活、细致的方向发展。相应地,人类对经济活动本身也有了越来越高的期待。特别是当生活水平达到一定程度的时候,人类将逐渐告别单纯追求商品的使用价值与利润,转而追求产品、商品的审美价值,或者说把精神享受的需求提到特别重要的地位。无疑,这种变化将促使经济发生转型,并导致多元化格局的产生。在当下,出现了"休闲经济""体验经济""审美经济"等各种新经济形态。[1] 这些极富诱惑力的经济形态命名,不仅表明休闲、体验、审美等各种因素已对当代经济产生了明显的作用,而且提示我们将它们同时作为一个与美学等极其相关的研究课题进行反思十分迫切。[2] 鉴于此,这里着重梳理三种新经济形态之间的关系,以期获得对休闲的一种美学理解。

一、经济休闲化趋势

休闲经济是以满足休闲需要为前提并相应地达到经济目的的新经济形态。把休闲作为经济问题看待,在很大程度上是源于人们休闲观念的转变,因为只有当人们认识到休闲的经济价值的时候,才会有意识地把休闲作为一种经济活动。如果把玩乐等一切称得上休闲的活动都视作低级、无聊之事,视为非理性的心理行为,甚至是破坏性的主观体验,那么它自然就没有经济价值;反之,如果把休闲确认为是积极的且能够创造正面价值的行为,那么它自然就具有经济意义。历史地看,休闲经济的产生受到两方面的影响:一是西方 19 世纪以来商业

---

[1] 这里有必要交代一下"新经济"的说法。它原是一个特指的概念:"出现在特定时间,即 20 世纪 90 年代;出现于特定空间,即美国,并且围绕着(或源自)特定产业,主要是信息技术与金融业,以及初露端倪的生物科技。1970 年代埋下了信息技术的种子,直到 1990 年代末期才开花结果,新工艺和新产品如浪潮般袭来,令生产力陡增,也促进了经济竞争。"([美]曼纽尔·卡斯特:《网络社会的崛起》,夏铸九、王志弘等译,社会科学文献出版社 2006 年版,第 133 页)现在泛指一切区别于"旧经济"的经济形态,或者说是任何新兴的经济形态。

[2] 如英国学者约翰·特莱伯(John Tribe)就指出经济学在研究休闲业方面所存在的局限:"经济学主要关注市场如何运作、如何提高经济效益以及如何更好地使经济得到发展。市场机制可以决定选择哪些休闲产品和服务,显示哪些消费者会对这些产品和服务感兴趣,但是,无法解决的问题是,哪些休闲产品和服务是应该生产的,谁是应该享用它们的人,怎样的休闲是符合需要的。这些问题需要用伦理学及哲学来解决。"(《休闲经济与案例分析》〈第 3 版〉,李文峰编译,辽宁科技出版社 2007 年版,第 13 页)

化的快速发展;一是一些经济学家的大力推动,他们认同以休闲刺激消费的观点,并由此把休闲带入一个市场结构之中。应当说,休闲经济的真正发展始于 20 世纪。随着物质基础(如财富剩余)、社会基础(如普遍有闲、休闲观念成熟)等各种条件的形成,休闲不仅具有了经济价值,而且在经济中的地位、作用日渐突出。在当代,经济活动的各个环节都出现了休闲化的趋势。

其一,产品的休闲化。经济活动的发生总要依赖一定的物质产品。消费观念的改变必然使得人们对所需的物质产品逐步从实用转向审美。那些既实用又美观的消费品越来越受到消费者的欢迎。休闲化产品在家庭消费中的比重也逐步加大,如一些方便、快捷的烹饪和洗涤设备,供娱乐消遣的电子产品等成为家庭的必备。与此同时,许多企业为了在激烈的市场竞争中出奇制胜、先人一步,往往在商品设计上下工夫。现代商品大多就是"按照人类的特性方向进行设计的,以迎合人们的驱动力——人们对满意、乐趣和快乐的渴望"[1]。此外,在产品普遍同质化的今天,除为顾客提供更优质的产品之外,也提供更加优质的服务。这就是 CS(顾客满意)经营战略能日益成为企业占领市场、获得竞争优势的原因所在。人性化的服务业已成为企业竞争力的重要组成部分。休闲化产品成为了大众消费和企业生产的共同对象。

其二,流通的休闲化。流通是产品、商品从生产领域导向消费领域的运动过程,是商品创造和实现价值的必要条件。市场是用于产品交易、创造产品或价值的必要流通过程之一。为了促进企业与市场之间的关系的顺向发展,并加快商品流通的实现,现代市场营销特别强调以良好气氛的购物场所、优质的服务以及传播手段,诱发消费者积极的购买情绪。基于商品的空间运动特征,像售货活动、广告宣传和环境美化等方面都被整合起来。大量的流通企业在提供商品流通服务的同时,还提供大量的休闲服务。流通过程呈现出强大的休闲化趋

---

[1] 转引自董璐:《伪造的需求和坦塔罗斯的幸福》,载《南京社会科学》2012 年第 12 期。

势,表现在:集购物、休闲和娱乐为一体的Shopping Mall(大型购物中心)的兴起,CBD(中心商务区)融入休闲内涵衍生出RBD(游憩商业区)、TBD(城市游憩商业区)和LBD(休闲商务区),商业街演化为休闲商业街,传统会展业向会展旅游业发展,商业地产成为流通业态中的新兴模式,传统流通企业的商品结构和购物环境休闲化。[1] 无疑,流通休闲化不仅能够发展、壮大流通产业,而且将极大地改变经济结构,从而带动包括流通经济在内的整体经济的快速发展。

其三,消费的休闲化。无论是产品、商品的效用和价值的实现,还是产品、商品的生产和流通的目的,归根结底在于满足消费需求。因此,消费需求不仅决定着生产的运行和发展,而且决定着消费的实现和满足。当代社会在本质上是消费主导型社会(波德里亚甚至称为"消费社会"),其中休闲消费已成为最主要的消费形式之一。人们在闲暇时间内从事的休闲活动越来越趋于商业化和社会化,越来越成为显现消费的新领域。如娱乐用品、宠物、花卉、音像书刊等休闲产品,公园、博物馆、游乐园、体育和保健场馆等设施,餐馆、酒吧、桑拿按摩、旅游、电视台、文艺表演等服务,成为商业性和公共性开发的消费活动。[2] 另一方面,人们的休闲消费意识更加自觉、主动。如垂钓、散步、海浴、养鸟、旅游、体育等本可免费的休闲活动,却成为多数人愿意支付一定费用的消费选择。求美性、直观性、新奇性、享乐性、名气性、趋时性、特色性,这些具有某种审美性的因素成为消费者的重要购买动机。[3] 可以说,随着物质生产的发达、生活水准的提高和人们心理期待的攀升,休闲消费已经成为消费的主力,并在人们的日常消费中占据了突出的位置。就中国而言,当今的消费类别与改革开放初期相比,已发生大幅度增长变化,表现在日用品消费、旅游消费、人均居住面积、人均教育消费等方面的迅猛成倍增长上,呈现出革命性、跳跃性的特点。

---

[1] 弓志刚、刘祺:《休闲经济与流通休闲化》,载《商业研究》2010年第7期。

[2] 参见王宁:《消费社会学:一个分析的视角》,社会科学文献出版社2001年版,第228—229页。

[3] 参见张品良:《经济美学》,百花洲文艺出版社2002年版,第196—200页。

经济的休闲化趋势必然使得休闲经济跃出后台而走到前台,同时以旅游业、娱乐业、体育健康业和文化传播业为主体的休闲产业系统也得以逐步形成和不断完善。不断升温的休闲经济及休闲产业,成为国民经济不可或缺的组成部分,亦成为极具时代特征的新经济形态。这在根本上表明:经济与休闲之间不仅不相互排斥,而且能够紧密合作,形成共生关系。正如马惠娣所说:"休闲,作为人的一种普遍存在的行为方式,必然与经济发生千丝万缕的联系。一方面,休闲可以被用来体验、娱乐、消费,支持有效的经济参与;另一方面,经济'买来'休闲,成为经济回报中的一部分;正是休闲消费的'再创造性'使得休闲成为经济中的重要组成部分。"[1]休闲使得当代经济发生了结构性变化,并使之充满了活力。休闲经济不仅是经济的,更是休闲的,它因休闲而变得有意味。

二、体验经济的浮现

休闲经济之所以能够成为新经济并被经济学所关注,是因为具有一种"本质性的内涵":"经济学一方面强调对物的合理配置,继而发现'仅此'已经不够;另一方面经济学对有形资源的关注向无形资源关注是经济学的内在需求。"[2]从"物"到"人",从"有形"到"无形",这表明"休闲"名义下的"时间"具有一种特殊的经济意义。陈来成亦这么指出:"休闲不仅是对产品、服务的消费,也是对闲暇时间的消费,而闲暇时间本身就是一种财富,可以用来工作以获取收入。"[3]但是,如果要深入理解休闲经济的本质内涵,仅仅依据时间作为"资源"或"财富"这一维度还是不够的。"休闲"概念具有多重意蕴,除"闲暇时间"这一最基本理解之外,作为活动或状态的"体验"也是被广泛接受、普遍认可的理解之一。休闲是一种体验,休闲经济就是以提供休闲活动和休闲体验来获得产出的经济形态。在当代经济中日渐占据重要成分的旅游业、娱乐业和服务业等,它们所提供的不只是休闲产品、设施

---

[1] 马惠娣:《走向人文关怀的休闲经济》,中国经济出版社2004年版,第41页。
[2] 同上书,第25页。
[3] 陈来成:《休闲学》,中山大学出版社2009年版,第181页。

和服务,而是一种休闲体验和生活自由。

体验经济正是以体验作为经济提供物的新经济形态。"体验经济"这一概念为人所知,首先得益于阿尔文·托夫勒(Alvin Toffler)。在《未来的冲击》(1970)一书中,他预言"体验工业可能会最终成为超工业主义的支柱之一"。"后服务"即"体验"被作为某些传统服务的附加品而出售。"我们将超越服务经济,超越今天的经济学家的想象力;我们将成为历史上第一个运用高科技制造那种最为短暂而又最为持久的产品的文化。这种产品就是人的体验。"[1] 此后在《第三次浪潮》(1980)一书中,他又明确指出:在第二次浪潮(工业阶段)的成熟阶段或第三次浪潮(信息化或服务业阶段)中,生产者与消费者的界限日渐模糊,产消者的经济意义越来越重要。产消者的兴起不仅促使经济发生"爆炸性"变化,而且引发经济观念(包括成本、效率、福利、市场等各方面)发生"整体性"变革;而对经济具有决定性作用的"产消合一"现象也必然改变人的生活方式。在这里,阿尔文·托夫勒专注人和社会变化的方向或结构,与前书专论关于人和社会的变化进程形成了一种"配合"关系。

与阿尔文·托夫勒的社会学视角不同,2002年诺贝尔经济学奖得主之一的丹尼尔·卡尼曼(Daniel Kahneman)是把心理学的研究成果与经济学融合在一起,提出了"体验效用"观点。"体验""效用"的概念源自古典经济学家边沁,指的是一种对痛苦与快乐的体验。他通过复活这一古典主义形式,将其作为一个"有用的尺度",并成功地引入到后工业时代的分析语境当中。他将"效用"分为"决策效用"和"体验效用"两种,前者是主流经济学定义的效用,后者是反映快乐和幸福的效用。他把后者作为新经济学的价值基础,以示区别传统经济学。传统经济学主要是从效益、满意度以及产品消费带来效用的角度分析产品的需求。他承认这种方法用于分析经济活动是有用的,如可以为企业提供决策。但是,这种方法并不能解释经济程度与快乐获得之间

---

[1] [美]阿尔温·托夫勒:《未来的冲击》,孟广均等译,中国对外翻译出版公司1985年版,第243页。

的"非直接"关系。他提出要把快乐,而不是效用作为经济发展的根本目的。在后来有关"前景理论"中,他进一步认为"体验效用"是可以被测度的。丹尼尔·卡尼曼在不确定性下人们如何作出判断与决策方面所做的独特研究,确立了"体验"在"理性缺位"的第三次浪潮中所发挥的极其重要的特殊性作用。[1]

最直接、最明确地从经济学角度提出"体验经济"概念的是约瑟夫·派恩(Joseph Pine H)。早在1999年,他为了回应斯蒂文《在客户服务的基础上竞争:与英航空公司的科林·马歇尔会面》一文的观点,第一次将"体验"作为独特经济提供物的概念公之于众。2000年,他在《哈佛商业评论》提出"体验式经济时代已经来临"的观点。后来在与詹姆斯·吉尔摩(James H. Gilmore)合著的《体验经济》(The experience economy)一书中宣称"我们正在进入一个经济的新纪元:体验经济已经逐渐成为服务经济之后又一个经济发展阶段"。该书全面阐述了体验经济的内涵及深远意义,又深入解读了迪士尼乐园、拉斯维加斯赌城和冲浪、漂流、攀岩、蹦极等体育娱乐项目等大量实例。他们认为,并不是"信息"而是"体验"成为新经济的基础:"只有当企业以信息服务的形式构建它时,换句话说,当企业提供信息类商品或者提供体验的信息时,信息才真正创造经济价值。是经济提供物而不是各种情报,构成了买卖交易的实质。"[2]而且无论是企业,还是顾客,他们都是体验的介入者。企业(体验策划者)不再提供商品或服务,而是提供一种充满感性力量的,能够让客户身在其中,且能够使顾客留下难忘的愉悦记忆的产品。客户也不再是为产品和服务,而是为时间付费;当他购买一种体验时,购买的是时间和享受,从而使一般时间变为自由时间。至于体验之所以比服务值钱,是因为体验的内容是自我实现,是自由(自我实现即自由)。体验经济就是"以企业服务为舞台,以商品为道具,以消费者为中心,创造能够使消费者参与、值得消费者

---

[1]〔美〕丹尼尔·卡尼曼:《体验效用与目的性快乐》,姜奇平摘译,载《互联网周刊》2003年第11期。
[2]〔美〕约瑟夫·派恩、詹姆斯·吉尔摩:《体验经济》,夏业良等译,机械工业出版社2002年版,第18页。

回忆的活动"[1]。这就是说,"体验"是个体以个性化的方式参与其中的事件,即使当体验展示者的工作消失时,它的价值也能延续。

从阿尔温·托夫勒的"体验产品化",到丹尼尔·卡尼曼的"体验效用",再到约瑟夫·派恩等的"体验经济",体验的经济意义逐步突出并最终得以确立。可以见出,体验经济与休闲经济是密切相关的,主要表现在它是以休闲经济的出现为前提(从产生的时间先后也可以看出),并且是伴随休闲经济而产生的。只是体验经济特别突出"产消合一"、快乐化、个体参与性等特征,并以此作为经济增长点,从而才突显出它的独特经济意义及美学内涵。在这种意义上,我们说体验即是休闲体验。所谓"产品的休闲化""流通的休闲化""消费的休闲化",也就是"产品的体验化""流通的体验化""消费的体验化"。除经济意义之外,体验经济也正是对休闲的体验内涵的极大拓展。

三、走向审美的经济

与对体验经济的预判相似,审美经济也被认为是重要的新经济形态之一。我们看到,在日常生活中大量的审美因素以一种夺目的方式显现出来。美食一条街、时装展、美景豪宅、健美房、美容院、汽车美容、香车美女、封面女郎、美女作家、"人造美女"、名模明星广告大战以及各种名目繁多的文化艺术节等,无处不有、无所不在。这种"审美化"现象构筑成一道独特的消费文化景观。当下的消费者也愈来愈具有审美的眼光和能力。他们不仅是"购买者",而且是"审美体验者"。他们所追求的消费已不再局限于商品、服务的单一性消费,而是伴随商品、服务的多重性消费。同样,这种"审美化"追求在生产、流通领域日渐明显和趋于激烈。企业生产者、商家都意识到:一种商品如果要成功占领市场,获取更大经济效益,就必须同时具备一定的审美效用;而如果谁能以更新、更美的产品、商品获得消费者的青睐,也就能占领并不断扩大市场,从而在竞争中获得优势。如今的市场竞争,已成为许多商品审美功能和迎合消费者审美需求的角逐。经济各领域呈现

---

[1] 同上书,第2页。

"审美化"趋势使得越来越多的人体会到"审美经济"(或称"大审美经济")时代已悄然来临。

可以说,审美经济由于结合实用和审美、产品和体验,从而超越了以往的那种以产品、商品的实用功能和一般服务为中心的传统经济形态,从而成为一种值得关注和期待的新现象。故围绕它而展开的议论也层出不穷。普遍认为,这是一种极具潜力及可能的新经济之形态。与"体验本身代表一种已经存在但先前并没有被清楚表述"[1]的情况类似,冠以"审美"这一修饰词的"审美经济"亦常遭误读。事实上,把审美作为经济的因素或问题,这是人类一个必然的认识结果,具有一定的客观性。但如果把审美作为情感形式,让其介入到经济活动当中,则必须顾及它的偶发性、易变性特点,因为一旦把这种主观性特征作为必然的经济要素,往往会适得其反,甚至造成诸多的负面后果。情感是审美的本质之一。审美经济既离不开情感的支撑,又因为本身以技术为前提,从而使之有异化的危险。它所遭遇的是与休闲经济同样的问题。如休闲娱乐产业能够提供新鲜、新奇感官刺激和快乐、愉悦的情感冲击,可以为消费者摆脱现实中的情感空虚、苦恼。但必须认识到的是,这种"解脱"方式是暂时的,与人们对内在情感的持久性需求并非一致。其他如心理咨询产业、流行文艺产业、体育产业、旅游产业、大众传媒产业、电脑网络产业等,也均是情感产品和服务的制造者,是现代消费社会中消费者获取情感社会支持的一种市场化和制度化形式。正如王宁所指出:"这种市场化的情感社会支持方式的出现,是现实社会中人际情感关系淡化的产物,它反过来又进一步促使人际情感关系的淡化。"[2]

进一步说,"审美经济"只是经济审美化现象的一种表征,它并非是对一种具有实体性质的经济形态的命名。诚然,它与"休闲经济""体验经济"的命名方式不一样,但这并不代表三者没有共同之处,至

---

[1] [美]约瑟夫·派恩、詹姆斯·吉尔摩:《体验经济》,夏业良等译,机械工业出版社2002年版,第2页。
[2] 王宁:《消费社会学:一个分析的视角》,社会科学文献出版社2001年版,第123页。

少它们都蕴含了审美体验的成分。"休闲经济"中的"休闲",既可能是日常体验的,又可能是审美体验的,总之具有从日常体验到审美体验的美学趋向。体验经济是娱乐体验、教育体验、遁世体验、审美体验等多重体验的统一,审美体验只是其体验形式之一。而这种审美体验是一种完全自然化的审美愉悦的体验,"每个人沉浸于某一事物或环境中之中,而他们自己对事物或环境极少产生影响或根本没有影响,因此环境(而不是他们自己)基本上未被改变"[1]。对此,李玉辉评价道:"体验经济生产出来的审美'体验',不是古典意义上的以超然的态度对现实的观赏,它只是主体的心灵活动,并没有在想象中去建构或改变现实。而消费时代的出现与后现代社会的发展,休闲主义与时尚美学的流行,使快乐哲学或快活主义大行其道,它既不做深度沉思,人类终极的探寻,也不求精神空间的开拓,只是将体验指向个体的身体,强调当下的快感体验和欲望释放。"[2]这说明审美体验在三者中都是一种十分微妙的存在。尽管在生成方式、体现路径等方面具有差异,但是又无不以之作为存在取向,这一点是确定无疑的。应当说,审美体验是生命的肯定形式,是对消极体验的否定,是一种趋于全面、完整而健康的人性建构方式。从休闲、体验与审美三种活动的关系看,它们既是相互区别的,又是相生相通的。简单地说,休闲是基础性的,体验是拓展性的,而审美则应是提升性的。审美体验构成了休闲经济、体验经济、审美经济所共享的理想之域。鉴于休闲化、体验化、审美化的趋势及可能造成的伦理道德失范等各种问题,我们更加需要从美学这一高度建构起三种形态之间的合理关系。

美学的面向是广泛的,自然包括经济活动。经济美学所探讨的就是经济美的活动。它强调以经济活动的效益及其经济运行的协调作为经济美的本质,以经济效益及其经济运行协调性给人带来的快感作为美感;认为经济发展、经济运行、经济管理、经济营销、经济环境、经

---

[1] 〔美〕约瑟夫·派恩、詹姆斯·吉尔摩:《体验经济》,夏业良等译,机械工业出版社2002年版,第39页。

[2] 李玉辉:《体验经济的审美批判》,载《三峡大学学报》(人文社会科学版)2007年第1期。

济消费、经济主体等经济实践中的方方面面蕴含着审美的因子。因此,经济如果要获得高速、稳定的发展,要在遵循经济自身规律的同时,遵循美的创造的规律。这样,通过实现经济与审美的联姻、互动,可以在一定程度上确保经济朝向稳定、健康的方向发展。休闲经济是经济美学的重要观照对象之一,"体验经济、审美经济又把经济美学从人的意识、需求上升到文化的高度"[1]。因此,三者之间在实质上具有一种递进关系。除依从经济美学的规律之外,还必须遵从以人为本的理念。经济问题的核心就是人的问题。任何的经济活动都是人的活动。但在纯粹的经济活动中,人的生活活动具有偏颇之处:"经济生活正像其他社会生活一样,并不符合于单纯而合理的类型。相反,它经常似乎是不合理的、不完全的和在智力上变为难以理喻的。"[2]这就要求必须我们摆脱因经济理性而造成的人性桎梏,使之回归到美学的视域下,把经济的发展与人的发展结合起来。针对传统经济学对休闲消费行为阐释的不力,马惠娣指出:"经济学需要向'以人为本'的方向回归;休闲经济要考察的不仅是物,而重要的是人,包括人的休闲动机,休闲心理,休闲模式,非物质形态休闲资源的科学、合理配置等。"[3]只有将经济活动中的休闲、体验提升为审美,才能促进休闲经济合理、有序地发展,才能达到经济的可持续发展和人、自然、社会之间的和谐共存。让休闲经济,以及由此拓展生成并逐渐显现的体验经济,回归到审美经济之域,从而确立审美作为人与社会的存在之理想。审美的经济必然是未来经济发展的方向之一。

---

[1] 李立男:《经济美学研究》,东北财经大学博士学位论文2012年,第6—7页。
[2] [美]加耳布雷思:《丰裕社会》,徐世平译,上海人民出版社1965年版,第6页。
[3] 马惠娣:《走向人文关怀的休闲经济》,中国经济出版社2004年版,第41页。

第二章 休闲审美的构成

实现休闲审美必然要直面"现实地把握"休闲的问题。正如有学者指出:"深入把握休闲的本质特点,揭示休闲的内在境界,就必须从审美的境界进行思考;而要让审美活动更深层次切入人的实际生存,充分显示审美的人本价值和现实价值,也必须从休闲的活动中现实地把握。"[1]这里必须首先了解休闲活动的一般实现过程。作为人的活动,休闲是为获得一定目的而进行的对象化活动。休闲活动既非一般的日常活动,又非纯然的审美活动,而是在由日常性向审美性的转化中不断生成价值的。因此,休闲活动的展开需要主体通过特定的方式进行;而要达到休闲的真正目的,就必须依从于特定的标准、原则。审美性休闲就是要求休闲者在活动时持以一种审美的眼光,在审美性对象的参映下和各种原则的规制下获得畅爽感。主体、对象、原则、方式等是休闲活动的基本构件。在一般理解中,主体总是预定的、自明的,而对象总是客观、绝对的,主体与客体之间具有比较清晰的关系。然而在实际的活动过程中,由于各种因素的参与,作为活动要素的主体与客体往往不再处于同一平面,即主、客体之间不再是一个简单的同质化过程。不同性质的主体具有不同的活动方式追求,同等的原则或依据也未必产生同样的活动方式。因此,要保持休闲的质量、水平和效果,我们就必须审理主体、对象、原则和方式等各个方面。这里必须强调的是,这些方面又是有机联系的,它们的合理关系支配着审美性休闲活动的展开及实现。

---

[1] 潘立勇、毛近菲:《休闲、审美与和谐社会》,载《杭州师范大学学报》(社会科学版)2006年第5期。

第一节 休闲主体

休闲在本质上是一种自由,是围绕"人"这一主体而展开的活动。西方学者已指出,休闲活动是一种性质极独特的个人活动,"进行闲暇活动的人应该是闲暇活动过程的核心,是闲暇活动所形成价值的承受者,是闲暇活动所产生结果的评价者,是闲暇教育的作用者"[1]。众所周知,作为活动的主体是一个与价值问题相关的概念。所谓"主体性价值"即指价值的主体性特征。它指的是价值本身的特点直接与人这一主体的本性和特点相联系,并直接表现和反映着人的需要、目的和能力。价值以主体为尺度,又依据主体的不同而有差异。在价值关系中,显然不是人趋近物,而是物趋近人。理解价值的这种主体性或相对性,是我们把握价值问题的关键和突破口。然而,这种以张扬人的主体性为前提和决定性作用的观点已经被日益加强的人类生态意识所质疑和击破。对休闲问题的考察必须置之于人与环境和谐发展、互动共存的整体性语境中,亟须解决的重要课题之一就是"要什么样的休闲":"我们所要达到的目标,不是广泛地开展休闲,而是如何在休闲活动中充分展示作为活动主体的人的内在心灵,并赋予休闲活动以及构成这一活动的主要因素以完善的形式。"[2]休闲活动的开展,只有以此为出发点,才具有切实的意义。鉴此,这里基于价值观立场就休闲主体问题进行反思,并深入到休闲作为身份表达的问题,进而提出以创造性评价为目标的休闲主体价值观。

一、谁在休闲?

"谁在休闲"?对于这一问题,许多人通常以一种比较宽泛的方式来理解。如果说休闲是闲暇时间,那么拥有大量闲暇时间的那些人最有资格获得休闲情趣。他们可以见"时"而行,自由地支配自己的生

---

[1] [美]J. 曼蒂、[英]L. 奥杜姆:《闲暇教育理论与实践》,叶京等译,春秋出版社1989年版,第5页。
[2] 吕尚彬等:《休闲美学》,中南大学出版社2001年版,第4页。

活,甚至按照自己的意志随性而为,做或者不做某些事情。这样,所谓的"休闲"在很大程度上就为那些"无所事事"的人所拥有。与此形成对照,那些忙碌的劳动者是把绝大部分时间投入到劳动当中,劳动之余的休息是用于消除疲劳、恢复体力的放松时间。休闲即休息,就是暂时中止劳动过程,以便恢复心理和体力常态的行为。的确,休息可以使劳动得以持续,它是劳动力再生的必要条件、谋生的保障因素。殊不知,这种调整生理状态的自然需要,与休闲还是有本质的区别。"休闲是人的意识状态,是作为主体的人具有的一种文化意识。"[1]休闲是自觉的,而休息是自然的,它只是休闲的一个侧面。此外,如果一个人长期处于无所事事的状态,也容易产生负面作用,会适得其反,容易引发身心健康的问题。比如失去身体活动的能力,从而引起生活能力的下降,以致精神恍惚。长期如此,还可能引起神经系统功能紊乱,导致失眠、神经衰弱等病症。因此,休闲必须合理化。合理的休闲是主动性的、有意识的活动,它是"精力的源泉,健康的保证"。[2]

如果说休闲是一种以自由为旨趣的艺术生活,那么它在很大程度上被哲学家、文人、艺术家等拥有。这类人极善思考,极能以一种洒脱的态度面对生活,从而超越生活,实现人生的境界化。法国思想家、哲学家、文学家卢梭这样感叹:"我从来没有像在独步旅行中那样充分思想、充分存在、充分生活、充分体现自我。步行包含某种能够使我的头脑兴奋和活跃的东西,我静止不动时几乎不能思索……。"[3]当代哲学家冯友兰在老妻去世的时候写了一副挽联:"同荣辱,共安危,也入相扶持,碧落黄泉君先去;斩名关,破利索,俯仰无愧怍,海阔天空我自飞。"在那个时候,他开始认识到"名利之所以为束缚,'我自飞'之所以自由"。[4]《中国现代哲学史》成为他的"自由"之作。古人所谓"游于艺"(《论语·述而》)就是要求把文艺活动当做自由的人生境界来追求。作为文艺家,自然需要具有特殊的禀赋。明末清初的文学批

---

[1] 申葆嘉:《关于旅游与休闲研究方法的思考》,载《旅游学刊》2005年第6期。
[2] 楼嘉军:《娱乐旅游概论》,福建人民出版社2000年版,第14页。
[3] 〔法〕拉马丁等:《法国散文选》,程依荣译,湖南人民出版社1987年版,第216页。
[4] 冯友兰:《中国现代哲学史》,江苏文艺出版社2013年版,第1页。(自序)

评家金圣叹在评价《西厢记》时提出"善游之人",即指那些具有"胸中的一副别才,眉下的一副别眼"的旅行者。他认为,有此两种能力乃可洞观天下奇景,亦可居家远望、行走田间而享受同样在外旅行的快乐。[1] 现代画家丰子恺通过自己的创作经验指出:"画家之感兴为画家最宝贵之物";"画家之生命"在于"意志之自由""身体之自由""嗜好之不可遏""时间之无束缚"和"趣味之独立"。[2] 可以说,这些天性、才能也都是休闲主体应当具备的禀赋、素养。哲人、文学家、画家其实就是追求休闲的"生活专家",或者说"休闲人"[3]就是"艺术人"。

如果说休闲是一种生活方式,那么它往往就是一种可以依靠物质、经济等条件,或者借助某种手段而能够直接获取的生活。时间面前人人平等,但是时间的社会性制约了这种平等的实现。如通过掌控时间,可以让更多人为自己服务,使得自己拥有某种特殊权力。因此,休闲往往能够成为地位、阶级、阶层的象征。如果说休闲在过去是少数人或精英阶层的专利,那么在今天它已经成为多数人的生活选择。特别是随着大众消费时代的来临,消费者已不再仅仅是那些纯粹以满足物质需求为目的的"消耗者",而是以满足精神需要为目的的"消遣者"。他们的消费动机、消费对象以及从事消费的场所、环境等都越来越休闲化。如今的休闲主体往往是指那些以满足休闲需要为目的消费者。现代的旅游形式越来越趋于市场化。参与休闲的,往往是那些具有一定经济能力的"消费者"。

如此看来,休闲主体应当是那些闲时、闲趣或闲物的拥有者。然

---

[1] 金圣叹:《金圣叹评点〈西厢记〉》,上海古籍出版社2008年版,第120—122页。
[2] 丰子恺:《画家之生命》,见《丰子恺文集》第1卷,浙江文艺出版社、浙江教育出版社1990年版,第1—4页。
[3] 管理学研究者也提出"休闲人"理论。这是把休闲作为人性的一个重要层面而确立的新的人性假设。"休闲人"是指在精神需求占主导地位的休闲时代中,人们普遍具有追求人的生命的状态,一种"成为为"的过程的需求。这种过程和状态可以使人在平和、宁静中体悟生命的快乐和意义。"休闲人"假设的主张包括:人生是追求自由的、创造是人和成为人必需的、人普遍具有爱和被爱的能力、人的本性就是永不满足地寻求意义。(刘海玲、王二博:《"休闲人"假设与快乐管理》,载《理论与现代化》2005年第7期)可以看出,这里所谓的"休闲人"是一种理念,不是现实人,也与日常所言的"浪荡子""玩世者"等有区别。

而,拥有这些条件的主体未必就是地道的"休闲人"。首先,休闲人所扮演的是社会人角色,休闲主体是由特定的社会生活时空环境所造就的,具有"价值选择的非理性和多元性""不定位性和难约制性""内驱主导性和外部规范从属性"等复杂特征。其次,时代的发展必然对休闲主体素质提出新的要求。休闲在过去只是属于某些特定的阶级、阶层,而今这一局面已经有了很大改观。人的闲暇时间在不断地增加;休闲已成为普遍的需求,并出现了消费化趋势。在网络时代,甚至"人人是艺术家"。这种"休闲化"的时代趋势,特别要求休闲主体具备"自觉的参与意识""能力、智慧及道德修养的协调全面发展""理性批判意识和主体意识"。[1] 从这两方面看,成为名副其实的"休闲人",恰恰需要的是摆脱各种条件的限制,需要具备相当的休闲素养。当然,一个人如果既具有闲暇时间,又具有经济能力,那么他将获得更多的休闲机会;一个人如果拥有良好的休闲素养,那么他无疑将获得更高的休闲能力。因此,我们既不能简单地用有闲、有钱、有趣等坐标来衡量,又不能用收入、替代等效应曲线来看待个体对休闲的心理偏好、方式选择。休闲主体的多样化、多向性彰显出休闲存在的多元化状况:"休闲分散地存在于我们的社会和文化体系中的各种角色关系、时间安排和人为现象之中。它具有一定的自由性,但是会受到各种无处不在的文化界定和社会期待的影响。休闲存在于真实的世界里,如在人与人的交往中或创造性活动中就存在超越现实的时刻或事件。"[2]

二、表达的问题

一般地说,休闲主体是能够获得休闲情趣的任何休闲需求者。"需求"是一个被广泛用于描述和解释休闲现象的术语。英国学者克里斯·布尔(Chris Bull)等认为,休闲需求可以用于描述参与休闲活动的人数,还可以反映"有些人参与的欲望未被实现"。休闲需求包含了有效、明确、真实的需求,潜在需求或被抑制的需求等许多异质的要素

---

[1] 刘晨晔:《论休闲主体素质的提高》,载《辽宁教育学院学报》1998年第6期。
[2] [美]约翰·R.凯里:《解读休闲:身份与交际》,曹志建、李奉栖译,重庆大学出版社2011年版,第45页。

或成分。影响休闲需求的因素包括经济的、社会的和心理的,一般认为前两者是限制性的,而后者是基础的。这样,休闲主体就可以利用限制性或基础性的各种不同的影响因素来界定,如心理需求、收入水平、教育水平、身份、年龄、职业、性别、阅历等。不同的休闲主体基于这些因素而表现出不同的休闲行为和习惯。[1] 把需求作为休闲的内涵、动力,也是把休闲作为主体价值之表达的一种见解。

表达首先指的是需求是人的一种特有表现。作为人的需求,应当具有"能动性和崇高性",它是"依靠在社会生产过程中对周围环境的积极改造才能得到满足"。"在一定的现实中,人的需求处于一种复杂的相互依存关系之中,这种相互依存关系具有不同的层次相互作用的等级性。同时,满足了作为基本需要的低级需求,必然会激起高级需求。"[2] 休闲产生于人对休闲需要的满足。因此,休闲必然表征为人的主体性特征。从心理的角度看,休闲活动是一个过程,贯穿于人的各种活动当中,与各种需求形成交际,起着满足各种需要的意义。但是这种活动终究会从各种活动中溢出,形成独立的需求方式,成为自我实现的确证。从行动的角度看,休闲是人的目标追求,尽管表现为一种用于满足休闲需要的个体方式,但是它的表达性意义终究要高于工具性意义。

休闲表达的特殊性在于它是一种身份的表达。任何人都是处于一定的社会结构当中。人具有社会性的一面,而这种社会性的本质就是人追求身份表达的需要。身份指的是人的出身和社会地位,具有个人性与社会性的双重维度。个人身份是个体对自己的定义,而社会身份则是由他人给予的定义。对于个人来说,他人对我的表现所做出回应,以及我对他人给予的社会身份所做的解释,可以使个人身份不断得到调整。因此,两种身份的关系是密切的,彼此关联的。个人与社会的互动过程,即是身份的认同过程,而休闲恰恰能够为这种认同的

---

[1] 参见[英]克里斯·布尔等:《休闲研究引论》,田里、董建新译,云南大学出版社2006年版,第41—54页。
[2] 参见黄德兴等编:《现代生活面面观》,上海社会科学院出版社1987年版,第63—70页。

需要提供契机。正如约翰·R.凯里所说:"休闲为身份的表达提供了一种背景,使身份能够在格外容许自由以及受到其他背景的限制的选择权和表达性的环境中得到表达。"这是因为休闲具有"中心地位":"它是一种十分关键的生活空间,体现和发展着自我,并定义着对于个体至关重要的身份。"[1]人的生命历程就是自我发展和社会化的双重过程,此中伴随休闲,不离休闲。我们甚至可以说,休闲贯穿人的一生始终。身份建构可以通过参与休闲而实现,而身份一旦获得认可,亦必将极大影响人的休闲行为、方式。

进一步说,作为身份表达的休闲具有象征意味。休闲作为身份的表达,始终是在复杂的社会关系中得到突出。休闲作为一种主体性价值,不仅在于特别能够建构起主体身份,而且在于这种身份具有象征性。有闲阶级、中产阶级等新阶层的产生,就很好地说明了这一点。美国当代文化批评家保罗·福塞尔把美国社会中的社会等级现象和各等人的生活品味做了细致入微的对比。他所说的"中上等阶级"就是"一个有钱、有趣味、喜欢游戏人生的阶级",是一个令中层和下层都渴望的阶层。这个阶层无论在消费、休闲和摆设,还是精神生活方面都具有代表性。他在《格调:社会等级与生活品味》(1983)一书中为我们绘制了一幅等级地图,有助于我们了解西方当代社会的阶层构成状况。美国当代传播学家约翰·费斯克在《理解大众文化》(1989)一书中描绘了消费的妇女形象,说明了女性的消费(休闲)行为是女性在社会体系中权力与地位状况的显现,因为女性正是通过这种行为方式来达到自我认同的目的。这体现了作者对大众文化的一贯立场:文化生产总是与日常生活具有相关的意义("相关性"),"文化是生产关于和来自我们的社会经验的意义的持续过程,并且这些意义需要为涉及的人创造一种社会认同"。[2]英国当代社会学家齐格蒙特·鲍曼在《全球化:人类的后果》(1998)一书中揭示了消费社会的消费本质。

---

[1] [美]约翰·R.凯里:《解读休闲:身份与交际》,曹志建等译,重庆大学出版社2011年版,第23页。

[2] [美]约翰·菲斯克:《解读大众文化》,杨全强译,南京大学出版社2001年版,第1页。

他认为,当代社会是一个"消费者社会",消费者具有"欲望至上"的心理特征和追求欲望的理想。这些都表明:休闲是与人的地位、身份等相联系的特殊表征系统。"由于休闲的符号化,我们不能再从生理需要和社会地位的角度去理解休闲,也不能再把休闲看做是对物品的一种消极的吸收和使用,而必须将之视为一积极的建立关系的机制。人们通过休闲与客体、集体和世界建立关系,并获得一种身份和建构意义。"[1]因此,休闲又是一种用于实现身份认同的场域。

三、体验与评价

休闲作为"表达"的多重意蕴之所以具有合理性的一面,是因为它被作为具有"中心地位"来看待。"休闲不仅对身份的发展有一定的贡献,而且基于休闲的身份对很多人而言是中心性的。在生命的历程中,休闲具有稳定持续的中心性;而在角色变化的过程中,休闲也会具有不断改变的突出性。"[2]因此,一切问题的核心就在如何更好地保证、发展和促进这种中心性。这需要我们在根本上把休闲解释为一个"哲学问题",把休闲主体价值基建于休闲活动本身。"休闲不仅仅是旅游者的活动内容,而且具有更为普遍的利益体现,是所有社会的人之活动内容。"[3]包括休闲旅游、休闲经济、休闲伦理、休闲文化等问题,只有以人的发展、存在为坐标才能生发价值。休闲不仅体现人的全面性和丰富性,而且具有整合、提升人性的重要意义。因此,作为休闲主体必然具有创造者的本色,是集体验者与评价者为一体的价值统一体。

休闲是感性的、自由的生存活动。"休闲最可能为其自身而存在,为此时此刻而存在,为体验本身而存在。"[4]体验性是休闲获得价值

---

[1] 倪赤丹:《浅论作为一种身份认同机制的休闲》,载《深圳职业技术学院学报》2009年第2期。
[2] [美]约翰·R.凯里:《解读休闲:身份与交际》,曹志建等译,重庆大学出版社2011年版,第118页。
[3] 孙传志:《休闲利益论的发展与比较研究》,载《世界经济文汇》1999年第2期。
[4] [美]约翰·凯利:《走向自由:休闲社会学新论》,赵冉译,云南人民出版社2000年版,第122页。

的重要依据,也是休闲具有审美意蕴的重要体现,因为体验不仅是休闲的过程,而且是"创造性休闲"的来源。休闲体验是具体的、过程性的,具有流动性。休闲过程的本质特征就在于它是一种流动性的审美过程。正如章海荣指出:"把休闲视为过程,可以使人们在休闲的同时也能获得休闲的方法,可以充分发挥人们在休闲中主体的作用,可以将人们的心灵从各种形式的束缚下解放出来,可以鼓励人们表现出与众不同的个性,发展个人的理解力、判断力和独创精神。"[1]休闲是一种理想、一种生命的境界,而生命本身就是流动的。流动性又是休闲体验的一个突出特征。休闲体验是通过时间的感受和空间的流动来实现的。例如旅游休闲是最为常见的现代休闲方式之一。但是,这种休闲方式极易受到旅游资源的限制,人们需要借助交通从旅游资源不足的地方转移到富足的地方。其实,空间的转移本身就是休闲体验的一部分,现代休闲旅游就十分在意包括旅程在内的整个活动安排。休闲体验也为休闲参与者提供了一个交际空间。在现实生活中,休闲主体的相互关系具有随机性,即彼此相遇的时机、方位、环境及心态等均是随机的。这种状况下,休闲时空氛围营造是暂时性的,彼此尚未进行情感沟通,共同的休闲时空氛围即已逝去;休闲主体的关系经常是随遇随散,互为客体,明显存在陌生和隔阂。无疑,休闲能够为认同提供特别的机会。此外,在"流动的权力优先于权力的流动"[2]的全球化语境下,强调这种具有流动意味的过程性、审美性的休闲体验,对于消除休闲障碍,祛除休闲心理恐惧等方面具有特殊的意义。

休闲是有意识的、有目的的活动,其体验过程必然内含着主体对对象的认识与评价。休闲体验是"在实践活动中不断产生新经验、新认识,并由此发展适应自然与社会的能力,形成积极的人生态度,促进个性生长的一种学习方式"。[3] 因此,休闲价值即是休闲事实对主体的目的的适合或满足。体验的实现必须依赖休闲资源。尽管任何资

---

〔1〕 章海荣:《休闲学概论》,云南大学出版社2005年版,第155页。
〔2〕 〔美〕曼纽尔·卡斯特:《网络社会的崛起》,夏铸九、王志弘等译,社会科学文献出版社2006年版,第133页。
〔3〕 李仲广、卢昌崇:《基础休闲学》,社会科学文献出版社2004年版,第173页。

源都可以成为休闲资源,但是作为资源本身必须具有休闲价值,即这种价值应当是主体进行选择的结果。一般地说,自然资源以形式见长,社会资源以内容为主导,而文艺资源兼具两者。各种资源之所以成为休闲体验之对象,正是这些特点构成了休闲主体认同的基础,或者说这些资源、对象因符合休闲主体的目的而被休闲化、身份化。"休闲身份"是在一种自我意识的规划中被构建出来的。就休闲参与者的社会身份而言,它是通过"模糊"休闲类型与群体类型之间的边界而建立起来的一种相应的对等关系。文化社会学就是这样预设的。不仅如此,群体之间的社会边界与审美类型之间的边界也是相对应的。通过一种主要的机制,这种对应关系就起作用,群体声称某种类型是属于他们的,并且将他们的群体身份与"他们的"艺术类型的审美标准联系起来。[1] "审美认同"概念对于休闲研究的启示在于:一种休闲方式如果要获得群体的或社会的认同,那么需要将其升华为审美认同。就此而言,加强社会学认识和美学的批判对于休闲的主体性价值重构是十分必要的。比如网络休闲是目前最为流行的休闲方式之一。但是,在网迷所谓的网络休闲中,人的活动受控于网络信息的冲击,人的主体性消弭在网络符号化的海洋里,主体性价值往往脱离人本身而存在,人的主体性价值失位于网络休闲之中。[2] 因此,作为网络休闲主体的人必须持以评价者的立场,而不是一味地沉浸其中而不能自拔。总之,休闲活动以感受、体验为基础,又集认识与评价于一体。休闲文化需要按照休闲美的规律进行创造。

此外,休闲主体作为体验者与评价者,特别需要具有一种积极的休闲态度。休闲态度指的是人在休闲参与过程中产生的情感、意识。无疑,好恶程度将影响个人对休闲的想法、感觉及行为。即就个体休闲行为而言,它要涉及休闲伴侣、场所、方式的选择,休闲时间的分配,休闲消费的支持等不同方面。还有休闲参与者的性别、年龄、居住地

---

[1] 〔美〕威廉姆·G.罗伊,尹庆红:《审美认同、种族与美国民间音乐》,载《柳州师专学报》2011年第3期。
[2] 参见王岩:《论网络休闲中人的主体性价值的失位与归位》,载《江汉论坛》2007年第6期。

区、职业类别、收入、教育程度、宗教信仰、婚姻状况、子女人数与父母亲教养方式等,这些背景也影响休闲态度的建立。因此,休闲态度具有两面性。它能够体现休闲的满意度,从而起着定性的作用。但它又是一个变量,正如态度本身具有指向性、方向感、强弱度、易变性等特征一样。这就要求休闲参与者必须始终保持一种正向的、积极性的主体性态度。所谓"以欣然之态做心爱之事"(于光远语),就是要求休闲参与者要以一种休闲的、自由的、超越的态度去从事个人所值得去从事的事情。唯其如此,才能涉入休闲之境界。当然,要使休闲主体真正成为休闲活动的体验者、休闲价值的评价者和休闲人生的创造者,还必须加强休闲素养,特别是培养起自觉、主动的休闲意识。这样,从知识、文化、美学等几方面进行提升就显得十分重要。

四、关于"浪荡子"

"浪荡子"(flaneur)这一形象在欧洲现代文化中频频出现。自18世纪末由布鲁梅尔发扬光大以来,一直都受到欧洲文化界的关注与青睐。19世纪的许多著名艺术家如波德莱尔、于斯曼、戈蒂埃、王尔德、比尔博姆等都在自己的作品中塑造了各自理想的浪荡子人物,他们甚至在生活中也刻意扮演着浪荡子的角色。[1] 这之中,法国现代诗人波德莱尔笔下的"浪荡子"也许是最为著名的:

> 如果我说到浪荡作风时谈论爱情,这是因为爱情是游手好闲者的天然的事情。然而,浪荡子并不把爱情当作特别的目标来追求。如果我涉及到金钱,那是因为金钱对于崇拜它们的欲望的人来说是必不可少的。然而浪荡子并不把金钱当作本质的东西来向往,一笔不定期的借款于他足矣,他把这种粗鄙的欲望留给凡夫俗子了。浪荡作风甚至不像许多头脑简单的人以为的那样,是一种对于衣着和物质讲究的过分的爱好。对于标准的浪荡子来说,这些东西不过是他的精神的贵族式优越的一种象征罢了。他

---

[1] 参见李元:《唯美主义的浪荡子:奥斯卡·王尔德研究》,外语教学与研究出版社2008年版,第38页。

首先喜爱的是与众不同,所以,在他看来,衣着的完美在于绝对的简单,而实际上,绝对的简单正是与众不同的最好方式。那么,究竟是什么造就了具有支配力的成为教条的欲望?是什么使得这种不成文的惯例形成了如此傲慢的独断的宗派呢?这首先是包含在习俗的外部限制之中的、具有独特之人的热切需要。这是一种自我崇拜,它可以于他人身上(例如于女人身上)追求幸福之后继续存在,它甚至可以在人们称之为幻想的东西消失之后继续存在。这是使别人惊讶的快乐,是对自己从来也不惊讶的骄傲的满足。一个浪荡子可以是厌倦的,也可以是痛苦的,然而这种情况下,他要像斯巴达男孩那样在狐狸的噬咬下微笑。……

这些人被称作雅士、不相信派、漂亮哥儿、花花公子或浪荡子,他们同源于一处,都具有同一种反对和造反的特点,代表着人类自豪中所包含的最优秀成分,代表着当今所罕有的那种反对和清除平庸的需要。浪荡子身上的那种挑衅的、高傲的宗派态度即由此而来,此种态度即使冷淡也是咄咄逼人的。浪荡作风特别出现在社会过渡时期,其时民主尚未真正成形,贵族只是部分地衰弱和堕落。在这种时代的混乱之中,有些人失去了社会地位,感到厌倦,无所事事,但他们都富有天生的力量,他们能够设想出创立一种新型贵族的计划,这种贵族难以消灭,因为他们将贵族建立在最珍贵、最难以摧毁的能力之上,建立在劳动和金钱所不能给予的天赋之上。浪荡作风是英雄主义在颓废之中的最后一次闪光,旅游者在北美洲发现的浪荡子典型丝毫也不会削弱上述观念的价值,因为我们称为"野蛮人"的那些部落可能是已经消失的文明的残余。浪荡作风是一轮落日,有如沉落的星辰,壮丽辉煌,没有热情,充满了忧郁。然而,唉!民主的汹涌潮水漫及一切,荡平一切,日渐淹没着这些人类骄傲的最后代表者,让遗忘的浪涛打在这些神奇的侏儒的足迹上。

浪荡子在我们中间是越来越少了,而在我们的邻国那里,在英国,社会状况和宪法(真正的宪法,我的意思是,通过习俗体现的宪法)还将长久地给谢立丹、布鲁麦尔和拜伦的继承者留有一席地位,假使还有名副其实的继承者的话。

事实上,读者觉得可能是一种倒退的东西其实并不是倒退。在很多情况下,一个艺术家的画所流露出来的道德上的评价和梦幻也是一个批评家所能做出的最好解说。这种建议是内在观念的一部分,并逐一显露出来。G先生在把他的一个浪荡子形象用铅笔画在纸上的时候,给予他历史的、甚至是传说的性格,这难道还需要说吗?我敢说如果这不是现时的以及不是被认为轻狂的,就什么都不会失去。当我们发现这样一个人,在他身上俏皮与可怕神秘地融为一体,正是他的举止的轻浮,待人接物的信心,支配神气中的单纯,穿衣骑马的方式,平静却显示出力量的姿态使我们想到:"这也许是个有钱的人,但更像一个无所事事的赫丘利。"

浪荡子的美的特性尤其在于冷峻的神气,它来自这个不可动摇的决心,可以说这是一股具有潜在的暗示性的火焰,它不能也不愿射出光芒。正是这个特性使得这些形象表现得如此完美。[1]

此外,波德莱尔还这样写道:"一个人有钱,有闲,甚至对什么都厌倦,除了追逐幸福之外别无他事;一个人在奢华中长大,从小就习惯于他人的服从,总之,一个人除高雅之外别无其他主张,他就将无时不有一个出众的、完全特殊的面貌。"[2]可见,"浪荡子"显示出一种"浪荡作风"(dandysme),具有与众不同的个性或特征:自我的崇拜、贵族的气质以及冷漠的神气。这是一个深为波德莱尔自许的形象。他本人也就是以一种"浪荡"作风自炫。他的"浪荡"是"对一种职业生涯的拒绝,对主宰着社会的经济法则的拒绝,是对一个家庭的拒绝……正是通过浪荡子的道路,他达到了自由。"直至生命的最后几年,他对浪荡主义的嗜好依然表露无遗。帕斯卡尔·皮亚这样评价:"他在社会上的习惯性行为至少表明,没有什么比保持卓尔不群更让他关注,尽

---

[1] [法]波德莱尔:《1846年的沙龙:波德莱尔美学论文选》,郭宏安译,广西师范大学出版社2002年版,第437—440页。

[2] 同上书,第436页。

管对金钱的需要可能是强烈又迫切,而正是卓尔不群使这个浪荡子成为一位真正的精神王子。"拒绝平庸、憧憬崇高,波德莱尔以此来要求自己。[1] 对浪荡者形象的赞许,是他精神两重性的体现。社会精神和美学趣味方面的混乱,逼使他陷入既留恋贵族精神又热衷民主精神的矛盾之中。波德莱尔为自己找到了一个精神救赎方式。本雅明认为,波德莱尔所塑造的是没有批判性的形象,其典型是英雄,只是为他的主人公在现代都市中找到了避难所,不是把自己放在人群中,而是把自己作为一名英雄从人群中分离出来。"没有看破凝聚在人群周围的社会之光。"[2] 本雅明的这一批判洞穿了波德莱尔美学精神的实质。可以说,只有在本雅明的笔下,浪荡子才真正成为一个重要的文化意象,一个蕴涵丰富意义的现代性空间的体验和抵抗现代性的英雄(flaneur-as-hero)。"浪荡子"形象中所包含的革命性与反叛性、时代性和英雄性,是一种深刻的审美现代性精神。在西方,浪荡子的历史是与唯美主义的历史紧密相关。唯美主义旗帜下的个人,具有强烈追求至美的生活精神,这即使在中国化的唯美主义者那儿也是显而易见的。[3]

浪荡子式的或唯美主义的生活,是诗意的。从文化角度看,此只有"玩"的休闲蕴藉。中文释"浪荡子"为"花花公子""纨绔子弟""无所事事的混世青年",一群玩世不恭的人。殊不知,"玩"在中国文化中具有极高的品性。"田园有真乐,不潇洒终为忙人;诵读有真趣,不玩味终为鄙夫;山水有真赏,不领会终为漫游;吟咏有真得,不解脱终为套语"([明]陈继儒《小窗幽记》)。玩世的人不是自绝于世,而是偕山水林泉以优游之态享受人生。玩世的人是休闲的人。人尽管不时面临生活压力,但是不应该自弃,而是需要消解各种生活压力。休闲便是消解生活压力的有效之道。如睡眠可以缓解劳累之苦痛、恢复身

---

[1] 参见[法]帕斯卡尔·皮亚:《波德莱尔》,何家炜译,上海人民出版社2012年版,第78—83页。
[2] [德]本雅明:《发达资本主义时代的抒情诗人》(修订译本),张旭东等译,三联书店2007年版,第84页。
[3] 有关这方面的深入研究,参见周小仪:《唯美主义与消费文化》(北京大学出版社2002年版)第九章。

心之健康。但是睡眠也需要讲求科学。从医学的角度看,长睡有坏处,如使人无法找回失去的体力,甚至使人的斗志丧失、筋骨酸痛、循环系统不良。因此,休息的时机、方法要恰当。积极有效的方法就是尝试做个休闲人,如定期或不定期去郊外散心、爬山、看风景。可以说,休闲活动是一种自清运动,可以把填塞的心理污染主动、积极地清除。寄情山水、茶酒,尽管不可能永世无愁,但是起码可以享受即时快乐。"玩世主义"代表一种文化、一种生活态度。于光远就提倡我们应当成为一个"玩"人,顺应"爱玩"的天性,"活到老,玩到老"。[1]

第二节 休闲资源

同休闲主体一样,休闲资源也是休闲实现的必要条件之一,因此同样存在一个价值评价的问题。休闲资源指的是那些能够引发休闲情趣的各种事物和现象,是作为能够提供最佳的休闲时机、休闲环境和休闲体验的存在物。在这方面的研究中,旅游地理学运用区位与旅游的描述性、解释性、预测性、规范性等多种研究方法;旅游经济学提出以市场评价为基准,要求对旅游资源进行规范、整合及升级。而这些方法和评价方式,对于旅游美学、休闲美学问题的探讨是具有借鉴价值的。鉴于当代人对于资源有限性认识的加深,我们应该对包括旅游资源在内的一切休闲资源站在更为高远的立场进行审视和评价。如果说引发休闲情趣的休闲资源蕴涵了一种价值,那么就必须将其作为更具有特殊性的对象来看待。在此基础上建立新的休闲资源评价观,特别是从美学角度进行定位,无疑更能够突出休闲作为存在的积极意义。

一、普遍存在?

普遍认为,在现实生活中存在大量的、直接可供的休闲资源。如自然界,它是一个由气候、水、土地、矿产、能源、生物等所构成的空间

---

[1] 于光远:《论普遍有闲的社会》,中国经济出版社2005年版,第40页。

环境。各种气候资源、地貌资源、地质资源、水文资源、生物资源、天文资源等都可以成为休闲资源。如人类在各种活动中所创造的,并以静态方式保留下来的各种历史文化现象,也都是能够激发休闲情趣的。如那些为满足精神需求而创造的戏剧、诗歌、小说、散文、绘画、音乐、舞蹈、雕塑、电影、曲艺等文艺形式,也都是重要的休闲资源之一。还有公园、广场等基础设施,也大都是为满足包括休闲需求等在内的生活需求而建立的。这些自然、人文、社会经济事物及现象,在日常生活中十分常见,因而是人们熟知的休闲资源。[1]

休闲资源以多样化的方式存在,为休闲活动的展开提供了多样化的环境、场所。如自然资源由不同地理状貌造成,不同地方具有不同的地理景观,自然吸引着人们去休闲旅游。社会资源、人文资源的构成因素较多,因此相对复杂。从空间分布而言,城市显然比乡村集中。相对于乡村,城市由于人口密集,休闲资源需求量大,因此迫切需要增加人工资源,需要通过兴建各种休闲娱乐设施用以满足不断发展的休闲需求。当然,城市中的休闲资源,并非完全是人工性质的。如许多园林景观,它是利用自然且合自然与人工为一体的休闲资源。在现代生活中,各种休闲资源并存,而社会经济的发展、交通的发达又为人们选择休闲资源提供了便利。人们可以方便地离开居住地,随心选择到异地展开休闲活动。人们亦可以足不出户,选择在家休闲。电视、网络等可以为平庸的日常生活增添许多情趣;有了完善的基础设施,可以保障家庭生活的运转,为休闲提供保障。其实,家庭本身就是一个十分重要的休闲场所。英国思想家卢伯克(John Lubbock)把"家"看做是充满着"无限的乐趣"的;在家能感受到世界的丰富多彩,如自然之美、内心的平和,而更高、更美的境界是家人温暖的微笑、亲情的温暖。因此,"家"是一种美,"在家"是一种幸福。随着现代生活节奏的加快,越来越多的人把家作为休闲场所。特别是许多都市白领阶层,他们在忙碌了一天之后,十分愿意在家消磨闲暇时间。还有一种特殊

---

[1] 参见李仲广、卢昌崇:《基础休闲学》,社会科学文献出版社2004年版,第310—312页。

的资源,这就是人本身。正如世界休闲组织制定的《休闲宪章》(2000)所提倡的:"每个个体都是自己最好的休闲与娱乐资源,因此政府应当确保提供获得这些必要的休闲技术和知识的途径,使得人们得以优化自己的休闲经验。"[1]

应该说,休闲资源的存在是广泛的,其形式是多样的。"任何资源都有可能成为休闲对象。"[2]对此,我们可以基于不同的标准进行休闲类型的划分:依据满足休闲需求的功能、程度,可以分为核心的和延伸的;依据存在特征,可以分为物质的与非物质的,或者不移动的与可移动的,或者有形的与无形的,或者可再生的与不可再生的,或者景观的与经营的,或者共享的与独享的;依据形式或方式,可以分为自然的与人文的,或者自然的与人工的,等等。以同质性和差异性为原则所做的标准化划分,为我们理解休闲、研究休闲提供了一种科学视角。但必须认识到的是,任何的分类都是相对的,都有其局限性。西方学者曾批评这种分类法为"幼稚归纳":"在应该运用复杂分析技术研究休闲现象的情况下(如多元回归分析和多重因素分析),却使用了比较简单的概念。"[3]这在休闲供应研究方面尤为如此。休闲供应所考量的主要是休闲"吸引物",即休闲资源是立足于休闲主体而言的,能够提供足够吸引力的对象。作为休闲资源,应该以这种资源本身所具有或引发的休闲价值为前提。一种存在物,无论再好再多,如果不是在人所能及的范围之内,那么它是没有任何价值可言的。休闲资源也必须是人化的,它的确立必须依赖于与人之间的休闲价值关系的建立。唯其如此,休闲资源才能名副其实。所谓的"普遍存在",其实是一种十分浅显的说法。

评价休闲资源就必须将它作为一种特殊的存在。"休闲资源"的内涵和外延并非固定,它是一个具有综合性的变量概念。显然,不同

---

[1] 〔美〕埃德加·杰克逊编:《休闲与生活质量:休闲对社会、经济与文化发展的影响》,刘慧梅、刘晓杰译,浙江大学出版社2009年版,第313页。
[2] 陈来成:《休闲学》,中山大学出版社2009年版,第157页。
[3] 〔英〕C.米歇尔·霍尔、〔美〕斯蒂芬·J.佩奇:《旅游休闲地理学:环境·地点·空间》(第3版),周昌军等译,旅游教育出版社2007年版,第114页。

的要素组合和不同的时空结构构成的休闲资源,必然引发不同的休闲效果;不同水平的休闲主体及追求不同的休闲层次,亦必然产生不一致的休闲情趣。正如同样的自然资源,对于一般游憩者与艺术家而言,能够产生不尽相同,甚至是矛盾或相反的体验效果。一味地把各种"事物和现象"都当成休闲资源,这是没有特别意义的。不同情境下的"资源",究竟何种属于休闲的,何种不属于休闲的,这并非能够简单定性。休闲资源既是普遍的,又是特殊的,如可创造性、可移植性、永续性、可重复利用等,这些都是它的特征。因此,对于"休闲资源",除适当地关注其类型、特征之外,还需重点关注其在内涵上的深刻变化。只有通过挖掘"休闲资源"的特殊内涵,才能形成更富意义的价值观、评价观。

二、以稀缺为贵

前已述及,休闲资源之所以能够引发休闲情趣,主要原因在于它具有一种特别的吸引力。人们在选择休闲的时候,总是偏于"陌生化"的体验方式。那些奇异的、新鲜的、有特色的景观,游客往往趋之若鹜;反之,那些平常的、熟悉的、不够有生趣的景观,往往鲜有人问津。正如一些体育活动,之所以能够吸引观众,还是在体育活动本身所带来的刺激和魅力。可以说,休闲资源只有具备某种特殊性,才能够成为休闲提供物。休闲资源之所以成为休闲参与者的选择和目标,最突出的原因在于人,在于休闲本身就能够成为一种资源。

"休闲"是一个与时间特别紧密相关的概念。时间,并非纯粹是物理学的概念,亦是心理学的、社会学的概念。相对于自然资源的有形性、社会资源的可移动性、文化资源的人文性,时间资源是无形的、可变的,甚至是主观的。它的存在并不能被人所见,而只是被人所感知,而且因人而异。正如对有层次性的需求不断升级一样,人对时间,特别是自由时间的渴望和追求是无止境的。至于时间的重要性,除从心理学角度能够得到解释之外,从社会学角度进行解释更能得到突出。在社会关系中,时间不是自然状态的存在,而是具有权力性质。它可以是一种交换物,甚至是一种财富、权力或身份的象征。彼德·布劳

(Peter Michael Blau)指出:"时间和精力上的投入对获得提供许多有助益的服务所要求的技能是必不可少的,这些投入对于从某人的赞同中博得尊敬并因此使它变得对他人有价值也是必不可少的。"他认为,时间是一种"投入成本""直接成本"和"机会成本",在某种意义上决定了一个群体在社会中的认可度。[1] 在社会生产力逐渐提高、休闲需求逐渐增加的情况下,时间的这种象征性意义将表现得更加明显:一方面是闲暇时间和可自由支配的时间的增加,另一方面是对时间这种资源的"争夺"。波德里亚(Jean Baudrillard)认为,休闲在"消费社会"具有区分的价值,"休闲并非是对时间的自由支配,那只是它的一个标签"。[2] 这意味着时间或者自由时间将作为一种日益稀缺的资源,即休闲资源是一种特别以稀缺性(scarcity)为特征的资源类型。

"稀缺性"原是西方新古典经济学家用于定义社会财富的一个概念。瓦尔拉(Walras)说:"所谓社会财富,我指的是所有稀缺的东西,物质的或非物质的(这里无论指何者都无关紧要),也就是说,它一方面对我们有用,另一方面它可以供给我们使用的数量却是有限的。"这里所说的"有用"是指能够满足人们的某种需要,而"有限"则包含这样的意味:有一些东西存在的数量多,能够使我们每一个人都感到随手可取,可以完全满足个人的需要;而有一些东西尽管如此,但是称不上是社会财富,因为只有当它们是稀有的时候,才能被认为是社会财富的一部分。罗宾斯(Robbins)则进一步指出,数量十分充裕且目的多种,或者实现手段稀缺但不存在可供选择的多种目的,这两种情况都不足以成为经济问题。只有当多种目的可供选择,而实现的手段却稀缺,这样才会面临一个经济问题。因此,他把经济学作为一门研究"人类行为目的和(有着多种选择办法的)稀有手段之间的关系"的科学。显然,这种稀缺性观点是对古典经济学精神的继承。后者强调物品的使用价值,不仅是主观上的,而且是社会性的,同时这种物品又是

---

[1] [美]彼德·布劳:《社会生活中的交换与权力》,孙非、张黎勤译,华夏出版社1988年版,第118—119页。
[2] [法]波德里亚:《消费社会》,刘成富、全志钢译,南京大学出版社2001年版,第178页。

可以用来交换的,因而具有交换价值。而商品正是通过人类的劳动,在一定的技术知识条件下,按市场所需求的数量再生产出来的物品。可见,古典经济学所重新解释的"经济货物"与新古典经济学所说的"社会财富",这两个概念在实质上是一致的。边际主义者曾对新古典经济学进行过激烈的批判。在他们看来,稀缺性并非是用来指像土地那样的稀有自然资源,而只是指生产中所使用要素的相对数量。这就是说,只有当一种生产要素(配合其他生产要素使用)的数量增加,从而引起收益递减时,才可以说这种生产要素为稀有。显然,这种解释已从先前的数量(相对于它能满足需要的能力来说)的有限,转向了分配效益的问题。[1]

尽管对稀缺性的理解存在一定的争议,但是任何稀缺而有用的"物"都是经济学家所应当加以研究的,这一点无法否认。经济学所要研究的就是如何对稀缺的社会财富进行使用和分配,包括个人、企业、政府和其他组织是如何进行选择的?这些选择又是如何决定包括社会财富在内的一切资源的?生产什么?如何生产?产品与服务如何分配?这一系列问题都成了因稀缺性而导致的经济选择问题。因此,从稀缺性出发可以解释各种经济现象,人们也更乐意将其视为一项规律。陈惠雄指出:"稀缺性矛盾和稀缺规律"的形成是"由于人类欲望的无限性,人力与非人力资源的有限性,以及由此两类稀缺资源生产与提供的物品的同样有限性——需要在零价格以上通过交换才能提供给消费者。"[2]可以见出,经济的实质仍在于人的无限需求,经济就是旨在通过不断扩大资源的摄取量以满足这些需求。如果说这一概念解释经济的根源是可能的话,那么同样可以把它扩展为用于解释经济之外的各种行为和社会生活现象。根本原因就在于它与人对休闲追求的实质是一致的。无论是低收入者,还是高收入者,他们都有休闲需求。尽管富有者不必为日常生活的需求而担心,但是他们对假期、娱乐等方面的需求仍是无止境的,因为这些需求当中就包含着一

---

[1] 参见[英]约翰·伊特韦尔等编:《新帕尔格雷夫经济学大辞典》第 4 卷,陈岱孙主编译,经济科学出版社 1992 年版,第 272 页。("稀缺性"辞条)
[2] 陈惠雄:《对"稀缺性"的重新诠释》,载《浙江学刊》1999 年第 3 期。

种稀缺性的东西,一种人所普遍追求的对象物。

事实上,经济与休闲之间是相互作用的。休闲是一种闲暇时间,而这种闲暇时间能够成为一种新的社会财富。正如马克思所指出:"节约劳动时间就等于增加自由时间,即增加使个人得到充分发展的时间,而个人的充分发展又作为最大的生产力反作用于劳动生产力。从直接生产过程的角度来看,节约劳动时间可以看做生产固定资本,这种固定资本就是人本身。"[1]人们有了充裕的休闲时间,就等于享有了充分发挥自己一切爱好、兴趣、才能、力量的广阔空间;有了为"思想"提供自由驰骋,个人才能在艺术、科学等方面获得发展。从单纯的消费看,任何的消费都要以一定的经济条件为基础。但从直接的消费实现看,消费者的收入是有限的。这意味着如果他们想花某一笔钱,那么这些钱就不能再用于所想购买的其他东西。同样,人们所拥有的时间也是有限的,如果一个人要在他的假期中加班,那么他必须放弃休闲。这就是说,稀缺性的休闲资源总是能够胜任成为休闲的对象。因此,休闲经济的产生,在根本上是基于时间资源的利用、开发。随着经济休闲化的趋势的到来,无论生产的、流通的还是消费的领域都渗透了休闲的因素。经济与休闲之间可以沟通、可以互利的局面日渐显现出来,休闲经济日益成为当代经济的主要部分(详见本书第一章第四节)。休闲作为资源,已不再是一个有限的资源概念,而是与无限的需求相对应的概念。

稀缺性成为休闲资源的核心特征,还可以从社会、文化等角度做进一步理解。稀缺性的东西往往是一个社会、一个人所愿意追求的,而把这种所愿意追求的东西转化为生产力,就具有了社会意义。作为一种闲暇时间,休闲能够成为社会生产力。正如马惠娣指出:"闲暇时间的增多是社会进步的标志,是具有重要意义的社会现象,是人的本体论意义之所在,'以时间形态存在的社会资源',是发展社会生产力的一种高级形式与途径。"[2]不同于以生产关系变革、科学技术革新、

---

[1] 〔德〕马克思:《政治经济学批判》,见《马克思恩格斯全集》第46卷下册,人民出版社1972年版,第225页。

[2] 马惠娣:《走向人文关怀的休闲经济》,中国经济出版社2004年版,第16页。

劳动方式完善等社会生产力发展方式,休闲是以人的全面发展作为生产力发展方式,而以这种方式所创造的财富才是一种"真正的财富"(马克思语)。一个人如果能够合理地安排时间,就能够获得比他人更多的知识、技能、情感、才干、能力(认知能力、组织能力、社交能力、理解能力、欣赏能力),也就能够比他人的社会价值更大。扩而言之,如果全社会的人都能积极地利用闲暇时间,那么闲暇时间就变成了社会财富。此外,休闲能够提供文化创造力。且不说人类有许多伟大发明是在休闲中获得灵感,实则是闲暇时间的增多为人们的创造提供了条件。因此,休闲不仅是生产力和文明发展的结果,而且是促进生产力和文明发展的要素。换言之,人类社会的进步、文化的创造根本不可能缺少休闲。[1]

三、设计的意义

在质疑休闲资源的"普遍存在"这种论调的同时,强调它的稀缺性内涵,是为了更加合理、科学地评价作为价值对象的休闲资源。当下对休闲资源价值的评价越来越倾向市场标准。张凌云对"泛资源论"和"唯资源论"进行了批评。他认为,开发一个地区旅游资源除了考察其规模、数量外,还应了解其市场定位,确定开发"拳头"和"主流"产品,唯有此才能吸引区外旅游者。如果不分重点地去开发那些只适合本地居民休闲和游览的景点,那就不利于开发中远程旅游市场。[2]这种从市场角度评价一种资源的休闲资格,有利于对休闲资源的规划、开发和保护。但是,过多地依据经济指数来衡量作为休闲资源的合理性,具有比较明显的实用、功利色彩。而引入上述所阐释的"稀缺性"概念,则有利于从美学的角度形成一种新的休闲资源价值观。尽管时间稀缺会导致如波德里亚所说的"休闲悲剧",但是这并不妨碍我们认同"稀缺性"的观点。稀缺性乃是包括审美在内一切休闲需求得

---

[1] 参见唐任伍、周觉:《论时间的稀缺性与休闲的异化》,载《中州学刊》2004年第4期。

[2] 张凌云:《市场评价:旅游资源新的价值观——兼论旅游资源研究的几个理论问题》,载《旅游学刊》1999年第2期。

以发生的契机。满足不断增长的休闲需求,必须珍惜有限的休闲资源,发掘潜在的休闲资源,同时"设计"审美性休闲资源。

普遍性并非就是无限性。无论从结构、存量,还是自由使用的角度看,现实的休闲资源都是有限的;每种休闲资源都具有个性,因而它是唯一的、不可重复的;而它的存在总是有限的,总是存在着少于人们可以直接自由取用的情况。这三种稀缺性情况意味着,我们首先必须珍惜现有的休闲资源。如果过度地使用现有的休闲资源,超出它的实际承载力(capacity),那么极易破坏休闲资源的生态功能。国内近年来频频出现因"黄金周"到来而导致景区参观人数爆满的现象。这不仅带来交通、食宿等一系列服务问题,而且对旅游资源本身也是一种极大的破坏。休闲满意度在很大程度上取决于休闲资源的质量。良好的自然特征、感知效果和生态承载力,自然能够获得满意的休闲效果。应当说,休闲资源是一般与特殊双重属性的构成物,是一种需要我们格外重视的对象。但是,真正要使一种休闲资源成为休闲参与者的满意选择对象,并非仅仅依靠人为手段可以解决。如依靠提高门票价格限制观光人数等经济手段,通过制定管理措施等行政手段,可以暂时解决问题;但从长期来看,还必须从休闲资源本身出发,需要建立起与人之间的合理关系。正如鲁鹏所说:"事物本身的状态是稀缺性绝对性的依据,人本身的状态及其改变世界的活动是稀缺性相对性的依据。单纯事物本身和单纯人本身都不能产生稀缺性问题,稀缺性是一种关系。"[1]从有限到无限的认识过程,这是一个不断发现休闲资源价值的过程。

相对于那些直接可利用的休闲资源,还有那些潜在的休闲资源。潜在的休闲资源往往是无限的,具有可创造性。应该说,任何的休闲资源都是相对的,有限的休闲资源可以转化为无限的休闲资源。不同的休闲资源,它们的存在受到各种客观因素的影响。如地理条件所形成的休闲资源具有不可移动性,从而限制了人们前往。即使是同样的休闲资源,对于有些人来说具有吸引力,对于另一些人却未必具有吸

---

[1] 鲁鹏:《人与稀缺性》,载《文史哲》2010年第6期。

引力。如对于那些常住在海边的居民来说,海滨的景色对于他们并无太多的吸引力,但对于久居内陆的市民来说,则可能刚好相反。因此,海景对于城市居民来说是稀缺的。只有具备稀缺性这一特性才能成为旅游资源,才会有开发商将其加工成旅游产品。因此,就具体的、现实的旅游资源而言,它又是一种潜在的休闲资源,两者之间是可以相互转换的,即既可以正向演变(循序开发),也可能逆向演变(老化和退化)。相对于其他类型的休闲资源,自然资源对于现代人所具有的休闲意义无可厚非。但是,并非所有的自然资源都是休闲资源。只有当社会对其潜在价值的主观评价能够满足人类需要和需求的情况下,它们才能被认定是休闲资源。"休闲资源绝不仅仅是一个被动的要素——必须创造性地对其进行利用才能满足某些重要社会目标。"[1] 相对于那些有形的、现实的休闲资源,无形的、潜在的休闲资源更容易被忽视。它们通常被认为是非休闲资源。在现实生活中,就有许多资源看起来并没有什么休闲价值可言。比如大屠杀场所、地震废墟等,这些看似与休闲不沾边的场所,也是可以开发为休闲资源。通过现代化的改造,可以变成遗址保存下来,可以供人们观光。

如果说有限的休闲资源无法满足人类无限增长的休闲需求,而潜在的资源只为满足休闲需求提供了前景和愿望,那么休闲资源的获取还必须借助更为直接的方式。休闲需求的满足在很大程度上取决于休闲的供给。因此,休闲供给方式必须尽可能地多样化,甚至规模化。除利用现实的、直接的休闲资源,发掘潜在的休闲资源之外,设计出替代性的休闲资源尤显重要。这里所说的"设计"是指不完全依赖自然、地理、地域、文化等客观条件而存在的资源开发。一般所说的休闲资源的开发,就是指依托这些客观的条件而言的。如通过深入发掘旅游资源的地域的、民族的、原生态的特色文化内涵,并通过旅游环境、旅游设施、旅游产品、旅游过程等充分地外化出来,可以获取旅游者的一种独特的旅游体验。开发型的休闲资源,多是不可移动的,加上交

---

[1] 〔英〕C. 米歇尔·霍尔、〔美〕斯蒂芬·J. 佩奇:《旅游休闲地理学:环境·地点·空间》(第3版),周昌军等译,旅游教育出版社2007年版,第112页。

通等各种客观条件影响,往往给休闲选择带来难度。但是通过人工设计,可以使一种休闲资源集中地满足人们的多样性需求。如一些大型的娱乐场所、海洋公园等,可以提供娱乐体验、教育体验、遁世体验、审美体验等多重体验。这类休闲资源的设计、开发,具有人工性质。随着休闲需求的增加,审美性休闲资源将成为主型之一。

此外,还必须注意到的事实是消费文化。当代消费文化的特质是身体形象的消费。身体成为快乐的载体,"它悦人心意而又充满欲望,真真切切的身体越是接近年轻、健康、美丽、结实的理想化形象,它越是具有交换价值"[1]。体态美好、性感逼人是被认为与享乐、悠闲、表现紧紧相连的,其中所涉及的种种形式所强调的正是外表和"样子"。因此,被"设计"的身体形象也是休闲资源的一部分。它以最直接的方式彰显人的存在,并满足着人的欲望。当然,这种身体文化是当代休闲美学研究中值得期待和需要另外深入讨论的问题。

四、关于"海之美"

自然资源是一种极其重要又极具特殊的休闲资源类型。这里且不论它具有那种返璞归真的净化人心的作用,仅论其如何成为休闲的选择之对象。自然成为人类的休闲资源,具有一个被诗意发现的过程,法国作家古尔德(Remy de Gourmont)的经典散文《海之美》就为我们提供了证词。古尔德写道,"19世纪最独特的创造"就是大海。即是说,大海是直到那个世纪才真正作为认识对象,进入大众的审美视野,成为文学描写的对象和文学创作的源泉。大海是自然的一部分。它的壮丽美景早已存在千百年,而长期以来人们对它的感觉"是冰冷的,是厌烦的,甚至是恐惧的",把它视为"一种危险或丑陋","避之唯恐不及"。囚犯被放逐监禁在海边,这是最严厉的惩罚。同时,大海也与最可怕的疾病联系在一起,那些传染病人和疯子被推入大海,这是因为大海意味着与人世的隔离。即使到了18世纪,人们的生活空间

---

[1] 〔英〕费瑟斯通:《消费文化中的身体》,龙冰译,见《后身体:文化、权力和生命政治学》,汪民安、陈永国编,吉林人民出版社2003年版,第331页。

不再封闭、审美视野不断扩大,大海依然被视为不可捉摸的、与人疏离的蛮荒自然。然而,不知从何时起,人们开始欣赏海景,大海成了被关注、歌咏的对象。到了拿破仑时代,大海被大多数人所认识和喜爱,成为"美"之所在。人类的感觉听命于时髦,这使得对旧事物失去了新鲜感,把新事物作为关注的焦点。然而,人的审美经验是不断积累的过程。新与旧也是相对的。人们永远可以从旧的对象中挖掘出新的宝藏,一个对象成为审美对象后也就不会被遗忘。因此,海之美既然已经进入人们的审美范畴,它就永远不会从中消退。大海的吸引力,除来自使人们感到新鲜之外,也许还因为能够唤起人们对祖先的记忆,使得如今我们又重新发现了它的美。也许有太多的人赞美大海,又有太多的人仅仅为追随潮流而来到大海面前,却从未真正领略到海之美。作者最后强调:大海的美是其本身所固有的,即使没人赞美,没人欣赏,那种美也是存在的,它不需要谄媚的欢呼声和平庸的观赏者。人们要想真正领略到海之美,只需用心去接近大海,如同信徒与上帝的对话般,摒除一切杂念来体会那种绝对的美,如此亦才能与大海沟通。这里,作者告诉我们,审美的过程也和冥思真理的过程一样,只有虔诚的人才能体味其中的真谛。[1]

作为法国后期象征主义诗坛的领袖,古尔蒙是一位充满想象力和富有灵性的艺术家。他的散文与他的诗一样:"有着绝顶的微妙——心灵的微妙与感觉的微妙。他的诗情完全是呈给读者的神经,给微细到纤毫的感觉的。即使是无韵诗,但是读者会觉得每一篇中都有着很个性的音乐。"[2]在他清新、流畅、优美的笔调中,亦蕴涵着丰富、广博的历史知识和深刻的美学、哲学见解,给读者留下一片无垠的遐想空间。正如大海作为自然对象,却给我们无穷的美的想象。大海之美是多方面的。大海有它的线条、轮廓、形体、声音、色彩,具有形式之美。大海总在永不停息地跳跃和流动,具有动之美。它变化多姿,且多样统一。大海之美,还美在人的移情。人将感情移入到大海身上,使它

---

[1] [法]古尔蒙等:《海之美:法国作家随笔集》,郭宏安译,华夏出版社2008年版,第94—96页。
[2] 戴望舒:《望舒草》,江苏文艺出版社2009年版,第232页。

成为情感化的自然,从而有了活泼泼的生命力。大海既可以呈现幽静、祥和、温柔的优美,又可以呈现震撼人心的壮美:给人以鼓舞、力量和精神慰藉。大海就是具有这样的气魄、力量、神奇、魅力,具有无与伦比的宽宏之美,给人以无限的恩赐。总之,大海是可以成为"美的对象"的。

大海之美,既与自然对象本身特点有关,又与社会的需求有关。就当时法国的社会情势而言,也的确可以见出这种端倪。法国在19世纪以来处于工业化进程中。这时广大的非农业劳动者实际上毫无闲暇可言,不但劳动环境不舒适、不卫生、不惬意,而且劳动时间日均普遍长达13—15小时。劳作连续不断,工间休息和进餐时间压缩到最小限度,公共节日极少,休假闻所未闻,星期天休息也难得实现。争取自由时间的进程是缓慢的:1848年国家立法限制劳动日的时间,要求缩短日均工作时间从原来的10小时到8小时;到1880年则开始要求8小时工作制、星期天休息、"英国式"的星期以及照付工资的年度休假。自由时间是逐渐被赢得的,它成为一种"公认的体制"、一种社会现实、一项社会权利。关于法国工人如何为赢得享有自由时间之权利而斗争,如何经历漫长道路才使得这种权利作为事实而确立起来,又如何使其即使处于经济危机之中仍作为生活方式中一个决定性的因素,尼科尔·塞缪尔(Nicole Sammel)进行了描述和追溯,并指出:"自由时间这种社会现实,在法国起初是作为对工业化强加于人们的劳动强制的反应而出现的,后来以逐渐完备的立法为根据,成为一种权利。"[1]可以看出,19世纪的法国人仍处于争取休闲权的斗争之中,大海没有被选择为普遍的休闲对象,也是情理之中。

进一步问,为什么19世纪法国人所发现的美的对象是大海,而不是其他的自然对象?这仅仅从大海的形式特点、社会的需求给予说明还是不够的。大海既可以是美的,又可以是丑的;人们既可以选择大海,又可以选择大海之外的存在物。因此,当普遍地把大海作为美的

---

[1] [法]尼科尔·塞缪尔:《从历史和社会学角度看法国人的闲暇时间》,陈思译,载《国外社会科学杂志》1984年第1期。

对象,就必须给予更深层的文化解释。张法认为,海洋之所以是美的,"由人的心理中的审美心理结构决定,而审美心理的建构,在相当的程度上,由人的文化模式决定"[1]。这就是说,文化模式是最终的决定性方面。大海之美的原因终归于此。中国古人以"道"为美。"夫天地者,古之所大也,而黄帝尧舜之所共美也"(《庄子·天道》)。故道者,大也,美也。对大海,西方人同样褒有敬畏之情,它是古希腊神话和许多《圣经》故事的发生地。后来英国浪漫主义诗人拜伦在自己的作品里描写大海、赞美大海,法国的浪漫主义先驱夏多布里昂也在创作中充分展现大海之美,从而掀起了欧洲人向往大海、热爱大海的热潮。这种"前见",自然构成人们之所以以大海为美的重要前提,对于法国人也是如此,此是其一。其二,法国文化中蕴涵着深厚的浪漫传统。众所周知,在中世纪,宫廷是法国政治文化生活的中心,上流社会的沙龙一直引领着法国的大众文化和生活时尚。王宫贵族轻松优雅、浪漫多彩的生活方式影响了大众的生活情趣,而这种生活方式一直被延续下来,成为一种传统。其三,法国文化具有自然的气质。这一点,我们可以从艺术家罗丹(Auguste Rodin,1914)的笔记中读到。罗丹说:"法国的大教堂诞生于法国的自然。如果我们不理解、不热爱法国的大自然,我们就不能理解法国大教堂,也无权去热爱它们。""自然便是法兰西的天与地。就是在这片天地之间辛勤劳作和冷静思考的人民建造了那飞向苍穹的大教堂。关于自然,关于大教堂,关于所有这一切,我做了一些散乱的笔记。我的这些笔记就是要邀请你去观察、热爱、保护那些代表着法国精神的正在失落的文明。"[2]海之美是自然的馈赠,更是人类热爱自然的体现。正是社会、文化等多方面的影响造就了人类对自然的诗意追求。

第三节 休闲原则

在实际的休闲活动中,人们尽管有时具备了一定的休闲条件(如

---

[1] 张法:《怎样建构中国型海洋美学》,载《求是学刊》2014年第3期。
[2] [法]罗丹:《法国大教堂》,啸声译,天津教育出版社2008年版,第10—11页。

存在休闲资源、拥有闲暇时间),但是仍然会面临这样的难题:想去休闲,却又不知道如何去休闲;即使去休闲了,却又未必能够达到效果。如何达己所愿,使"休"有所"做","闲"有所"趣",这已并非是简单的休闲实现的问题,而是具有普遍性的休闲评价的问题。休闲评价旨在通过对休闲的本质、行为和方式等的评价,确立休闲的基本原则和理想目标,从而为人们参与、开展休闲活动提供有效参考。要获得休闲情趣,必须具备特定的条件,同时遵循、符合某些特定的原则,否则将成为毫无意义的"无所事事"。因此,对休闲采取评价的态度是必要的。作为休闲活动,本就存在高低之分,具有不同的层次。要提升休闲,需要对不同层次的休闲进行区分或转换,这就特别需要引入审美的维度。审美具有鉴赏性、超越性,而依此建构起来的休闲评价方式,就具有了切实的参照意义。无疑,在休闲评价中,以审美作为依据,是具有多重面向的:既是休闲的,又是审美的;既是个体的,又是社会的;既是现实的,又是理想的。审美性的休闲原则之建立也必须从这些面向出发。

一、规范与评价

休闲"应该是什么",这是一个涉及规范的(normative)问题。休闲规范指的是影响、制约休闲行为实现的社会伦理和道德。以这一视角审视休闲,所强调的是"主观性和受伦理观、价值观影响"的实际。[1] 休闲主体在闲暇时间内从事以满足休闲需要而自由参与并得到满足的能动过程,并非是完全自由的。换言之,任何的休闲行为都需依从规范性的要求。据此,我们可以划分出规范性休闲与失范性休闲两种类型。规范性休闲指的是具有积极价值的休闲活动或休闲行为,我们一般所说的休闲也大多指此。失范性休闲则是相对于规范性休闲而言的。现实中有许多休闲是溢出、远离休闲规范的。这种现象在都市化进程中特别容易产生。环境的转换使得许多休闲追求者难以适应种种变化。他们会受到不良社会行为的影响,从而陷于赌博、酗酒和

---

[1] 李仲广、卢昌崇:《基础休闲学》,社会科学文献出版社2004年版,第216页。

暴力,富贵生活中的纵欲与堕落,上瘾行为、滥用休闲时间等。这些都是由不良环境导致的失范性休闲行为。在传统规范被打破而新的规范又尚未得以建立的前提下,扼制休闲失范就亟须休闲规范。经济发展定然会滋生各种畸形消费现象。如马惠娣曾指出,活跃在中国的消费生活,其主要消费群体的消费内容绝大多数是对"物"的占有,豪华宴、一掷千金的挥霍、吸毒、嫖娼、"包二奶"等现象,腐蚀着国人的经济生活和内在灵魂。[1] 因此,对失范性的消费、休闲行为进行校正,已是刻不容缓。

休闲行为应符合规范,这成为评价休闲的基本出发点。如果说一种行为是规范的,我们自然认为它是有益的。规范代表着符合一种利益,或是有价值的、或是理想的,即休闲参与者把休闲本身作为一种事关健康、幸福、效益的积极活动或行为。依此规范对休闲进行评价,则形成了各种休闲评价观。如被公认为是西方第一位对休闲问题进行系统研究的亚里士多德,着重阐述了什么是快乐、幸福、休闲、美德和安宁生活的问题。他认为,美德是愉快的源泉,行善者是奉献美德并享受持续幸福的人;休闲不是远离工作或利用时间间隔进行休养和娱乐,而是用于恢复体力以重新投入工作。因此,真正愉快、幸福的源泉离不开休闲,休闲是达到幸福的间接条件之一。[2] 伊壁鸠鲁在论述善时说道:"我们的一切取舍都从快乐出发,我们的最终目的乃是得到快乐,而以感触为标准来判断一切的善。"[3] 德国古典美学家康德认为,艺术区别于自然、科学和手工艺,"美的艺术"是一种意境,它是虽无目的但对自身有合目的性;艺术的精髓在于自由,实质是一种"审美游戏"。[4] 中国近代教育家、美学家蔡元培认为,美的对象具有普遍和超脱的性质,所以人在闲暇的时候应当利用音乐、美术来陶冶生活,

---

〔1〕 参见马惠娣:《走向人文关怀的休闲经济》,中国经济出版社2004年版,第151—158页。
〔2〕 参见〔古希腊〕亚里士多德:《尼各马科伦理学》,苗力田译,中国人民大学出版社1999年版,第218—226页。
〔3〕 周辅成主编:《西方伦理学名著选辑》上卷,商务印书馆1964年版,第108页。
〔4〕 参见〔德〕康德:《判断力批判》上卷,宗白华译,商务印务馆2000年版,第148—151页。

这样美育就成为改造生活和实现人生价值重要方式。[1] 这里所说的"幸福"（善）、"自由"（审美）、"美的人生"等观点代表了不同文化、不同时代背景下人们对休闲重要性的认识。这些观点依然是当下人们之所以乐于参与休闲的重要依据，以及作为评价休闲的主要原则。

休闲总是以各种形态、方式影响着个人、家庭和社会，具有多种多样的功能与作用。法国社会学家杜马哲迪尔（Dumazedier）认为，休闲具有休息、转换心情和自我开发等功能；休闲具有恢复身心损耗、解放日常生活、提供自我实现的契机的作用。顿克宾（H. Doncobin）等人认为，休闲能给予个人安定身心、促进健康、增进人际关系、革新生活方式，提高个人乃至整个社会的生活质量，解决社会化、再生产、社会整合等社会问题。菲利普（S. F. Phillip）认为，休闲具有休息、教育、心理、转换心情、自我表现、社会中的相互交往、自我尊重等多方面的作用。他们不仅从内在效用理解休闲的功能，而且从外在影响拓宽休闲的作用。今天我们甚至把休闲看做比过去具有更为广泛的功能和作用。就休闲的积极作用而言，主要有三个方面："休闲是人类自由和快乐的源泉，有助于个人的全面发展与完善"；"休闲具有经济效益、生理心理效益和社会效益"；"休闲具有象征性功能和认同功能"。[2] 此外，休闲行为得到更为细致的分析：从开始到经历以后的满足，需要经过一系列阶段。对此已有各种阶段划分，如楚勃（Chubb）的11阶段、古恩（Gunn）的7阶段、奥里奥丹（O'Riordan）的5阶段。[3] 强调休闲的功能与作用及休闲行为的过程化，这些能够促进休闲评价机制的建立。

如果把休闲作为一个对象进行评价，那么休闲评价就具有鲜明的主观性。正如一件事情本身具有好坏之分，休闲也有优劣之别。普遍地看，规范的、具有多重价值的休闲就是"好"的休闲。问题在于：对休

---

[1] 参见蔡元培：《美育与人生》，见《蔡元培美育论集》，湖南教育出版社1987年版，第266—267页。

[2] 参见陈来成：《休闲学》，中山大学出版社2009年版，第59—65页。

[3] 参见孙海植等：《休闲学》，朴松爱、李仲广译，东北财经大学出版社2005年版，第97—99页。

闲的评价是否可以简单地用像"优"或"劣"这样的语言进行表述？杰弗瑞·戈比等人曾提出判断休闲优劣的一些标准：改进、愉快、社会化、身份、创造性、康复或宣泄、消费、精神，但是最终不得不这样承认：

> 我们无法通过一比一的精确方式断定哪一种活动的价值。真正的休闲超越了功能的范围，超越了能被客观性标准所能判断的领域。无论如何，外因和内因并非总是相符合的。作为参加者（而不是观察者），必须是自己所做的活动的价值和结果的决定者。例如，一个人可能看上去好像是在跑步，但实际上，他正在做礼拜。因此，只有在个人的层次上，才能回答某些休闲活动可能比另外一些休闲活动更好的问题。只有当一个人在爱的驱使下行动的时候，才能对活动做出判断。一种休闲活动之所以要比另一种休闲活动更好，是因为这种活动达到了让一个人热爱它的程度。[1]

这种"从内心的爱的核心的休闲"出发所做出的决定旨在彰显"休闲的可能性"，亦即是对休闲价值的定性。

二、"标准化"问题

就客观要求来说，休闲评价的确需要一种被确定的"标准"。似乎认为，我们只要确定了一种标准，就可以依据这一标准对休闲进行评价。如果说休闲就是一种可以简化、标准化的模式，那么对其评价就易如反掌。而在休闲娱乐化、产业化的发展过程中，的确存在"标准化"现象。在过去，休闲一度被视为哲学的精髓、冥想的状态，但是当下人们越来越不愿意，甚至无暇参与思考、艺术创作和辩论性活动。休闲已不再被想象为一种完全不受到外界干扰的心灵体验或精神状态，而是作为在闲暇时间里所从事的一系列相对自由的活动，或一种风格化的生活方式。当代人的休闲观念、休闲行为及休闲内容越来越趋于模式化、类同化。许多公共娱乐、公园机构开始用自助方式规划

---

[1]〔美〕托马斯·古德尔等：《人类思想史中的休闲》，成素梅等译，云南人民出版社2000年版，第261页。

休闲,于是休闲被作为一种"可交换单元"。托马斯·古德尔等人就关注到当代美国人休闲生活观念的一种变化:

> ……作为人类体验的许多单元的娱乐或休闲概念,也使得这些单元具有彼此间可以互相交替的效果。人们能够从当地娱乐和公园部门的问询处或基督教青年会的活动指南中,找出自己感兴趣的活动的项目,这些活动范围广泛,如野营、跳舞或写短故事等。然而,这些活动的形式越来越"标准化"了,对于休闲体验的消费者来讲,这些活动渐渐成了一些标准的休闲单元。休闲服务和公共教育机构越来越认为,人们所追求的似乎不是快乐、独处、美感、竞争、个性或乐趣,而是追求打垒球、航模、舞会、戏剧或集邮等具体的活动。当这些休闲活动的单元变得越来越相似和越来越可交换的时候,人们对它们的追求自然会越来越多,并且其重点转向了参与的事实本身和参与的数量上。[1]

这就是所谓的"休闲标准化"。它通过提供如其所愿的方式为休闲参与者创造个人发展的机会。由于这种方式包含服务者与体验者之间的利益交换,因而实现着以"产消合一"为特征的体验经济模式转向。

我们需要认真审视这种"标准化"现象。众所周知,"标准化"原是用于描述和批评文化工业(culture industry)特征的一个常用概念。文化工业是一种以大规模复制、传播文化工业产品为目的的娱乐文化体系。从生产方式看,它是程序化的;从生产对象看,它是消费化的;从生产手段看,它是媒介化的。因此,文化工业的实质就是"标准化":"不只是生产出标准化的产品,也生产出了标准化的消费民众。"[2]这里需特别指出媒介化的标准化问题,因为它不仅是文化工业生产的手段,而且这种手段在今天已经变得越来越明显。"现代社会,媒介文化

---

[1] 〔美〕托马斯·古德尔等:《人类思想史中的休闲》,成素梅等译,云南人民出版社2000年版,第229—230页。

[2] 赵潇:《标准化的世界:关于霍克海默、阿多诺对"文化工业"批判的一点思考》,载《郑州铁路职业技术学院学报》2005年第4期。

对休闲方式越来越具有决定性的影响。"[1]大众传媒及媒介文化的发展,在一定程度上决定了人们的休闲选择、休闲理念的形成,或者说大众媒介技术及媒介文化的推波助澜极大地改变了人们的生活。它可以提出并传播有关休闲的新理念,推动潮流与时尚的形成和推广,塑造和领略明星风采。它以媒介为物质手段,为民众直接提供"媒介休闲"[2]。大众传媒休闲功能的巨大能量的释放,及其同休闲活动形成互动机制,迫使我们更加密切地关注其对休闲所产生的作用和影响。说到底,媒介文化是一种地地道道的"标准化":"在工业化生产模式及商业逻辑的支配下,大众媒介所生产制作出的媒介文化产品缺乏独创性、缺乏个性、千篇一律,呈现出标准化、齐一化、程式化或趋同化的特征。"[3]因此,无论是以大众媒介为技术手段的文化工业,还是媒介文化本身,都具有"标准化"的实质,其真正的危险在于极易使得人深陷其中,最终沦为"标准化"的产物。

  对于这种"标准化"现象,西方的一些休闲学家明确表示反对,认为这将必然失去休闲娱乐的独特性和基本价值。托马斯·古德尔等人指出:"每一种活动(例如垒球)实际上隐藏着极其丰富的生活内容,而它将所有这些内容都视为一个标准单元,个人活动有如夹在一捆钞票里的一美元容易被人忽视;在这种意义上,标准单元也否定了个人在任何一种休闲体验中所具有的唯一性。"他们的结论是:"标准化不是休闲体验的特征。"[4]体验、自由是休闲的本质特征。杰弗瑞·戈比曾引用心理学家奇克森特米哈伊的"畅"(flow)概念,认为这是可以在"工作"或者"休闲"时产生的一种最佳体验,它与"休闲"或"游戏"的某些概念一样,也是一种以自身为目的的活动。有鉴于此,他还提出从"畅"的角度来评价休闲的好还是不好(详见本书第一章

---

[1] 胡大平:《崇高的暧昧:作为现代生活方式的休闲》,江苏人民出版社2002年版,第106页。
[2] 童兵:《试论休闲需求和媒介的休闲功能》,载《北京大学学报》(哲学社会科学版)2006年第6期。
[3] 赵瑞华:《媒介文化与休闲异化:媒介文化对现代休闲方式负面影响研究》,暨南大学博士学位论文2011年,第80—81页。
[4] [美]托马斯·古德尔等:《人类思想史中的休闲》,成素梅等译,云南人民出版社2000年版,第230页。

第二节)。显然,"休闲的标准化"并非完全从休闲体验发展出来,而是工业化、媒介化的产物,即通过外在的、组织化的竞争消费模式,使得本是内在的(心理、精神)休闲体验同质化,其实这是对休闲个性的抹杀。正如赵瑞华所说:"现代人在休闲观念、休闲行为及休闲内容上的模式化、趋同化、标准化倾向,违背了休闲的自由性、创造性、创新性等本质特征,难以达成休闲的自我实现及自我提升的目标,是休闲异化的一种表现。"[1]

因此,"休闲的标准化"绝非是休闲的合理化。诚然,从科学管理的角度看,标准化建设是必要的。不断推进的工业化进程,在积聚大量物质财富的同时,也不断地使得人们的休闲需求得以增加。完善的休闲服务、繁荣的休闲市场,又体现着一个国家、一个城市的现代化程度。因此,推动休闲产业发展,满足国民休闲需要,提升休闲生活品质,保护休闲消费者的权益,创造健康的休闲消费文化等,这些都必须制定或依据相应的标准才能得到有效实施和落实。从这方面看,休闲标准具有重要的保障作用,而休闲产业的科学发展也更加需要这种"技术支撑"[2]。但是这并不意味着休闲必须依从某种标准实现标准化。对于一种具体的休闲活动来说,它很难按照一致的标准展开。休闲并非完全依赖某种客观条件展开,而是由主体、对象、媒介等各种因素而构成的情境化活动。休闲的行为、方式是否合理,其实很难以某些特定标准进行认定。

如果我们把休闲完全作为一种"标准化"的行为或模式来理解,这不仅是对"休闲"的曲解,而且是对"标准"的误读。何谓"标准"?现代作家朱自清指出它有两个意思:一个是不自觉的,一个是自觉的。

---

[1] 赵瑞华:《媒介文化与休闲异化:媒介文化对现代休闲方式负面影响研究》,暨南大学博士学位论文2011年,第45—46页。

[2] 郝赪:《休闲产业标准化刍议》,载《大众标准化》2010年第11期。该文还介绍了中国休闲标准化工作:发端于旅游标准化,兴起于休闲产业化,定型于2009年11月全国休闲标准化技术委员会的成立。这个"标委会"主要负责传统特色休闲方式开发与保护、现代休闲创意与服务、主题休闲俱乐部、休闲节庆活动、休闲咨询服务等领域国家标准的制修订工作,其工作领域与世界休闲组织(WLO)相关联。总的来说,我国休闲标准化工作存在着起步晚、基础弱、层次低、观念旧等问题,未来亟待在国际化标准的参与、休闲标准的宣传贯彻、企业标准化意识提升等方面有更多投入。

"不自觉的"是指我们接受的传统的那种标准。我们应用这些标准衡量种种事物种种人,但是对这些标准本身并不怀疑,并不衡量,只照样接受下来,作为生活的方便。"自觉的"是指我们修正了传统的各种标准,以及采用经过我们的衡量的标准,而这种衡量是配合着生活的需要的。"不自觉的"标准称"尺度"(不固定),"自觉的"标准才称"标准"(固定)。他认为,这两者的区别在一个变化快的时代最容易觉得出,在道德、学术方面如此,在文学方面也如此。[1] 这说明"标准"本身并没有固定标准。"合乎标准只是暂时的,相对的;而违反标准规定,这是永远的,绝对的。我们所致力追求的标准化,与其说是一个目标,不如说是一个过程。就像我们不可能认识绝对真理一样,我们也永远无法完全实现绝对的标准化。但是,这个规定和要求,却不能没有。一方面,当然要要求人们去遵守,另一方面,也要有'一定会有人去违反'的准备。而且,有的违反也是有深刻根源与理由的。"[2] 因此,对"标准化"或"标准"问题有一个析辨,将促进我们建立起一种积极的休闲评价方式。

三、自主性评价

休闲评价旨在确立休闲的价值、功能和意义,使之成为合乎人的活动、行为和社会的生活方式。如上所说,休闲规范是必需的,而"休闲的标准化"往往又是异化的。这对如何评价休闲提出了难题。休闲以自由为本质特征,导向的是人的生活境界,但以制约为前提的休闲规范又是对休闲自由的一种否定。休闲评价就处在休闲的自由与休闲规范的不自由之间,这是一方面。另一方面,随着"经济化""体验化""审美化"的休闲时代的到来,包蕴在"休闲"之中的不单是经济、社会的问题,而且是道德的、美学的问题。这种现实与趋势要求休闲评价必须立足于社会学评价与美学评价之间,即在两者之间建立起一种规范性的、可能性的评价方式。因此,化解休闲评价的悖论,不能局

---

[1] 朱自清:《文学的标准与尺度》,广西师范大学出版社2004年版,第14页。
[2] 赵述谱:《试论术语标准化的辩证法》,载《中国科技术语》2008年第3期。

限于单一维度的考量,而必须同时建立在社会学与美学两者之上,或者说突破这两者的界限,从自由走向自主。

自主性是可以用于表明人的社会性格形成趋向的一个概念。人的自由首先是基于个体本身的自由,而它如果要达成,就必须摆脱外在的束缚,发展出一种自主性的社会性格。美国当代社会学家大卫·里斯曼(David Riesman)就论证了这种性格形成的途径。他建立了"传统导向""自我导向"和"他人导向"三个概念,用以标示美国社会的因人口变化而导致的历史特征,并相应地提出了三种社会时期。他所说的他人导向时期的人,是完全依靠他人的不断认可、支持来确定自我形象的;他的生活方向是由与他在年龄、阶级地位等方面相似的同辈群体来决定的;他的生活目标是随同辈群体的目标变化而变化的。20世纪以来美国人社会特性的变化过程,就是从自我导向变为他人导向的过程。他认为,正是"高度的自我意识"使得三种模式得以顺承,"自主性必然可以从他人导向型中有系统地发展出来"。他还特别分析了娱乐的地位问题,指出身份、地位、社交、教育、经济、娱乐专业化等的确造成娱乐能力的下降,但是这些障碍并不妨碍"他人导向者在娱乐方面具有各种潜力","人们在娱乐方面的潜力比耳闻目睹的还要多,这种潜力不像人们时常指责的那样被动、虚假和易受操纵"[1]。大卫·里斯曼的观点虽然具有政治上的偏向性(如主张权力结构的多元主义,与一些精英理论相对),但是对人的自主性能力的强调(特别是"恢复娱乐能力")这一点具有前瞻性。休闲娱乐的自由是一种存在的自由。这种自由并非是毫无拘束的自由,而是情境化的。只有在这种自由中,自主性才能保证休闲自由的真正实现。

自主性也是审美的"资本"。在一些西方美学家看来,审美是一种主体性活动,是一种特殊的体验。如康德把美(或审美)定义为"无功利的快感",把它当作是一种与科学、道德等相区别的、无直接目的的、非功利性的活动形式(见前述)。阿多诺(T. W. Adorno)则认为,审美

---

[1] [美]大卫·理斯曼等:《孤独的人群》,王崑、朱虹译,南京大学出版社2002年版,第289—292页。

是自治的,即它是建立在他治基础上而又与之形成区别的"社会形式"。他把艺术作为具有这种高度审美自治精神的代表:

> 艺术之所以是社会的,不仅仅是因为它的生产方式体现了其生产过程中各种力量和关系的辩证法,也不仅仅因为它的素材内容取自社会;确切地说,艺术的社会性主要因为它站在社会的对立面。但是这种具有对立性的艺术只有在它成为自律性的东西时才会出现。通过凝结成一个自为的实体,而不是服从现存的社会规范并由此实现其"社会效用",艺术凭借其存在本身对社会展开批判。[1]

可见,艺术具有双重特性:一方面割断了与现实的关系,另一方面维持了这种关系。这正是基于"一种介入艺术与自治艺术之间相互否定的持久张力",使得自治的艺术既具有了"政治运用",又避免了商品化的命运。阿多诺以这种审美救赎方式为现代思想抹上了"乌托邦"色彩。尽管这是耽于一种自律(自治)的艺术的自我满足的虚幻想象之中,但是开启了通往"生活艺术"的理想之门。从康德到阿多诺,他们都高度强调审美的自主性,这使得自主性不仅成为审美的本质特征,而且凸显其巨大的社会能量。在当代,审美具有改造现实、建构生活的意义。审美向日常的移位,并非只是浅显的、感性化的过程,而是同时伴随理性的运作过程。事实上,无论是一般的审美活动还是相对特殊的艺术活动,都不同程度地衍射着审美感性和审美理性的"灿烂之光"。审美感性以自然感性为基础,具化为秩序化的形式感性和意义化的象征感性。审美理性以审美感性为基础,同时包容、隐匿想象功能和自由价值的理性形式,也是能够诉诸直观的理性。它执着于审美活动之中的意义追问,是对生命存在的诗性智慧的表征。[2]因此,审美作为美学的要义,具有深刻内涵和形式表征;而以审美为导引,可以在一定程度上确保休闲的积极朝向。

---

[1] 〔德〕阿多诺:《美学理论》,王柯平译,四川人民出版社1998年版,第386页。
[2] 参见谭容培、颜翔林:《差异与关联:重释审美感性与审美理性》,载《湖南师范大学社会科学学报》2014年1期。

在社会学与美学之间,规范性的休闲评价必须引入审美(艺术)维度。审美作为休闲评价的依据,除有理论的佐证,还有文化的基础。英国当代学者奥斯汀·哈灵顿(Austin Harrington)在分析了19世纪西方生活方式之后指出:"审美评价同社会经济的不平等领域有关,同社会群体在休闲、生活方式、'习性'上的不同有关。"[1]可见,审美评价本身就是"休闲生活"的产物。尽管奥斯汀·哈灵顿否认"审美自主性"的普适性(不可能直接应用到历史上、世界上的其他社会),实用性(与人们的观察相抵触并是与社会无关的"超验主义"和除社会外再无其他有效性的"相对主义"),但是这并不意味着当今社会已失去了对审美的信任。在休闲活动中,存在着不同程度的异化现象,这损耗了休闲的内在价值、生命含量和审美品质,违背了休闲的伦理本性。抵制"异化"需要以"审美"为机制,唯此才能抵达人心的深处。强调这种以自主性为特征的审美评价,就是要引导人们回归到休闲的审美本性当中。休闲是"成为人"的过程,是人的价值的展现;休闲实践就是要发挥人的自主性。有鉴于此,可以设置这些建设性的议题:以趋向生活趣味为主的多种化的休闲目标,以融入群体性为主的多样化的休闲选择,以合理安排工作为目标的时间分配,以感情投入及动机、兴奋、兴趣等为诉求的休闲投入,等等。

四、关于"严肃休闲"

在关于休闲自主性的问题上,有必要说明"严肃休闲"(Serious Leisure)的必要。"严肃休闲"这一概念源自斯特宾思(R. A. Stebbins)。他在对业余音乐爱好者、业余运动员及热衷于人文学、艺术学的人进行研究之后发现:当人们从事"严肃休闲"时,参与这些活动在他们的生活中有核心的位置,故人们会把这样的活动当作需要特殊技艺、知识及经验的一种"事业"。李仲广等在《休闲基础学》一书中对此进行了介绍。他们指出:"严肃休闲"是展示人的能力、实现其潜能,

---

[1] [英]奥斯汀·哈灵顿:《艺术与社会理论:美学中的社会学论争》,周计武、周雪娉译,南京大学出版社2010年版,第95页。

并获得独特个性的主要途径之一;"严肃休闲"具有不懈地坚持、长期性、需要特殊的知识和技能、可获得持久性益处、参与者具有特殊的精神气质、强烈的兴趣等六方面的特征,分为业余活动、爱好追求和职业性志愿行为等三种类型。[1]

可以看出,"严肃休闲"至少具有这样三方面的特定内涵:第一,从对休闲活动的介入方式看,它是边缘的。"边缘"的意思是:介于随意休闲与严肃工作这两个极端之间的中间位置;参与者是整个休闲参与者的一个边缘群体。第二,从对休闲活动的投入程度看,它是专注的。投入指的是人们对特定的休闲活动产生的感情投入及动机、兴奋、兴趣等心理状态。休闲投入包含了愉快维度与核心性维度,即不仅把它作为喜欢的休闲活动,而且把这项休闲活动视为在自己的生活中占据核心位置的一项活动。根据这些维度,一个高度投入的休闲活动所产生的心理效应,与那些随意参与或为了他人才参与的活动的心理效应相比,显然是不同的。第三,从对休闲活动的选择态度看,它是自愿的。自愿与自主、自决等概念十分接近,都具有自由的含义。自主、自决都有独立于他人、根据自己的愿望作决定的含义。自决的休闲即能动的休闲,即在休闲活动中可以自我控制,能自由地根据自己的愿望去做。自主的休闲包括自我表达,以及能根据自己的兴趣而非出于对别人的考虑来决定如何做。自决与自主都可看做是不受限于社会所加的角色的自由,这也就是所说的自愿。

"严肃休闲"适用于描述女性休闲现象。卡拉·亨德森等认为,性别极有可能是影响休闲投入的一个很重要的因素。一项活动如果需要投入相当多的时间或金钱,往往成为主要是由男性参与的活动。很多女性会觉得自己没有足够的金钱或时间上的资源投入到这样的活动中去。于是,她们会寻找一些需要的投入较少、与她们对家里和对他人的责任更相适应的活动。当女性对特定的活动高度投入时,她们就会体验到自决、自主的休闲。对这样的活动的高度投入,也许不仅

---

[1] 参见李仲广、卢昌崇:《基础休闲学》,社会科学文献出版社2004年版,第235—236页。

关系到女性个人的赋权,而且还关系到她们的自我表达、自我效验感与自尊。作为女性,往往具有多重社会角色,例如母亲、妻子或女儿。女性在参与休闲活动时要受到这些角色的影响,这时她们能有体会到自主与自决的休闲的重要性。如做母亲的女性认为,自主就是能有一些休闲活动与体验,使自己能暂时摆脱对家庭的义务及跟家里人的交往。对于那些习惯于将别人的需要置于自己的需要之前的女性,自主自决的休闲成为赋权的一个重要方面。这就是用于抗拒限制性的性别角色,并以新的方式来思考自我及自我与他人的关系。[1]

"严肃休闲"适用于描述志愿性的活动或行为。如前已提到,这一概念本身就来自对业余活动、爱好追求、职业性志愿行为的分析。在奇克和伯奇(Cheek&Burch)看来,自愿行为具有特殊的表达意义,表现在两个方面:第一,它是基本组织中体现和影响个人身份结构的另一种装置。通过休闲体验,个人获得了在人生过程中不可或缺的符号沟通、角色模型、承担义务的表达、信任关系和社会纽带等社会系统。相比在学校和职场等正式装置场所,自愿行为更能典型地允许表达个人体验。休闲经常与放松管制相联系,也与高层次的情感交流、诙谐幽默、自我开放、娱乐趣味相融,以及与深度了解和情感凝聚相关的其他情感密集交流形式相洽。第二,自愿行为是心理获得和内在审美的一个重要案例。审美既是"对一般压力所采取的首选行动的反应",又是一种社会差异的标志,并提供了身份构成和人际关系的集体基础。审美文化对于主要人群的作用表现在:提供标准和传递身份的、连续的和稳定的标准价值;通过社会层级调节社会关系,围绕社会核心价值进行分层,形成个人身份和社会归属感。在这种意义上说,审美即是对社会分层和身份象征的模糊。[2]

在未来社会,工作机会、工作时间都将大幅度减少。为了展示自我,人们将越来越增加对休闲的探索。这需要在有限的工作范围内或

---

〔1〕参见〔美〕卡拉·亨德森等:《女性休闲:女性主义视角》,刘耳等译,云南人民出版社2000年版,第132—133页。

〔2〕参见〔英〕罗杰克:《休闲理论原理与实践》,张凌云译,中国旅游出版社2010年版,第47—48页。

在工作之外获得休闲契机。有人预测,拥有一处集休闲、商务及社交环境为一体的第二办公场所,在不久的将来成为中国商界的一种时尚。[1] 这是一种借助空间的方式而达到的休闲。这种空间也可以理解为人的身份规定。身份具有稳固的因素,但这并不意味着身份就是固定的、单一的。一个人可以拥有多个身份,也可以在不同场合持有同一身份。人的行动具有内在的动态性和灵活性。这就需要在尽管受背景和地位影响之时仍能产生身份平衡(identity balance)。事实上,作为因个人形成的独特机制,身份平衡在个人履历和与此相关的休闲轨迹中,可以经历有意义的变化。这些变化可能来自个人表达、社会地位等各种因素。因此,有人把工作之外的大量时间投入业余活动当中,并表现出对休闲的坚持不懈,这是可以理解的。总之,"严肃休闲"将成为必然的趋势和必定的选择,甚至发展为群体性特征,而不仅仅只是个别人的选择。

第四节 休 闲 方 式

休闲改变生活方式(lifestyle)。随着休闲观念的深入人心,人们越来越注重休闲的生活方式。休闲不再被认为只是劳动、工作之余供自己支配的闲暇时间,或自由支配的自由活动,而是被认为跟从时尚、表达自我、彰显个性的生活追求。这种变化包含着人们的"生活态度、生活信仰、生活行为的改变",即将休闲作为"一种新的生活方式"来看待。[2] "新"是相对"旧"而言的。陈旧的生活方式不仅是落后于时代的生活观念的体现,而且必将阻碍新的生活观念的建立。休闲是一种可以改变生活方式的力量,"休闲为转变的实现,提供了绝佳的机会"。[3] 不仅如此,休闲本身就可以作为生活方式。因此,通过深入

---

[1] 朱黎丽:《总裁第二办公空间引爆社交模式革命》,载《中国经济导报》2007年4月26日B04版。
[2] 马惠娣:《走向人文关怀的休闲经济》,中国经济出版社2004年版,第14页。
[3] [美]克里斯多夫·爱丁顿、陈彼得:《休闲:一种转变的力量》,李一译,浙江大学出版社2009年版,第114页。

理解"生活方式",并从美学层面确立、建构一种休闲评价观,这将为当下人们自觉追求高品质的休闲生活提供既合理又合情的依据。

一、休闲的态度

什么是"生活方式"?《哲学大辞典》这样解释:"生活方式,狭义指个人及其家庭日常生活的活动方式,包括衣、食、住、行以及闲暇时间的利用等。广义是指人们一切生活活动的典型方式和特征的总和,包括劳动生活、消费生活和精神生活(如政治生活、文化生活和宗教生活)等活动方式。"[1]这里是从狭义和广义两个方面界定,是对"生活方式"这一概念的一种初步明确。就概念的特征而言,它又是抽象性与具体性的统一。"生活方式"具有抽象性,指的是它是对人的全部生活活动的概括。人的生活活动是丰富多样的,可以区分为日常的与非日常的,而这两种活动又统一于人的整体性活动当中。"生活方式"又总是体现为休闲、劳动、消费、精神、宗教等各种生活形式,正是这些具体的形式也共同构筑起人的生活活动整体。可见,"生活方式"作为一个综合性概念,为我们依据涵义的度值进行区分、描述休闲活动提供了方便。

在现实生活中,休闲方式是多种多样的,我们亦可以区分为广义的休闲和狭义的休闲两种。广义的休闲指的是与休闲活动有关的一切现象和关系。狭义的休闲指的是具有典型性、特征性的各种具体休闲活动,如旅游观光、度假休养、享受美食、体育健身、节日喜庆、文化娱乐、宠物养殖、园艺活动、美容美发、珍品收藏、社会交往、网络漫游、学习研究、艺术创造、文化欣赏等。在此基础上,我们又可以依据不同的标准划分休闲类型。根据时间及空间的特点,可以分为动态休闲和静态休闲、长时间休闲和短时间休闲、偶尔休闲和经常休闲、户内休闲和户外休闲等4类8种。[2]根据活动场所和活动性质的不同,可以分为自家发展型、自家消遣型、外出发展型和外出消遣型等4类。[3]根

---

[1] 冯契主编:《哲学大辞典(修订本)》(下),上海辞书出版社2001年版,第1330页。
[2] 张勃:《面向新时代的休闲场所设计》,载《华中建筑》2000年第1期。
[3] 刘志林等:《深圳市民休闲时间利用特征研究》,载《人文地理》2000年第6期。

据社会交往的规模大小,可以分为独处型、亲朋型、群体型和大众型等4类。[1] 根据活动的性质,可以分为接受教育、从事创作、参加健身、进行娱乐、外出旅游、体验刺激、参加社会公共服务等7类。[2] 据此或者分为大众传媒及阅读(看电视、听广播等),社会交往活动(走亲访友、约会、与人聊天等),各种娱乐和爱好活动(看电影、玩电脑、养花鸟语虫等),休闲学习和教育活动(自学、上网获取信息等),从事有收入的活动(炒股票、咨询等),参与社会工作或公益活动,其他休闲活动(从事宗教活动等)6类。[3]

应当说,依据不同标准划分休闲类型,这是描述休闲活动特点、揭示休闲存在意义的一种方式。但是任何的划分都要以能够更好地应对变化为前提。无论是人的生活领域,还是休闲观念,它们都不是固定不变的,而是经常发生变动的。随着科技的进步、社会联系的增多、社交范围的扩大,人的生活领域将逐渐突破固有的范围而向周边渗透。不仅如此,它还不断地从原有的生活领域中独立出新的生活领域。因此,人的生活领域是庞杂的结构,看似有限实则无限,充满各种可能。相对于非休闲的生活领域而言,休闲的生活领域是相对特殊的一部分。但是后者又以前者为基础,否则就失去其在人的全部生活领域中的地位和意义。如工作与休闲,它们是人的生活领域中彼此依赖的两大组成部分。现代工作制度,它的建立主要是出于保护工作的需要,但是为了更好地工作,捍卫人的工作权益,提倡休闲同样不可缺少。因此,两者的关系并非决然对立。如人的消费行为,它的发生起初只是为了满足低级的物质需求。但是在物质需求满足之后,这种行为就会从自身溢出,成为符号性活动方式。此时人的消费对象就不再是单纯的物质,而是用于满足人的欲望的精神。因此,透过制度、行为,我们可以发现生活方式又是极为相对的、易引发主观性评价的,乃

---

[1]〔美〕约翰·R.凯里:《解读休闲:身份与交际》,曹志建、李奉栖译,重庆大学出版社2011年版,第16页。
[2] 楼嘉军:《休闲初探》,载《桂林旅游高等专科学校学报》2000年第2期。
[3] 王雅琳主编:《城市休闲:上海、天津、哈尔滨城市居民时间分配的考察》,社会科学文献出版社2003年版,第51—52页。

至产生争议的。正如一个人在日常生活方面十分讲究,但是他的劳动、工作态度十分消极,在精神生活方面也极不充实,我们就很难认定他的生活方式是合理的。

生活方式反映了"一个人的活动、兴趣和意见"。[1] 作为生活方式的休闲,它是人的一种生活态度的体现。正如约翰·卢伯克(John Lubbock,1887)所说:"时间对于每个人都是均等的,只有懒散的人才抱怨找不到时间去做自己想要做的事。事实上,只要你想做,时间一般总是会找到的。问题不是时间,而是你的态度。能够享受休闲时光意味着我们有选择工作的自由,而不是用来无所事事的。"[2] 因此,有些学者主张把休闲生活方式划分为积极的与消极的两类。如魏小安指出,休闲是人们对闲暇时间的利用方式,是一种新的社会生活方式。休闲作为一种生活方式,强调的是身心放松,是提高生活质量、充分展现个性和自我价值的实现,其具体表现形态是多种多样的。他根据社会认知把休闲娱乐分为积极休闲和消极休闲两种:积极休闲就是主动性休闲,个体在这个过程中成长(旅游、度假、文体活动、出外看电影、吃顿饭、逛逛街等);消极休闲是被动休闲,或者是没有意义的纯粹消磨时间,就是所谓闲极无聊的闲(喝大酒、睡懒觉、打麻将等)。[3] 也有学者做了更为细致的划分。如俞晟从休闲活动的角度分为积极被动型(观看比赛、表演等)、消极被动型(泡酒吧、睡懒觉等)、积极能动性(参加比赛、表演、俱乐部、学习等)和消极能动型(赌博等)4种。[4] 从认知、情感、态度等角度审视休闲,应当说能够比较准确反映休闲作为生活方式的特征。一方面,多元化的现代休闲生活,已经成为当下社会生活的常态现象,只要能够获得休闲情趣的各种生活方式都可以称之为休闲。另一方面,基于职业选择、工作观念、个人兴趣、社会条件等方面的考虑,人们都会选择属于自己的休闲生活方式,从而丰富

---

[1]〔美〕Aaron Ahuvial、阳翼:《"生活方式"研究综述:一个消费者行为学的视角》,载《商业经济与管理》2005年第8期。
[2]〔英〕约翰·卢伯克:《人生的乐趣》,薄景山译,上海人民出版社2008年版,第51页。
[3] 魏小安:《大玩特玩》,载《商业文化》2010年第4期。
[4] 俞晟:《城市旅游与城市游憩学》,华东师范大学出版社2003年版,第21页。

个体生活。可见,影响休闲生活的选择和追求的因素很多,这些因素必然导致不同的休闲效果,产生多样化的休闲方式。

关于休闲方式的类型划分,除上述所提之外,还有一些值得注意。从文化理论和认识观看,可以划分为消遣型、健康娱乐型、个人价值增值型、创造财富型、堕落休闲型(详见本书第一章第一节)。从活动的角度,还可以划分为娱乐性活动、健身性活动、交际性活动、开放式的社会化的学习活动、提高主体社会化能力活动。从行为的角度,还可以划分为积极性行为:艺术追求(美学修养、文学创造、哲学思考)达到自在,教育学习(业余研修、社团活动、终身学习)进行提高,娱憩活动(旅游、园艺、阅读、健身、体育)实现放松;消极性行为:自我放纵的叛逆(吸毒、赌博、放荡、色情、暴食);蓄意破坏的沉沦(涂鸦、损坏公物、斗殴、虐待);犯罪危害的自虐(谋杀、抢劫、暴力、强暴、伤害)。从主体消费的角度,可以划分为保健性休闲消费、美容性休闲消费、餐饮性休闲消费、娱乐性或消遣性休闲消费、情感性休闲消费、知识性或益智性休闲消费、综合性休闲消费。按休闲供给的渠道,可以划分为自给性休闲和社会供给性休闲,前者指的是自我供给的休闲活动,如听音乐、阅读、打扑克或麻将;后者指的是政府公共部门提供的非营利性的休闲设施和服务,如博物馆、美术馆、科技馆、公园、图书馆、电视台等,商业供给性休闲则是指对商业部门提供的,以营利为目的的休闲产品、设施和服务的消费。[1]

二、选择的问题

丰富多样的生活方式反映了人追求自由的本性。马克思说:"个人怎样表现自己的生活,他们自己就怎样。"[2]每个人都有选择的自由,都可以遵从自己的需要、意志而积极追求生活;而人一旦认定一种生活形式,也就在一定程度上实现了自由。作为一种生活方式,休闲

---

[1] 参见李益:《近年来学术界关于休闲问题的研究综述》,载《广西社会科学》2003年第1期。
[2] 〔德〕马克思:《德意志意识形态》,见《马克思恩格斯全集》第3卷,人民出版社1972年版,第24页。

内含了人的自由精神。卡普兰(Kaplan)说:"一个人的消闲方式,说到底,就是他对生活的选择。"福勒斯代说:"一个人选择自己的闲暇(方式),也就是选择自己的生活(方式)。"[1]马惠娣说:"选择休闲的形式,实际是对生活方式的选择。"[2]作为生活方式,休闲就是选择。"选择"本是反映主体与客体关系的一个哲学范畴,指的是"主体在与客体的相互作用过程中,主体根据其自身的存在现状、目的需要、价值尺度对依据主体活动而存在的事物的多种可能性关系进行分析、比较、抉择的行为过程"。[3] 从根本上说,选择是作为主体的人的一种积极能动、自觉自由的本质力量的表现。在包括人的思维过程在内的一切活动过程当中,都存在"选择"这种本质力量。当然,它最为重要的存在场域是人的实践行为过程。作为选择的休闲生活方式,包含着从内化到外显的三个层面:

其一,核心化。

生活方式是与心理活动息息相关的范畴。只有当个体意识到一种生活方式对于自身具有价值的时候,它才能真正成为主体的选择对象。作为生活方式,休闲是人的态度和价值观念的反映和折射。面对工作压力或是失业给人带来的单调乏味,许多人都会在闲暇时间中寻找一些能给自己带来回报或快乐的活动。塞夫指出:一种业余爱好,或如运动、听音乐、与亲朋好友一起消磨时间,或外出吃喝之类的活动,它们能够导致自我发展或个人满足。他把这类活动称为"中介性"(intermediary)活动。[4] 法国社会学家格雷和格雷本(Gray & Gerben)指出:"娱乐是从人的幸福和自我满足的体验中产生出来的个人的情感状态,它具有优胜、成就、兴奋、成功、个人价值和喜悦等情感特征。娱乐能增强人们的积极的自我想象。娱乐是对审美经验、个人实现或

---

[1] 黄德兴等编:《现代生活方式面面观》,上海社会科学院出版社1987年版,第152页。
[2] 马惠娣:《走向人文关怀的休闲经济》,中国经济出版社2004年版,第14页。
[3] 柳卫东:《关于选择问题的哲学思考》,载《新东方》1997年第2期。
[4] 参见[英]伊恩·伯基特:《社会性自我:自我与社会面面观》,李康译,北京大学出版社2012年版,第179页。

从别人那里获得肯定反馈的一种反应。"[1]他们都把闲暇娱乐当作具有重要功能和意义的活动。而把休闲当作生活方式，就是把它当作是核心利益看待。正如费尔德曼和希尔巴尔（Feldman & Thielbar, 1971）所说："生活方式反映了一个人的核心生活利益。许多核心利益塑造了一个人的生活方式，比如家庭、工作、休闲和宗教等等。"[2]正是由于休闲具有各种功能、意义，才使之成为人的选择的重要原因。如美国当代学者珍克雷克评述了工作时装化和娱乐（休闲）两种主题。他将服装作为理解现代消费者自我感觉的关键，突出了时装系统的多样化变化和时装作为社会情境中身体实践的特点（详见本书第四章第三节）。时装作为一种时尚和休闲方式，它的变迁深刻凝聚着人的意识的重新觉醒，是对自身利益的关切，是自我意识下的产物。

其二，行动化。

人的生活领域是十分广泛的，人对生活方式的追求自然也是多样的。但是，人所追求的生活方式并非完全平衡，至少有主次之分。作为选择的休闲，就是避免把休闲边缘化，把它作为核心利益并付之行动。行动就是对休闲之快乐的追求、享受和创造。中国人追求休闲的境界，即以随时即景、就事行乐为法，如扫地、静坐、读书、饮酒、赏花、玩月、观画、听鸟、狂歌、高卧。[3] 李渔的《闲情偶寄》所介绍的也就是听琴观棋、看花听鸟、蓄养禽鱼和浇灌竹木。这些看似极不考究之"行"，实乃自觉之行为。朱光潜说："愁生于郁，解的方法在于泄；郁由于静，求泄的方法在于动。"以动止静，可以保持人的身心平衡，还人生以快乐。故他提出建议：人在闲愁的时候要多打网球、多弹钢琴、多栽花、多搬砖弄瓦，或者谈谈笑笑、跑跑跳跳。[4] 中世纪人追求一种放诞的行为。拉伯雷在小说《巨人传》中对如何吃、喝、吸纳和节庆的"筵席形象"进行了大力描写，展示了中世纪人们的狂欢化生活。凡勃

---

〔1〕 转引自〔美〕亨德森：《关于闲暇与教育融为一体的各种观点》，柳平译，载《现代外国哲学社会科学文摘》1986年第2期。
〔2〕 转引自〔美〕Aaron Ahuvial、阳翼：《"生活方式"研究综述：一个消费者行为学的视角》，载《商业经济与管理》2005年第8期。
〔3〕 参见何新波：《休闲如此简单》，海天出版社2008年版，第279—282页。
〔4〕 朱光潜：《谈动》，见《朱光潜全集》第1卷，安徽教育出版社1987年版，第12页。

伦所说的"明显有闲"是一种建立在物质、金钱基础上享有优势的阶级的"炫耀"身份的特定方式。人都有表达的需要和需要表达的方式,而这可以通过休闲达到。"休闲就是对感知可能性的某种实现,而不仅仅是感知本身。休闲是行动,而不仅仅是伴随而来的感觉状态。"[1]休闲的深刻性在于它是在不断突破个体的身心限制、个人与社会的缠绕而追求自由的过程。当社会普遍出现这种追求的时候,它会导致社会生活方式的整体转型。如自20世纪80年代以来,中国社会生活方式发生了"由依附型转变为自主型""由封闭型转向开放型""由僵固型转变为不断变革型"[2]的巨大进展。这种变化就内含着包括休闲在内的一切力量性因素的作用。

其三,形式化。

把休闲作为核心利益并付之行动,其实离不开物质的基础。休闲具有物质本性,但与一般日常行为相比,这种本性又具有形式化特点。在生产力低下的情况下,人类的物质需求主要依靠大自然的馈赠;而在生产力得到发展之后,这种依赖程度逐步减少,人类可以按照自身条件和需要进行物质创造。虽然人类对物质的需求有一个从匮乏、满足直至盈余的过程,但是这并不代表人类能够完全脱离开物质生活,而是表明人类对物质需求的态度发生了转变。那些最普遍存在的物质,有时被视为庸俗、低级的东西,甚至被刻意抹除、忽略。在高度现代性的条件下,商品可以无限度复制,任何事物都可以繁殖,消费成为普遍的公理。人类对物质的需求将转向符号性的需求。诚然,休闲主体需要物质维持生命,休闲物也往往离不开物质的内容。但是物质并非决定人的休闲意识、行为发生的充分条件。人对物质需求的变化将溢出物质本身,终而导致生活方式的改变。英国当代著名社会学家安东尼·吉登斯继承了马克斯·韦伯的遗产,后者曾用"生活风格"概念描述上层社会或特权阶层的一种"地位"。安东尼·吉登斯指出,现代性一方面使个体遭遇各种复杂的、无原则的选择,另一方面则是出于

---

〔1〕〔美〕约翰·凯利:《走向自由:休闲社会学新论》,赵冉译,云南人民出版社2000年版,第66页。

〔2〕 王玉波:《中国社会生活方式转型取向》,载《社会学研究》1995年第4期。

"持续的本体安全感"的需要而皈依"总体性的生活风格"(lifestyle)。他说:"个体投入的多少统一的实践集合体,不仅因为这种实践实现了功利主义的需要,而且因为它们为自我认同的特定叙事赋予了物质形式。"[1]现代性既导致一种生活方式的存在陷入窘境,又成为新的生活方式形成的契机。这样,个体的认同方式也会逐渐从功利性转向审美性,终将表征为人与物谐、人与人谐,身心统一为境界的和谐形式。此外,消费化场景的典型之体现就是物质形式化。"我们处在'消费'控制着整个生活的境地。所有的活动都以相同的组合方式束缚,满足的脉络被提前一小时一小时地勾画了出来。'环境'是总体的,被整个装上了气温调节装置,安排有序,而且具有文化氛围。这种对生活、资料、商品、服务、行为和社会关系总体的空气调节,代表着完善的'消费'阶段。其演变从单纯的丰盛开始,经过商品连接网到行为与时间的总体影响,一直到内切于未来城市的系统气氛网。"[2]出现在法国当代社会学家波德里亚《消费社会》一书开篇的这段描写极具代表性。

三、合理化途径

生活方式的实质就是回答"人应该怎样生活"的问题。"作为科学范畴,生活方式是指在一定社会客观条件的制约下,社会中的个人、群体或全体成员为一定的价值观念所制导的、满足自身生存发展需要的全部生活活动的稳定形式和行为特征。"[3]稳定性作为生活方式的特征,无疑是合理化的结果和体现。把休闲作为一种生活方式看待时,即意味着休闲就是合理的。但在现实中,休闲成为具有普遍意义的合理的生活方式,需要大众化的社会基础,需要休闲的观念、价值深入人心,以及休闲作为需求渐成趋势。当然,把这些价值、需求作为确定的选择物,并付诸行动,毕竟还需要突破各种条件的制约。唯其如

---

[1] [英]安东尼·吉登斯:《现代性与自我认同》,赵旭东、方文译,三联书店1998年版,第92页。
[2] [法]波德里亚:《消费社会》,刘成富、全志钢译,南京大学出版社2000年版,第5页。
[3] 王雅林:《生活方式概论》,黑龙江人民出版社1989年版,第2页。

此,才能让休闲这种"应该"的生活成为实际的生活。在当代,休闲因素已广泛渗透到日常生活、文化、经济等各种领域,休闲的作用也愈益明显。着眼于生活方式的积极意义,我们必须从多种途径促使休闲合理化。由于休闲作为一种活动,它的展开涉及对象、主体、依据等各个方面,以下也据此说明。

其一,提供资源保障。

丰裕的休闲资源是实现休闲生活的重要保障之一。自然、人文、历史文化知识等是最为人们熟知,也是极为方便获取的休闲资源。这些资源大部分是有形的。但在休闲资源中,还存在时间这种无形之物。休闲的基本含义就是闲暇时间,即劳动、工作之外的非限制性时间,亦称"自由时间"。"自由时间,可以支配的时间,就是财富本身:一部分用于消费产品,一部分用于从事自由活动,这种自由活动不像劳动那样是在必须实现的外在目的的压力下决定的,而这种外在目的的实现是自然的必然性——或者说社会义务,怎么说都行。"[1] 马克思将这种时间当成"财富",而弗里德曼(Milton Friedman)称为"源泉"和"潜在力量":"闲暇时间是社会结构中某种变化,某种新的规范,新的社会关系的源泉,它所带来的新的价值观有助于引导个人和社会集体在时间分配上的意愿和选择,作为一种社会时间,它有着改变生活方式的巨大的潜在力量。"[2] 总之,时间在休闲中具有极为本质和隐秘的色彩。特别是在今天,时间将变得日益稀缺,越来越成为被争夺的对象。因此,要使休闲成为一种生活方式,必须要有时间这种稀缺性资源的保障。从休闲与工作的关系看,除优化工作环境之外,这种实现还必须重视对时间资源的理性配置。此外,还可以通过发展新的媒介艺术拓展闲暇时间(详见本书第一章第三节)。

其二,提高责任信度。

从某种意义上说,休闲就是一种责任。法国作家莫洛亚(André

---

[1] 〔德〕马克思:《资本论》,见《马克思恩格斯全集》第 26 卷第 3 册,人民出版社 1972 年版,第 282 页。

[2] 转引自沈建国:《论闲暇对人的个性发展的价值》,载《南京大学学报》(哲学社会科学版)1993 年第 1 期。

Maurois)认为,休息是一个过度疲劳、急需休息而不会做出任何实效工作的人的"责任";而一个健康的活跃分子不应该因离开工作而烦闷不堪,也不应该关在房里犹如困兽而辗转不定,而应该学会利用闲暇的时间,在演戏、种花、狩猎等"以逸代劳"的活动中使肌肉和神经获得运动,在各种业余爱好中获得成功的喜悦,还可以借助游戏、戏剧、旅游等方式获得更好的休息。[1]虽然莫洛亚将休息只是视作个人工作的一部分,但是这种关怀精神是人在社会生活中必须具有的,毕竟丰富多彩的社会文化需要主流生活方式引导。休闲的自由并非是绝对的,如果在休闲中漠视责任,就可能陷入思想紊乱、道德伦理失范以至整个社会杂乱无序的困境。当今世界科技、信息化及社会福利的发展使人们的生活变得前所未有的便利与舒适。阿尔文·托夫勒(Alvin Toffler)指出,"第三次浪潮"的文明创造出"全新的生活方式":"可以成为世界史上第一次真正的人类文明","比现代文明更杰出的更民主的文明"。它是"实际的乌托邦","承认人的个性",包括多样性,"与生态系统保持较好的平衡,而不是像以往那样依靠剥削其他世界的危险的文明"。[2]但是这种未来也包含着极其深刻的隐忧,即全球化、技术化、信息化会滋长过度消费、功利短视、颓废消极等负面情绪。"新文明"就是一把"双刃剑":一方面带给人类便利、满足和愉悦,另一方面不可避免地造成生活节奏加快、环境变化加速、社会矛盾增多、人际关系紧张、心理压力增大、观念冲突、价值多元、道德失范等各种现象。当代休闲生活也是在这样矛盾的语境下形成、展开和向前。提高休闲责任的意识并使其变得更加可靠、真实,无疑是一种迫切的时代要求。

其三,提升审美素养。

从提高休闲质量、水平的要求看,强调哲学或美学上的依据是必要的。古希腊哲学家的探索经验已表明:"哲学是一种转换,是一个人

---

[1] 参见〔法〕莫洛亚:《生活的艺术》,王辉等译,三联书店1986年版,第98—102页。
[2] 黄德兴等编:《现代生活方式面面观》,上海社会科学院出版社1987年版,第51页。

的存在和生活方式的改造,是一种对智慧的探索。"[1]只有从哲学这一最高层次上把握休闲,才能发展和彰显人的本质特征。毫无疑问,一个人如果能力越强,素质越高,就越能突破时空的制约,越能与生活事物发生多方面的联系,建立起越是丰富多样的各种可能性关系,也就越能更有效地把握和作用对象。这是一个与主体紧密相关的"选择"问题,也使我们更清楚地意识到培养、发展、完善主体自身的重要性。而审美恰恰具有这种突破限制的超越作用。当代休闲生活方式不仅已经超越领域之分,而且趋于个性化、多样化。像旅游观光、健身运动、品玩藏物、游戏娱乐、雅俗艺术欣赏、时尚消费等都是十分流行的休闲方式。甚尔在个人休闲与群体休闲之间也具有密切关系,如个人时尚能带动社会流行趋势,反之亦然;而一些民间、法定的节庆活动则能为普通民众提供更多参与休闲的机会。各种休闲方式都有利于人的身心健康和生活品质的提高。但是,真正要转换并生成一种休闲生活方式,不仅要"身"入,而且要"心"入。因此,除提供良好的资源保障、提高责任信度之外,还特别需要在休闲时具有发现美的"眼",体会美的"心"。这样,提升休闲主体的审美素养就十分重要。

以上三方面要求,总的趋向是把"休闲生活方式"置于"美的情境"进行审视。美学在当代已经不是传统的抽象型形象,而更多地与我们生活结合,甚至就是生活本身。有鉴于此,美国当代著名美学家阿诺德·伯林特(Arnold Berleant)这样建议:"大范围地运用美学,从而使现代生活方式是如何和在哪里具有缺陷的更显而易见。因为如果大量的可能美的情境随着艺术的开放、美学感知的扩展以及我们日益增长的对自然和人工环境的感知而增加,我们同时就容易被美的缺乏而蒙蔽,这种缺乏正是由于对经济价值独有的崇拜而造成的。否定美学的普遍深入,即否定美学存在于绝大多数的建筑、房屋设计、城市环境、激发商业灵感并使之庸俗化的乡村之中,这就促使我们更加努

---

[1]〔法〕P.哈道特:《作为一种生活方式的哲学》,李文阁译,载《世界哲学》2007年第1期。

力寻找我们所欣赏、享受的美。"[1]可见,休闲的美在于生活,在于理想,此亦休闲之所以能够成为当代人重要生活方式的价值、意义所在。

四、关于"生活品质"

2007年年初,浙江省杭州市发布了"生活品质之城"的城市品牌,成为国内第一个真正从城市营销战略意义高度来建构城市品牌的城市。所谓的"生活品质之城",具有这样的内涵:

> "生活品质"是杭州最显著、也是最被认可的特点。在杭州方言中,"做生活"就是"做工作","生活"一语双关,既包括日常生活,又包括工作创业,生活与工作、创业是同一个词,生活品质也就是创业品质、工作品质。另外,城市品牌中的通用连词"之"在杭州城市品牌中也有另一层含义,可以理解为"之江",这就把杭州座落在"之江"江畔这一地理位置表达了出来,"之城"也就是"杭城",并展现出以钱塘江为中轴线的城市发展新格局。杭州的城市形态过去用一句话来概括,就是"三面云山一面城";今后用一句话来概括,就是"一江春水穿城过"。[2]

不仅如此,这一城市品牌能够体现"传承性与时代性""整体性与独特性""大众性与品位性""平常性与震撼性""简洁性与整合性"5个统一的特点。相比于"幸福城市""宜居城市"等称谓,"生活品质之城"显然更胜一筹。应该说,这一城市品牌的提出,很好地突出了杭州城市的特点,传播了杭州城市形象,特别是对于人们追求健康生活、幸福生活具有积极的引导作用。此后,杭州市又推出了生活品质评价"杭州指标",把努力追求可持续的生活品质作为这座城市的建设和发展目标。该指标具体由经济生活品质、文化生活品质、政治生活品质、社会生活品质、环境生活品质5大维度、20个指数、50项指标组成,内

---

[1] [美]阿诺德·伯林特:《美和现代生活方式》,吴海伦译,见《美与当代生活方式:"美与当代生活方式"国际学术讨论会论文集》,陈望衡主编,武汉大学出版社2005年版,第10页。
[2] 王国平主编:《生活品质之城:杭州城市标志诞生记》,中国美术学院出版社2008年版,第10页。

容极其丰富,几乎涵括了影响人们生活水平和质量的一切因素[1]。从品牌发布到评价指标的建立,杭州市是真正在落实、实施这项举措。

　　这里着重就"生活品质"概念做进一步的解释。如果说"生活品质"是"生活品味"和"生活质量"两词的合成,那么我们就必须首先对它们分别进行解释。"生活质量"是一个源自西方的概念,其英文为 quality of life,或译为"生活素质""生命质量""生存质量",等等。这一概念曾先后用以描述福利的非经济方面(Pigou,1920)、"精神健康和幸福"(Gurin et al,1957)、"生活幸福的总体感觉"(Campbell,1976),等等。从认识论和方法论的角度看,它至少有三种理解维度:社会学的(与一系列规范的宗教、哲学和社会理念密切相关)、经济学的(与经济人的选择和偏好有关)、主观感受的(与个体对于生活快乐的主观评价相关)[2]。从用语习惯看,生活质量是基于生活水平而言。一般地说,生活水平回答的是为满足物质、文化生活需要而消费的产品和劳务的多与少,而生活质量回答的是生活优劣问题。生活质量虽以生活水平为基础,但两者侧重点不同。这里还存在人们对经济与生活要求的关系认识的问题。经济的快速发展,必然相应地提出新的生活要求。在过去,以经济发展为核心和以提高生活水平为目标,生活质量纯粹等同于物质需求即生活水平,这样生活水平提高即意味生活质量的提高。而在当今,人们对生活质量的要求,不仅包括物质生活需求的满足,而且包括追求精神文化需求的满足。这些满足包括人的物质福利、消费、健康、教育、社会保障、社会公正、公共安全、环境、闲暇、居住环境等方面的客观上"量"的增加,此外就是人的个体感受层面。因此,生活水平的提高的过程也是迫切要求生活质量也得到相应提升的过程。"对生活质量进行考察,是落实以人为中心的发展观的具体体现,是衡量和检验生活水平与发展程度的现实标准,也是说明一个国家或社会现代化程度的重要尺度。现代社会的发展已经

---

　　[1] 参见王国平主编:《生活品质蓝皮书:2007 生活品质评价年度报告》,浙江人民出版社 2008 年版,第 45—46 页。
　　[2] 中国经济实验研究院:《中国城市生活质量报告 2012:高生活成本拖累城市生活质量满意度提高》,社会科学文献出版社 2013 年版,第 9—10 页。

越来越重视生活质量问题。现代化的进程不仅是整个社会进步和发展的过程,同时也是每一个个人发展和进化的过程。"[1]从近年来使用趋势看,健康状况、主观幸福感、生活满意度、自我实现等术语成为解释生活质量的关键词,这反映出人们越来越把对生活质量的追求建立在一种主观体验的基础上。

"生活品味"是用于反映生活能力的一个概念。"品味"一词的英文是 taste,它的意涵经历了从身体(感觉、触摸)到隐喻(辨识力、鉴赏力)的变化。英国学者雷蒙·威廉斯将它视为一个"抽象化"概念:"通过字母的大写将'人的才能'化约为一个普遍的优雅特质","远离了主动的身体意涵,转为与某些习惯或规范的获得有关。而现在该词的不能够与消费者分开来谈,都与运用与展现其鉴赏力的假设有关。"[2]高宣扬指出:"'品味'并不只是舌头上的味觉,而是对于美的对象的感性、知性、理性、情感、意志以及各种人性能力的综合性复杂判断活动,在这个意义上说,它固然应该成为审美的主观表现,同时,它也是人类生存的主要能力的体现。"[3]可见,"品味"本身是一个极具美学色彩的概念。在中文里,"品味"[4]一词多与"审美"关联,称为"审美品味""审美趣味"或"审美情趣":"是人对自然美、社会美、艺术美的审美情趣、爱好、态度和习惯。是人的思想、理想、情感、性格、气质、能力在审美上的体现。它在审美实践、艺术熏陶和美育中逐步形成与发展。审美趣味的异同,导致审美注意、选择、评价的差异性与共同性。正是这种异同,在一定程度上体现了一个人的情操、品位、文化层次、精神修养。"[5]把品味与生活联系起来,就具有了作为某种生活

---

[1] 刁永祚:《消费结构与生活质量》,首都师范大学出版社 2011 年版,第 31—32 页。
[2] [英]雷蒙·威廉斯:《关键词:文化与社会的语汇》,刘建基译,三联书店 2005 年版,第 480—482 页。
[3] 高宣扬:《福柯的生存美学》,中国人民大学出版社 2005 年版,第 384 页。
[4] 在汉语里,"品味"与"品位"是同音词,两者极易混淆。《现代汉语词典》这样解释:"品位:矿石中有用元素或它的化合物含量的百分数,含量的百分数愈大,品位愈高";"品味:尝试滋味,仔细体会,可进一步简化为'品尝'二字"。应当说,两者在词法上是有区别的,"品味"可作动词,而"品位"只作名词使用,或可引申为事物的价值位别或人的修养程度。
[5] 罗晓明:《大思想:人格本位》,上海文化出版社 2006 年版,第 335 页。

标准或行为准则的指向。所谓"己所不欲勿施于人"(《论语·卫灵公》),所蕴涵的是处理人际关系的重要原则:人应当以对待自身的行为为参照物来对待他人。无论行事还是处世,人必须依据自己的偏好,在完全自愿的基础上并且以不侵害他人意志为前提。扩而言之,各种生活活动都需从个人出发,个人才是其满足程度唯一的和最终的判断者。即就社会或经济的发展而言,它的核心目标仍在于满足人的需求水平,提高人的生活层次。因此,"生活品味"概念具有美学与道德的双重意味。

"生活质量""生活品味"都是具有综合性的概念,都着重反映人的生活水平、层次。而将两者合并而成的"生活品质"概念,无疑更具包容性,更能全面反映人的生活状况及问题。正如有学者指出:"与生活质量相关的不仅有物质生活的标准问题,还有什么使生活变得有价值、有意义的问题,即什么样的生活是好生活的问题。"[1]如此看来,"生活品质"能够成为满足衡量人的生活质量的一种观念标准。这种观念标准既关注人的生存环境的客观因素,又关注人对客观环境的感受即主观情感。所谓的主观情感主要是审美情感,也就是如何让人感到生活的幸福,如何让人能够获得心灵的自由解放。因此,生活品质就是一种品质生活的追求,它反映人们享受物质、文化发展的水平和对于这种享受的主观感受与满意程度。具体地说,生活品质包括客观的和主观的两种。客观的生活品质即生活质量,既指经济发展水平及其给人们带来的经济收入,又指在经济社会发展基础上获得的包括公共服务和基本公共服务在内的服务。主观的生活品质指的是人们对于客观的生活质量的主观感受和满意程度。两种生活品质共同构成完整意义上的生活品质,缺一不可。作为经济社会发展终极目标,人们通过直接获得经济收入及因此所获得服务来得到满足,客观供给和主观感受在个体身上最终得到体现,生活品质也得以实现。因此,人们对生活水平的更高认识和要求都可以包含在这个概念中:"所谓生

---

[1] 邢雁欣:《生活质量:一个值得引起重视的问题》,载《道德与文明》2009年第6期。

活品质,是一种求好的精神,是对于完美生活的识别和追求。"[1]

这里顺便提及生活品质测量的问题。测量维度本用于生活质量研究,即指通过建立相应指标对生活质量而进行的评价。这一问题的关键点在于如何建立指标?建立的标准是什么?常见的做法是依据经济的增长而产生出的满意度,但实际上这与我们所理解的生活质量在内容上具有差距。要对生活质量内容进行划分,必须采用一种新的、更为实质的方法,这就需要引入两对变量:一是追求某种幸福生活的机会和幸福生活本身这一结果,此即是一种对生活质量的潜在性和现实性的区分,可以称之为"生活机会"和"生活结果";二是"外在的生活质量"和"内在的生活质量",前者指的是个体所生活的环境,后者指的是个体自身。把这两对变量交叉使用,可以得到生活质量的四大内容:环境的承载能力、个体的生存能力、生命的效用、个体对生活的评价。[2] 显然,这种方法也适用生活品质研究。生活品质包涵生活的方方面面,集客观性与主观性为一体。就休闲作为新的社会经济文化现象而言,一方面构成了"生活品质的基本要素之一"[3],另一方面制约着人的生活目标追求,因为"人的生活质量,会直接受其休闲品质的影响"[4]。休闲与生活品质之间具有十分微妙的关联。如何将生活品质的可持续性指标化、具体化?如何提升乡村的生活品质,等等,这些问题都需要进一步研究。

---

[1] 陈立旭、汪俊昌:《都市日常生活的新建构:生活品质与杭州发展研究》,载《中共杭州市委党校学报》2007年第1期。
[2] 参见牛文元主编:《中国科学发展报告2012》,科学出版社2012年版,第138页。
[3] 张思宁:《转型中国之价值冲突与秩序重建》,社会科学文献出版社2011年版,第75页。
[4] 〔美〕克里斯多夫·爱丁顿、陈彼得:《休闲:一种转变的力量》,李一译,浙江大学出版社2009年版,第47页。

第三章　休闲审美的制约

休闲的合理性从来就受到质疑。虽然休闲是一种极具自由性的活动,但是各种"关系"相对地影响个体的选择。正如西方学者所说:"在社会世界中存在的都是各种各样的关系——不是行动者之间的互动或个人之间交互主体性的纽带,而是各种马克思所谓的'独立于个人意识和个人意志'而存在的客观关系。"[1]休闲活动无论如何展开,必然会受到"各种各样的关系"的影响。这种影响突出表现在三个方面:第一,不断转变的劳动[2]观念。劳动究竟是为个体还是为社会?故有劳动是至上还是居次的伦理问题。劳动观的变化不仅与物质条件的改善有关,而且关联着社会制度的变更。第二,不断增长的消费意识。消费是满足人的物欲的重要方式之一。现代人往往通过消费方式追求"被见证"的效果,这不仅使得现代人的消费欲求逐级攀升,而且容易导致物质主义的泛滥和消费性文化的蔓延。第三,不断进步的技术理性。技术既能极大地促成人类生活方式的演进,亦可能阻碍,甚至颠覆人类生活方式的提升。所谓"日常生活审美化"彰显出当代人身处电子文化现实和技术化生存的时代语境,但是技术主义可能导致人类道德堕落、精神虚化。伦理观念、消费意识和技术理性这三者在社会发展的各阶段都存在,并在很大程度上决定着人类的休闲意志。显然,认真审理这些方面对于促进我们更好地理解休闲、实践休

---

〔1〕〔法〕布迪厄、〔美〕华康德:《实践与反思:反思社会学引论》,李猛、李康译,中央编译出版社 1998 年版,第 133 页。

〔2〕 对"劳动"与"工作"这两个概念,本章一般不做严格的区分。有关这方面的深入研究,参见于光远、马惠娣:《劳作与休闲》,见《十年对话:关于休闲学研究的基本问题》,重庆出版社 2008 年版,第 119—120 页。

闲，并获得休闲情趣，是十分必要的。在这一问题上，西方学者对休闲的定性研究值得我们借鉴。过去，人们研究休闲的制约因素偏于定量研究，即研究这些因素对个体休闲偏好或参与的影响程度。此即意味着遭遇制约因素就是不参与，反之就是参与。如今这种在休闲偏好与参与选择之间的简单判断，已经受到越来越大的挑战。当代社会所面临的不是要不要休闲的问题，而是如何休闲、如何更好地休闲的问题。在休闲制约研究新理论中重要的一点就是认为，人们参与休闲并非取决于制约因素的有无，而是取决于同这些制约因素进行协商，而这样的协商常常是修改的而不是取消参与。这种见解在一定程度上抛弃了早期制约因素研究中提出的认为制约是影响人们参与休闲的不可逾越的障碍的假设。[1] 休闲水平、质量的提升也亟须关注这一认识转向，毕竟休闲总要面对经济、制度、文化、技术等各方面的发展事实。同时我们亟须认识到：影响休闲的各种因素、条件，既是在积极推进休闲对现实的介入，又是有限度地影响休闲的发生。因此，休闲只有在各种条件下建立一个协商机制，才能真正使休闲者"审美地生存"而不是"审美化生存"。

第一节　伦理与休闲

休闲是且应当是人的生活方式，不仅被越来越多的人所意识到，而且被越来越多的社会组织、机构所认可和提倡。这种状况是与休闲本身蕴涵人类的某种价值取向和普遍的伦理诉求具有密切关系。伦理（Ethos）是一个从概念角度对道德现象进行哲学思考的范畴。德国学者马克斯·舍勒曾试图通过对形式主义和相对主义两种伦理学的批判进行这样的探讨："伦理是如何制约着对世界的直观—方式（Anschauungs-weisen）、制约着'世界—观'（Welt-anschauung），即先于所有判断领域的认识着的世界生活—亲历（Welter-leben），尤其制约着这

---

[1] 参见〔美〕埃德加·杰克逊编：《休闲的制约》，凌平等译，浙江大学出版社2009年版，第3—8页。

些对象的被体验到的此在相对性的各个阶段构成。"[1]这种"变更"的问题深刻表明伦理是先在的、此在的。由于涉及人与社会共在关系以及如何处理这种关系的特定规则,伦理又成为用于指导人的行动、使人依照一定原则规范行事的一系列观念的集合。正如杨国荣所说:"作为道德或伦理的具体内容,善的理想与善的现实总是指向人自身的存在。"[2]从这些特点看,伦理与休闲是同构的。"休闲是一种情感体验,是人与社会、环境相融合的一种惬意,是人的社会性、生活意义、生命价值存在的享受。"[3]伦理价值是休闲之存在的前提,这构成了我们理解休闲的视域:实践休闲,必须遵从伦理要求;加强伦理规范,可以防止休闲异化,使得休闲伦理得以回归。此外,"休闲化工作"这种新伦理现象提供了劳动与休闲的历史性关系之明证:从过去的对立、分离而再度发生融合的趋势。就这些方面而言,从伦理维度反思休闲,且诉求一种美学上的可能,无疑是十分必要的。

一、休闲的伦理本性

蕴涵了某种普遍主义或绝对主义的价值的伦理,是人之为人、何以成人的依据所在。对人的发展而言,伦理的重要意义表现在相互制约的两个方面:一是促进人的正常发展,一是规范人的发展。因此,伦理具有避免人的片面发展,从而起着完善人的积极作用。这种作用也正是休闲价值的体现。如果说人的本质就是一种伦理的本质,伦理的意蕴是人或人的活动的必然要求,那么作为人的活动的休闲就必然是一种伦理性的活动。人对休闲的选择即是一种伦理性选择。从根本上说,休闲具有伦理的正当性,具体体现在如下三个方面:

其一,保证身心的健康。

众所周知,任何个体的活动都是有限度的,尤其是在体力、智力方

---

[1] [德]马克斯·舍勒:《伦理学的形式主义与质料的价值伦理学》,倪梁康译,商务印书馆2011年版,第444—445页。
[2] 杨国荣:《伦理与存在:道德哲学研究》,上海人民出版社2002年版,第5页。
[3] 刘慧梅、张彦:《西方休闲伦理的历史演变》,载《自然辩证法研究》2006年第4期。有关休闲伦理研究的概况,另可参见陈霞:《休闲伦理研究综述》(《南京政治学院学报》2012年第6期)、王永明:《休闲伦理研究的当代进展》(《探索》2009年第5期)等。

面。持久的劳动是对人的损害。因此,一旦超出限度,人就必须通过适当的方式进行恢复和补充,而休闲恰恰具有这方面的作用与功能。"休闲"(leisure)的基本含义就是休息、闲暇。英国思想家约翰·洛克(John Lock,1793)把务农或其他类似手工艺工作都叫做消遣或娱乐,"娱乐并不是偷懒(这是人人都看得出来的),而只是变换一下工作,让疲倦了的那部分身体放松一下"[1]。鲁迅(1933)则指出了"息息眼"的一种必要:"说到玩,自然好像有些不正经,但我们抄书写字太久了,谁也不免要息息眼,平常是看会儿窗外的天。假如有一幅挂在墙壁上的画,那岂不是更好?"[2]朱光潜(1942)指出,工作在周期限度之内有它的效果和快乐,否则就必然产生疲劳,不但没有效果,而且成为苦痛。因此,休息是必要的,它能够消除疲劳,起到恢复工作的效果。此外,正当工作和包含各种游戏运动和娱乐在内的消遣,都是精力发泄的途径。而精力的"最经济最合理"的支配是"更番瓜代",即两种性质相差很远的工作的"更换"(diversion)[3]。可见,闲暇是身心疲惫得以恢复的时机,是进行个人劳动力生产和再生产的条件。要保证劳动者的身心健康和劳动力的可持续利用,保持社会生产和人类生活的可持续进行,休息必然是不可缺少的方式。如果缺乏必要的休息,这将使人的体力下降、劳动能力透支,结果必然是生命力的衰竭。

　　保证生命力旺盛还要促进健康。关于休闲的健康价值,已日益被现代医学和生物学证明。从心理学层面看,人在紧张繁忙的工作之后,通过适度的放松与休息,不仅有助于身体各功能的恢复,而且有助于脑力和心理活动的平衡,使人精神愉快、心情舒畅,感受到人生的乐趣和价值,从而激发对未来生活的热爱、向往与追求。美国当代休闲学家杰弗瑞·戈比说:"休闲活动可以成为紧张的生活和疾病之间的缓冲。具体地说,休闲活动能够在两个方面帮助人们减轻压力。首

---

[1] [英]洛克:《教育漫话》,徐大建译,上海人民出版社2005年版,第241页。
[2] 鲁迅:《〈木刻创作法〉序》,见《鲁迅全集》第4卷,人民文学出版社2005年版,第625页。
[3] 朱光潜:《谈消遣》,见《朱光潜全集》第4卷,安徽教育出版社1987年版,第124—129页。

先,它使人们意识到社会支持的存在;其次,参与休闲活动能够加强人们自己决断的能力,这是一种对提高人的能力和人的健康都有好处的心理倾向。"[1]个体的身心健康,这是个体参与休闲活动的保证。不仅如此,这样前提下的休闲行为和行为后果亦有益于或至少无损于他人的健康。健康的公认含义是不仅身体没有疾病,而且有完整的生理、心理状态和社会适应能力。个体健康与否,不纯属私利,还影响他人。那种经常对他人怀有敌意、猜疑、嫉妒、分裂之心的人,或者自身就是阴阳怪气,只顾自己的人,是不可能很好地参与社会生活的。一个人如果身心罹病,他必然无法贡献于社会,不能为他人尽义务,而只能成为单纯的"消费者"。长此以往,这种病人必然会给社会带来财力、人力等方面的重负。所以,健康也被视作一种"道德义务":"人的健康,在很大范围内是一个选择的问题,而不是命定的事情,精神和肉体的健康是一个道德义务的问题,而不是可采取个人主义态度任意对待的、或道德上中断的事情。"[2]显然,休闲与健康息息相关,特别是在实现人的自我价值方面起着重要的作用。休闲就是为了实现人的全面发展和个性的自由,从而达到一种生命与自由的统一。

其二,丰富生活的形式。

人的生命成长又是一个不断增进社会关系的过程。人之存在需要不断发展其社会属性,而这种发展又需要具体而又多样的交往生活。社会交往具有帮助人增长见识、培养交际能力、结成一定的社会关系,并成为一个充分的社会人的重要意义。休闲也是一种通过社会交往方式,以利于丰富人的社会关系的生活形式,原因在于:其一,休闲能够提供一种相应的心理空间和闲情逸致,营构一种轻松、自由、摆脱了职业角色控制的社会氛围,创造一种相对比较和谐、愉快的交往情境;其二,休闲能够通过探索、确立和表达共同体的意愿以及亲密关系,加强社会联系,从而有助于社会关系的建构。美国学者奇克和伯

---

〔1〕〔美〕杰弗瑞·戈比:《你生命中的休闲》,康筝、田松译,云南人民出版社2000年版,第338—339页。

〔2〕〔美〕R. T. 诺兰等:《伦理学与现实生活》,姚新中等译,华夏出版社1988年版,第199—200页。

奇(Cheek & Burch,1976)指出:"休闲之所以在价值和优先权上有如此重要的位置,是因为休闲发展和增进了人与人之间关系的社会空间……人类情感的联系既表现在人们彼此的信任和相互交流上,也表现在模式化了的、富于表达性的休闲活动上。"[1]在他们看来,休闲提供了一种互动背景,使亲密的人、朋友和家庭形成社会一体化。诚然,劳动亦能够为结社提供一个独特的基础,通过交往活动可以更好地形成个人与社会之间的关系。但是休闲的社会交往具有独特意义,它不仅有利于劳动的展开,而且更加能够体现人的自由本质特性。

人的社会活动具有生产性意义:"既是对现存的社会秩序、关系结构的再生产或改变,又是对现存的空间秩序、关系和结构的再生产或改变。"[2]这就是说,人的社会性存在是一种空间化的存在。空间本身就是人的存在条件,或者说是人存在的方式。[3] 休闲的独特性在于它本身能够构成一个空间。"休闲不是没有角色或结构的开放空间,而是具有某种特殊开放性的社会空间。"[4]在这种意义上说,休闲就是一种空间社会化的伦理(道德)实践形式。空间社会化是被组织而成的一体化或网络化,它所形成的并非是固定边界的,而是开放的、建构性的社会化空间。人们已经越来越把休闲活动扩展到空间化的实践中,越来越把休闲当作是可以选择的生活实践形式。休闲就是人在摆脱自然必然性和外在压力之后的一种自由生活,是人在满足了基本的物质需要基础上追求精神需要的实践活动。休闲通过特有的方式影响着人的精神、心理和体魄,成为现代人发现自我、发展自我和融入社会的重要方式。休闲能够满足人的自我需要,展现人的自由个性和丰富社会关系,因而能够促进人的全面发展。因此,休闲具有促进

---

[1] [美]托马斯·古德尔等:《人类思想史中的休闲》,成素梅等译,云南人民出版社2000年版,第256页。

[2] 王宁:《消费社会学:一个分析的视角》,社会科学文献出版社2001年版,第242页。

[3] 如海德格尔所说:"空间决不是人的对立面。空间既不是一个外在的对象,也不是一种内在的体验。内在的体验并不是有人,此外还有空间。"(《演讲与论文集》,孙周兴译,三联书店2005年,第165页)

[4] [美]约翰·凯利:《走向自由:休闲社会学》,赵冉译,云南人民出版社2000年版,第197页。

人的全面发展的伦理本性。[1] 人的自由和解放是社会发展的目的和指向。也正如此,约翰·凯利提出了休闲应是"成为人"的过程,"是一个完成个人与社会发展的主要存在空间,是人的一生中一个持久的、重要的发展舞台。休闲是以存在与'成为'为目标的自由——为了自我,也为了社会"。[2]

其三,促进可持续发展。

人的发展依赖社会的发展,而社会的发展又是一个系统性工程:既要协调人与社会的关系,又要协调人与自然的关系。这意味着只有把人与社会、人与自然的关系纳入整体性的考虑中,才能促进可持续发展。可持续发展就是"能满足当代人的需要,又不对后代人满足其需要的能力构成危害的发展"。世界环境与发展委员会在《我们共同的未来》(1987)中的这一定义广被接受。联合国环境规划署的报告《可持续消费的政策因素》(1994)提出"污染者付款"原则和以"5R"即 Reduce(节约资源)、Re-evaluate(环保选购)、Reuse(重复使用)、Re-cvcle(垃圾分类)、Rescue(救助物种)为基本内涵的可持续消费观,亦深入人心。总之,人与生活、生存世界和谐共存,这已成为共识。在促进可持续发展方面,休闲同样功不可没。休闲指向人类生存的未来,是道德伦理意味日益明显的生活方式。

这里再从经济、文化、生态三个方面进行说明。休闲经济越来越成为新经济的重要形态。作为休闲经济的组成部分,休闲消费是通过休闲经济活动中潜在客体,引发休闲消费主体的注意,从而产生消费行为的过程。这一过程又包含着作为休闲消费的主体通过直接体验现实,并对休闲消费行为进行定位的过程。这种性质使得休闲消费融客观与主观、体验与评价于一体,起着平衡经济理性、完善经济伦理形式,促进经济良性发展和社会可持续发展的作用。大众休闲文化的水

---

[1] 参见陶培之、王永明:《休闲消费的伦理反思》,载《黄海学术论坛》2011 年第 16 辑,第 127—131 页。
[2] [美]约翰·凯利:《走向自由:休闲社会学》,赵冉译,云南人民出版社 2000 年版,第 283 页。

准和质量是社会进步的重要体现。休闲文化[1]之所以被认为是一个社会政治、经济、科技、文化的发展动力,是因为它为每个社会成员提供了创造的源泉和"人的现代化"的可能性。大众休闲娱乐文化的发展,顺应了大众因生活水平的提高而相应地产生的生活需求。休闲文化的创造,促进了社会的健康发展,形成了宽松的伦理氛围和具有广泛包容性的社会生态。因此,在休闲中更多地保留人性和理想的光辉的要求也被不断呼吁。"如果人们回到或是接近了这种本源的状态,那么,不仅他自身会发挥出更高的创造性,获得更多的体验和幸福,表现出更多的尊严,不仅他的人际关系变得更融洽,进而使整个社会变得更加和谐,而且他与自然的关系也就会回复到一种更亲近的状态。"[2]当代人追求休闲的方式日益多元化,其中生态休闲成为重要选择。以生态伦理为基础的休闲把追求人与自然关系和谐、融为一体的意境提升到一个新的层次。与旅游、娱乐、购物、健身、聊天、阅读、艺术欣赏等传统概念的休闲形式不同,生态休闲包含着对休闲参与者的义务、责任的追加,故而能够对传统休闲的道德修复起着重要意义。当代人在休闲中越来越强调可持续性要求:满足休闲需要,不能以破坏生态平衡为代价;休闲过程是否合理,以资源的适度使用作为检验的标准;休闲价值以人与经济、社会的持久、全面发展为最终体现。当代休闲越来越凸显为一种时代精神和文化品性,标示出它应有的道德品格,提供了规范和调节人们行为的价值标准,体现出人类文明的重大进步。以上所说的"休闲消费""文化休闲""生态休闲",其实并不只是一个描述性的"事实如何"的概念,在很大程度上是一个"应该如

---

[1] "休闲文化,一般是指人们在工作、睡眠和其他必要的社会活动时间以外,将休闲时间自由地用于自我享受、调整和发展的观念、态度、方法和手段的总和。这种观念是建立在休闲文化与人们自由支配休闲时间的强度和方法密切相关,并反映在个人、家庭与社会群体在社会价值认同、文化素质培养、文化品味追求、文化消费倾向等诸方面。这一概念的提出,不仅意味着现代休闲活动已延伸到社会生活的各个角落,而且表明休闲活动的展开与人类文化的交融又生成了新的文化层面,它成为新世纪高效的社会生活和优质的个人生活的重要标志。"(楼嘉军:《休闲文化结构及作用浅析》,载《北京第二外国语学院学报》2002 年第1期)

[2] 滕守尧等:《艺术化生存:中西审美文化比较》,四川人民出版社 1997 年版,第 56 页。

何"的伦理概念,其中所包含的正是人对生存方式正当性问题的思考。正因如此,可持续发展作为一种新的休闲伦理观日益得到重视和提倡。

二、休闲伦理的异化

休闲不仅具有伦理本性,而且本身就是一种伦理形式。"休闲伦理"即是一个用以表明休闲具有伦理意蕴的概念。"所谓休闲伦理,就是人们在从事与休闲相关的一系列活动时应遵守的价值秩序和行为准则,其本质是对人的休闲生活的道德性追问,因而,它强调休闲生活对人的成长与发展所肩负的道德责任,以促进人的全面发展与社会和谐为价值旨归。"[1] 如果说意识、关系、实践构成了休闲伦理的三个层面,那么这一综合的、系统的概念,是与"人"的概念极其一致的。人之为人,在于它是一切社会关系的总和。人的价值不仅在于具有自由自觉的意识,而且要通过具体的活动和社会实践得以体现。伦理的价值即是人的价值体现。一个人如果没有这种追求,那么他必定是一个虚无主义者;一个人如果只有自己的价值追求,那么他注定是一个极端主义者。可以说,人的存在就是伦理性的存在,人的休闲也根本不可能超越伦理的规定。正如宣兆凯所说:"没有强有力的伦理支持,休闲会从根本上失去精神价值的意义,失去作为人的精神活动的本来意义。"[2] 休闲需要伦理的支持,亦需要伦理的规范。所谓"保证身心的健康""丰富生活的形式""促进可持续发展",这些都应当是休闲伦理的原则和要求。

但是,休闲伦理的正当性并不是自然获得的,它需要一个合法化过程。至少从社会建制理论看,休闲的存在是有条件的,即它是以工作(或劳动)作为自身的定义。约翰·凯利指出:

> 休闲包括其自身范围之内的体验、个人发展、存在主义决定以及互动交往过程,但这一切因素并不能与工作截然分开。如果

---

[1] 王永明:《休闲伦理研究的当代进展》,载《探索》2009年第5期。
[2] 宣兆凯:《论以可持续伦理为基础的休闲》,载《自然辩证法研究》2003年第9期。

说休闲可以出现在任何地方,这并不是指时间与空间的问题;如果说休闲可以包括刻苦的高强度投入,那么,差别也无关于努力或技巧。相反,休闲的特点是:活动的主要意义就在于其本身,就在于体验以及基于体验的结果。而工作却包含着生产这一层面。工作有其外在的意义,其目标是生产某种有益于社会的东西。工作会产生有形或无形的产品,而它们对社会生活有所裨益。在此意义上讲,工作生成物品或商品,它是经济性[1]。

休闲与劳动构成了一对基本的关系。尽管两者在环境、形式等方面会有所重叠,但是休闲离不开劳动这一对象性条件,它们以一种结构性方式共同存在。

劳动是人所具有的一种特定生活方式,是人维持自我生存和自我发展的普遍手段。人类将劳动这种特殊的形式作为生活观念,可谓根深蒂固。"劳动至上"即是一个不断得以认同的观点。在宗教文化中,劳动被置于神圣的地位。英国维多利亚时代的文学家和思想家托马斯·卡莱尔(1843)以极大的热情讴歌劳动,认为它是高尚的、神圣的,能给人类带来幸福安宁并能实现自我的完善。这是一位深受加尔文派宗教思想影响并反对教会烦琐教义的思想家,宗教、革命、英雄是他作品中永恒的主题。这种劳动崇拜主义与稍后的新教伦理观相呼应。马克斯·韦伯(1920)抛弃了原来天主教那种禁欲主义的、超越尘世的空洞劝解和训令,把个人在尘世中完成所赋予他的义务当作一种至高无上的"天职"。把"天职"观念作为新教的核心内容,此即把劳动当作由上帝安排的任务。新教在客观上为证明世俗活动具有道德意义而起了作用,并导致和促进了资本主义精神的萌芽、发展。在西方,还流传着大量经典名言,把"劳动"当作"最可靠的财富"(拉·封丹),"财富之父"(威廉·配第),"社会中每个人不可避免的义务"(卢梭),"产生一切力量、一切道德和一切幸福的威力无比的源泉"(拉·乔乃尼奥里),"防止一切社会病毒的伟大的消毒剂"(马克思),等等。推

---

[1] [美]约翰·凯利:《走向自由:休闲社会学》,赵冉译,云南人民出版社2000年版,第173—174页。

崇劳动生活的观点同样出现在儒家文化中。所谓"恶安逸,喜劳动"([宋]朱彧《萍洲可谈》)就是把劳动作为具有普遍伦理道德内涵来看待。近代以来,劳动仍是得到肯定的生活方式。李大钊(1919)说:"我觉得人生求乐的方法,最好莫过于尊重劳动。一切乐境,都可由劳动得来,一切苦境,都可由劳动解脱。"他把劳动不仅当作"一切物质的富源",而且当作排除、解脱精神"苦恼"的方法。[1] 可以说,重视劳动的观念在人类社会与文化中普遍而又深刻地存在。

与劳动至上观相伴随的,则是一种劳动异化观。"异化"(alienation)的本义是"一种活动或活动的结果,即它变得或已经变得同某物或某人疏远或陌生"[2]。青年马克思在批评黑格尔的客观化(外化)和接受费尔巴哈对宗教异化的批判的基础上,提出了"异化劳动"的观点。他认为,"异化"是作为社会现象同阶级一起产生的,是人的物质生产与精神生产及其产品变成异己力量,反过来统治人的一种社会现象。私有制是异化的主要根源,社会分工固定化是它的最终根源。因此,"异化"这一概念所反映的,是人的生产活动及其产品反对人自己的特殊性质和特殊关系。在异化活动中,人的能动性丧失了,遭到异己的物质力量或精神力量的奴役,从而使人的个性不能全面发展,只能片面发展,从而造成畸形的后果。至于西方因技术而产生"异化"所达到的严重程度,可以在"机器的人"(席勒)、"单向度的人"(马尔库塞)、"孤独的人群"(大卫·里斯曼等)这些形象中得到生动体现。中国文明以和谐为特征,但异化现象的发生同样不可避免。所谓"君子谋道不谋食"(《论语·卫灵公》);"劳心者治人,劳力者治于人"(《孟子·滕文公上》);"君子以德,小人以力"(《荀子·富国》)等,这些都是"德役"思想的直接反映。这种思想由于关联着人治观、等级观、秩序观,使得"劳动者"不断身份化,如被称为"力者"、"稼穑之人",甚至是"贱民"。这些形象的建构事实上强化了劳动的伦理意味,即劳动是必需的,而且劳动者只有劳动才是合理的。

---

[1] 李大钊:《现代青年活动的方向》,见《李大钊全集》第2卷,人民出版社2006年版,第318—319页。

[2] 冯契主编:《哲学大辞典(修订本)》(下),上海辞书出版社2001年版,第1810页。

显然,至上观(或神圣观)与异化观是关于劳动的相反相成的两种观点,它们的实质都是肯定一种劳动伦理。我们说,劳动者在本质上是"真实"的人,是一种实现了其自身自由的、创造性的实践的人。异化观反映的是劳动者与其自身产物相异化,与生产这些产物的活动本身相异化,与生活于其中的自然界相异化,与他人相异化。所有这些异化,归根结底是人的自我异化的不同方面,是人同他人的"本质"或"本性"、同其人性相异化的不同的形式。自我异化了的人,实际上是一种非人的人,是一种不能实现其在历史上创造人的种种可能性的人。因此,作为伦理形式,劳动伦理相信、认定劳动的合理性,如通过努力劳动、勤俭节约、节制欲望等方式,追求劳动的尊严、效率,以实现自我价值。把劳动与休闲建构成一种对立关系,这是劳动伦理观之产物,自然也是奠定休闲伦理之价值的前提。休闲伦理则是认定休闲的合理性,认为劳动只是一个过程和手段,其实并无实质意义,强调只有在休闲活动中才能实现个体价值。但是,这并不意味着"休闲至上"就是休闲伦理价值的真正体现,因为休闲本身也存在异化现象。在休闲并不普遍突出的社会,休闲往往是从属性的,作为劳动的中断或者调节劳动的方式,其目的还是为了劳动。有时劳动者尽管被赋予了一定的休闲的权利和机会,但是并不能真正得以落实,遑论实现自我价值。所谓"民亦劳止,汔可小康"(《诗经·大雅·民劳》);"富有幸福所必需的那种善的和智慧的生活"(柏拉图),这些只不过是一种生活愿望、道德理想而已。即使在休闲日益突出的社会,劳动者也未必能够完全如己所愿,随意地休闲。正如人有时可能为了休闲而拼命劳动,这是以伤害生命为代价去获取休闲机会,其实是对休闲的排斥。

的确,生产力的快速发展为人的休闲提供了更多的契机。随着用于创造物质的劳动时间大大减少,相应地使得闲暇时间大大增加,这就为休闲创造了极其便利的条件。在这种情境下,劳动与休闲之间原本紧张的关系逐渐得以缓解,但是并不能够得到彻底调和,其中仍然存在"巨大的裂痕"。美国当代社会学家 C. 莱特·米尔斯(1951)关注了 20 世纪美国社会中产阶级白领一族。他认为,与老式中产阶级工作主义相比,白领一族是依据闲暇价值来判断工作,并普遍追求闲暇娱乐的生活方式,这使得休闲重新被整合到工作当中,被看做是工作的理所当然的意义。实际上,这也是一种异化的表现,因为这让他们产生厌烦,使得潜在的创造性努力和品格遭受挫折:一方面要严格遵守工作制度,另一方面要"从工作的专制的严肃中获得一丝轻松的自由感"。同时,工作与休闲之间的这种分离,还会造成人际关系的割裂。[1] 所以说,劳动观、工作观的转变将直接导致生活方式的变化甚至流行,甚或引发新的休闲异化。拉美特里谈到现代人的病症时,提出了一系列可能的病因,之一就是"过度的嬉戏或钻研"。在《晕眩论》一文中,他以极致之笔描述了晕眩时肉体出现的昏迷和相关症状:嗅觉、味觉和触觉都变了形,"人体的每一部分都被触及:肌肉松弛、膝盖发抖、四肢打战、精疲力竭、心慌气喘、懊恼沮丧、体力不支、瘫软虚脱"。[2] 尼尔·波兹曼也说得十分直接:"我们的政治、宗教、新闻、教育和商业都心甘情愿地成为娱乐的附庸,毫无怨言,甚至无声无息,其结果是我们成了一个娱乐至死的物种。"[3]可以说,因工业化、技术化所带来的娱乐,已经造成不能逆转的"物化"后果,而娱乐的泛滥必然远离休闲的本真。张玉勤指出,消费化、符号化、标准化、表层化、差异化等种种"去休闲化"现象,使得休闲的内在价值、生命含量和审美品质大打折扣,或多或少地影响了休闲通向"成为人"的进程。[4] 此外,卡拉·亨德森等还提出了"休闲公正"的问题。她们认为,女性向来就有自己的休闲,一如她们的工作,但在历史上并没有得到体现和重视。相比于上述所说的各种情形,这里所体现的伦理异化问题更为显而易见。

---

[1] [美]C.莱特·米尔斯:《白领:美国的中产阶级》,周晓虹译,南京大学出版社2006年版,第271—272页。

[2] 参见[法]米歇尔·昂弗莱:《享乐的艺术:论享乐唯物主义》,刘汉全译,三联书店2003年版,第61页。

[3] [美]尼尔·波兹曼:《娱乐至死》,章艳译,广西师范大学出版社2004年版,第4页。

[4] 张玉勤:《休闲的异化与异化的后果——以问题意识观照当下休闲》,载《湖北理工学院学报》(人文社会科学版)2013年第4期。

三、休闲伦理的回归

显然,休闲伦理的异化有悖人的自由和社会和谐的发展。要使人成为真正的人,成为一种实现了其自身自由的、创造性的人,就必须克服、解决,甚至防止因异化所带来的各种问题。在当代,无论是伦理学还是休闲学都面临着共同的题域,这就是"生存方式的正当性问题":"人们应该怎么样生存在这个世界上才是合理的,什么样的生存方式才是应该和可以被接受的。"[1]正当的休闲终归是要与社会形态、个人生活方式等方面的巨大变化相适应,是要与可持续的发展观相协调。前已述及,可持续的发展观是以人与社会、自然之关系的和谐为诉求,是以人的全面、自由的发展为价值取向和道德要求,这是我们评价休闲价值合理性的依据。因此,对休闲活动在有关决定、程序、节奏、步骤等各个方面作出总体筹划,就是要从根本上认同休闲作为人的生存权利、生存方式,以建立一种符合德性原则的"德性伦理"[2]或生存伦理。回归休闲伦理,即是重新确认休闲价值,以适度的原则去调适各种对立、矛盾的关系,达到善与美的统一。

在过去,人们偏于从时间、有用的角度看待劳动和休闲的关系。如认为劳动是对时间的占有,而休闲是可以随意打发的剩余时间或无聊的消遣;而且认定前者的时间是有用的,后者的时间是无用的。这一点尤其构成了理解工业社会的出发点,以致对现代社会思潮产生了重要的影响。对此,美国学者伊夫·P.西蒙批评自己对"劳动(者)"概念的狭隘理解,并毫无保留地指出"劳动者伦理学"的缺陷与不足:把有用的行为等同于提供有用的服务,即为社会提供服务。他认为,这种局限于对社会有益的观点是现代意识形态、自由主义以及社会主

---

[1] 罗伟:《闲雅与人生:休闲的伦理学考查》,经济日报出版社2008年版,第79页。
[2] 20世纪80年代初,德性伦理(学)在西方渐成声势。与其他伦理学相比较,它的主要特征有5个方面:第一,德性伦理学是作为一种"以行为者为中心"(agent-centred)的,而不是"以行为为中心"(act-centred)的伦理学;第二,它关心的是人"在"(being)的状态,而不是"行"(doing)的规条;第三,它强调的问题是"我应该成为何种人",而不是"我应该采取怎样的行动";第四,它采用特定的具有德性的概念(如:好、善、德),而不是义务的概念(正当、责任)作为基本概念;第五,它拒斥把伦理学当作一种能够提供特殊行为指导规则或原则的汇集。(高国希:《当代西方的德性伦理学运动》,载《哲学动态》2004年第5期)

义对政治普遍怀疑的动机的原因,也是对沉思的人的怨恨背后的原因。他反思自己对劳动者的概念所做的不当的理解,即把劳动者从社会学的,而非从社会——伦理的观点进行定义,没有看到两者的差异。从社会学立场来说,"唯一可以集体被作为劳动者的群体,是那些以习惯上从事作用于自然界的活动的人为其成员的群体"。而那些思考"以建立个人在他所属的社会群体成员的关系中的正确行为为目的"的"沉思"者并不被纳入劳动者的序列。事实上,他们也是有益于社会的劳动者。[1] 因此,他提出必须从社会——伦理的而非只是从社会学的角度提出劳动者的概念。至于提出休闲时间的问题,这只是通过时间的分配和利用状况作为分析人们的生活状况的手段之一,如以休闲时间衡量社会发展程度和人们生活质量的重要指标,等等。此外,讨论休闲时间的利用方式和效果也离不开对其活动内容的分析,因为休闲活动形式只有与休闲时间结合才可称为真正意义上的休闲活动。劳动与休闲都是制度生活、社会生活的一部分。两者并非不可调和,它们不仅可以相互对立,而且可以平衡共存,都能成为每个人值得拥有的人生方式。"真正懂得如何尊重劳动和享受休闲的人才能真正享受完整的人生。"[2]因此,劳动主义或休闲主义都必然具有伦理的片面性,偏执于任何一方,都是对"真实的休闲"的误解。

"真实的休闲"自然是"好的休闲"。休闲之所以是"真实"的,就在于它是"好"的。英国思想家伯特兰·罗素把人的不幸归因于一种错误的世界观,认为现代世界的大量危害,不在于现代技术,而是由于相信工作的善良性造成的,因此呼吁"明智地利用闲暇"。[3] 在他看来,一切闲情逸趣不仅使人得以放松,而且有许多功效,如帮助人们保持平衡的意识,而且有时能够给予人某种安慰。不仅此,他还在《悠闲颂》(1932)一文中大力赞道:"悠闲对于文明是必不可少的,在从前的

---

[1] [美]伊夫·R.西蒙:《劳动、社会与文化》,周国文译,中国经济出版社 2009 年版,第 40—41 页。
[2] 潘一禾:《论工作与休闲的关系及其意义》,载《浙江大学学报》(人文社会科学版)1996 年第 4 期。
[3] [英]伯特兰·罗素:《幸福之路》,见《罗素文集》,王正平等译,改革出版社 1996 年版,第 139 页。

时候,少数人的悠闲只因多数人的劳动才变为可能。但是他们的劳动是可贵的,不是因为工作是好的,而是因为悠闲是好的。"[1] 可见,休闲是获得幸福的重要方式,而幸福是人人都追求的东西。只有符合人的利益的生活方式,才能成为人的选择,才是"好"的选择。但在休闲认知上,许多误区一直存在。如以创造财富与享有财富、生存和发展两种存在状态的对立为前提,把休闲作为特权阶级的象征、巨富阶层的专属物。显然,这种情形不太适用于各阶层都占有休闲和消费大幅增加的现代社会。这不是在否认现代社会不存在通过休闲方式显示其特征和存在的情况。事实上,上层或富有阶层从事昂贵的、奢侈的活动,到处旅游、娱乐、参与艺术等现象已是常见。但就社会发展的总体趋势而言,休闲不再局限于某些特定阶层,而是成为民众生活的重要组成部分。这样说,也并不是为了否定劳动、工作的价值,而是彰显追求善的价值的需要。而要实现这样的认知转换,前提是把"道德地"或"伦理地"生活作为社会实践的基本形式之一来看待。在这种意义上说,道德或伦理改变、影响存在本身,并通过制约内在人格、行为方式、道德秩序等,从而具体地参与真正的人的世界的建构。因此,"好"所确认的价值,关联着伦理或道德的领域,而且与"善"所肯定的价值亦有相近的一面,或者说"'善'是'好'的延伸"[2]。

"好的休闲"当然也是"美的休闲"。所谓"美善"是"人性中最美丽的花朵"(桑塔耶那),"只有美才能使人幸福"(席勒),"美学是未来的伦理学"(高尔基),"伦理学和美学是一回事"(维特根斯坦),这些观点都表明美与善是高度统一的。[3] 善离不开美,美也离不开善,两者相互规定、彼此要求。至于这种关系的割裂,很大程度上是由现代性的矛盾性所致。现代性既要求与传统道德分离,又诉求道德的规范,并表征为这样的情形:一方面是社会的同一化、秩序化,另一方面

---

[1] [英]伯特兰·罗素:《幸福之路》,见《罗素文集》,王正平等译,改革出版社1996年版,第137页。
[2] 杨国荣:《伦理与存在:道德哲学研究》,上海人民出版社2002年版,第68—69页。
[3] 参见陈望衡:《审美伦理学引论》,武汉大学出版社2007年版,第261页。

导致很多分界、多样的矛盾状态。生活碎片化、人更趋个体化、世界更加多元化,这些成为具有进步性的现代性的极端之处。从质疑现代性的要求看,就是消除由权利支配的道德观念,重新恢复伦理道德的普遍性价值,重要的是重塑道德责任的优先地位。就回归休闲伦理的要求而言,需要我们揭穿现代性的产生根源,寻求"后现代"的可能。对此,西方当代社会学家齐格蒙特·鲍曼作出了相对乐观的表态。在他看来,休闲(娱乐)的价值尽管是"道德责任的敌人",但在一个由认知、美学和道德的"间距"而产生并构成的社会空间中,它们是可以成功"协作"的:

> 娱乐价值在原则上是道德责任的敌人,反之亦然。然而,敌人偶尔可以和平相处,甚至可以协作、相互支援并使对方重新振作起来。"成功的爱"的模式是这种协作最重要的例子:对心爱的神秘事物的尊重、对多样性的培养、对占有冲动的压抑、拒绝用统治的威吓来压抑心爱的自主性——保护并且补充在同伴中崇高的、未知的、深奥的和伟大的东西,因而保持合伙关系的道德和美学的价值都存在。因而,为了完成这样一种功绩,对于美学满足的寻求者必须也是道德的人。她/他必须接受美学空间倾向于一扫而空的限制和束缚。只有这样,美学空间化的狂热喧闹才可能导致一个美学空间;然而,这同时也是一个道德空间。成功只有协作的结果才可能出现,只有付出放弃的代价才可能实现协作。[1]

此外,美国当代美学家舒斯特曼也把"伦理学的审美化"推向了一种生活的极致境地:"美学思考是或应该是极为重大的,也许至终是最重要的,这将决定我们如何来判断什么是好生活,并且怎样选择引导或塑造我们的生活。"[2]可以说,设想的"好的生活"必然就是"伦理的

---

[1] [英]齐格蒙特·鲍曼:《后现代伦理学》,张成岗译,江苏人民出版社2002年版,第214页。
[2] 转引自毛崇杰:《实用主义的三副面孔:杜威·罗蒂和舒斯特曼的哲学、美学与文化政治学》,社会科学文献出版社2009年版,第210页。

审美生活"。这意味着以人的价值为起点,以美学为指向,可以促进休闲伦理的规范及其可能。审美是休闲的境界。在这种境界中,休闲的伦理本性将得到自由展示和本真显现。

四、关于"休闲化工作"

这里还必须专门论及"休闲化工作"现象。"休闲化工作",亦称"工作休闲化",指的是现代社会受休闲影响而产生的一种新工作现象。对这种现象的研究始于法国社会学家帕克(Parker)。他发现许多人愿意选择目前正在从事的职业,这些职业能够让工作者将知识与创意运用在工作上,有自定工作时间与步调的自由,有心思、个性相契合的伙伴或容易相处的人……凡此种种使得他们对现有的工作感到非常满意。这些工作与休闲相似,称之为"休闲化工作"。它的主要特点是自我肯定、象征社会地位、发挥技能的广阔空间、精神专注性、创造性和责任心、宽阔的人际互动场景,等等。与此相反的是那种"非休闲化工作"。它的主要特点是形式重复、岗位固定、工作不稳定、受到严厉监督、所需技能缺乏、工作条件不良,等等。前者主要指大学教授、学者、科学家、律师、记者等,后者主要指餐馆服务生、医院看护、清洁工、各类办公行政人员、出租车司机等。[1] 帕克把不同的工作分为休闲的与非休闲的两类,并将此视为现代工作职业化(Occupation)之间的差异。职业是社会分工形成的产物,指的是运用专业的知识、技能等创造物质财富或精神财富,以获取合理报酬、丰富社会生活的一项工作。从个体看,职业是人们在社会中所从事的作为谋生手段的工作,是个体服务社会的一种形式。从社会角度看,职业是劳动者获得的社会角色,它为社会承担一定的义务和责任。从国民经济活动所需要的人力资源角度来看,职业涉及不同性质、不同内容、不同形式、不同操作的专门劳动岗位。因此,"休闲化工作"一方面体现现代社会分工的特点,另一方面体现工作与休闲趋向融合而形成的新型关系。正

---

[1] 参见李仲广、卢昌崇:《基础休闲学》,社会科学文献出版社 2004 年版,第 290—291 页。

如陈来成所评价:"现代社会是工作休闲化的社会。工作的休闲化使工作变得愉快,也能在某种程度上实现工作与休闲的整合。即使工作本身是痛苦的,但如果能在工作中加入某些令人愉快的因素,那么人们就会认为它是有价值的。工作休闲化是休闲影响工作的主要表现。"[1]

应该说,工作与休闲都是人不可须臾离开的两种不同的人生状态。作为一种有目的的活动,工作是每一个人对其自认为有价值或别人企求的目标所做的有系统的追求过程。但是这种追求过程往往具有"间断性"特征,即它不能持续地或重复地进行。我们把与工作相脱离的状态用空闲时间来标志。这样,工作就成为一个重要的时间概念。陈来成指出:"工作是空闲时间的反义词,而不能作为休闲的反义词。人人都会拥有空闲时间,但并非人人都能够拥有休闲。空闲时间是一种人人拥有的并可实现的观念,而休闲却是每个人都可以真正达到的人生状态。"[2]显然,工作与休闲并不完全对立,尽管闲暇时间是作为工作的暂时中断。这对概念涉及人的时间分配以及社会性关系的建构。德国思想家约瑟夫·皮柏(Josef Pieper)从三个角度分析了"工作"的概念,并指出与之对应的休闲的意义与这三个角度中每一项"工作"都是相反的。与作为活动的工作理念相比,休闲是一种"非活动的、内心平静的、沉默的态度";与作为劳苦的工作理念相比,休闲在其特性上表现为一种深思的"庆祝态度";与作为社会功能的工作理念相比,休闲"不再与工作处于同一层面,它与工作不是呈相反的关系,而是直角关系——就好像我们可以说,直观并不是理性动作的延长,却可以是直穿过理性的东西"。[3] 可见,工作与休闲的关系是可以超越时间分配问题本身的。历史地看,工作与休闲的关系有一个从融合到分离的演变过程。原始社会的人们还没有明显意识到两者之间的真正差别,因而它们是完全融合在一起的。进入阶级社会,由于社会

---

[1] 陈来成:《休闲学》,中山大学出版社2009年版,第133页。
[2] 同上书,第119—120页。
[3] [德]约瑟夫·皮柏:《节庆、休闲与文化》,黄藿译,三联书店1991年版,第116—121页。

等级制度,使得劳动成为被统治阶级的义务,而休闲则成为一种特权。工业化以来,时间观念的改变又使得两者被明确区别起来,使得两者的性质发生了极大的改变。随着职业化时代的到来,两者才愈来愈成为不同职业区分的标准。总之,无论从共时性的还是历时性的角度分析,工作与休闲的关系都不可概而论之。

从发展趋势看,工作与休闲将被重新整合。休闲是将来社会的中心,这主要表现在两个方面:一是人们对休闲的期望越来越高,二是休闲在人们生活中所起的作用也越来越明显。此外,休闲时间的日益增加和工作时间的日益减少,也使得两者之间的界限变得越来越模糊,比如工作延续到周末,工作日中又有休息时间。休闲在经济增长中所起的作用也越来越重要。随着休闲业发展和服务项目的增加,越来越多的休闲方式将会从一个国家输出,等等。[1] 总之,休闲的意义和作用越来越呈现出多样化的姿态,人们的休闲能力将得到极大的提升,休闲价值观将以越来越大的程度渗透到我们的生活当中。在这样一种情境下,人们不再会刻意区别究竟是在工作还是在休闲,而是努力地把两者融合起来。如把工作想象成愉快的活动,当成是自我实现的方式。齐格蒙特·鲍曼就这样谈道:"就像选择和移动的自由一样,工作的美学价值在消费社会里已经转化成强大的层级化因素。所用伎俩不再是把工作时间限制到最低限度,以便为休闲空出更多空间,相反,是完全消除正式职业和副业、工作与嗜好、工作以及消遣之间的界限;把工作本身抬高到最高和最让人满意的娱乐层级。娱乐式的工作是最让人垂涎的特权。"[2]

可以说,工作与休闲的关系是情境化的。"我们每个人的休闲模式都是由贯穿于我们生命始终的社会交往逐渐造就出来的,这种社会交往不仅在工作时存在,而且在我们担当其他社会角色时也存在。我们怎样休闲随具体情况而变。要是我们一定把休闲同工作放在一起

---

〔1〕 〔美〕杰弗瑞·戈比:《21世纪的休闲与休闲服务》,张春波等译,云南人民出版社2000年版,第168—169页。

〔2〕 〔英〕齐格蒙特·鲍曼:《工作、消费、新穷人》,仇子明、李兰译,吉林出版集团有限责任公司2010年版,第80页。

考虑,那很可能只是把休闲看做解除工作疲倦的某种活动,也自然会将工作中的某些技能和社会关系带到休闲中去。"[1]理性地看待两者关系,除从历史演进角度之外,我们还必须实行"范式"转换,即把工作与休闲的关系真正地理解为一种建立在价值基础上的伦理关系。如果说休闲伦理旨在强调工作的无意义性,即把工作视为追求结果的过程、手段,那么人的生活就应该以追求个人兴趣、实现抱负为目的。工作时间越多,休闲时间越少;休闲时间越多,人就越具有创造性。将休闲作为工作的核心,是提升工作质量,乃至通达生活境界化的必然需要,况且这种休闲化的工作本身就是符合人性发展之要求。在现实生活中,工作与休闲往往被分离,两者不能有机地统一。而工作休闲化把两者统一起来,使之成为一个整体。如此工作就不仅是满足日常生活所需要的被迫需要,而且同时能够在工作中实现身心愉悦的主动需要。在这方面,中国人的生活智慧值得珍视。古代哲人庄子强调"技进乎道"(《庄子·庖丁解牛》)。近代美学家梁启超确信人类合理的生活在于敬业和乐业,前者指的是一种责任心,后者指的是一种趣味。他认为,每个人都要有正当的职业,每个人都要不断地劳作。人如果能够凭借自己的才能去劳作便是功德圆满,便能够成为"天地间第一等人";"人生能从自己职业中领略出趣味,生活才有价值"。[2] 尽管在古代和近代的中国,还没有十分明确的工作概念,但志在通过劳动、工作,完成自我实现的最高需要,这种见解是极具现代意识和创造精神的。

第二节　消费与休闲

从基本关系看,休闲与消费两种活动是相互的。休闲是伴随消费而起的,而消费又对休闲起着促进作用。一旦消费的合理性被确证,

---

〔1〕〔美〕杰弗瑞·戈比:《你生命中的休闲》,康筝、田松译,云南人民出版社2000年版,第116页。

〔2〕 梁启超:《敬业和乐业》,见《生活于趣味》,北京出版社2013年版,第155—158页。

休闲也就顺理成章地成为人的必然的、更高的需求。无可怀疑,没有消费的现实生活必定是原始的,而没有休闲介入的消费也必定是平庸的。事实是,消费这种现象已经成为广泛的社会生活现实,并且深刻影响了当代人的休闲生活:"当今社会,商品化的文化和文化化的商品日益成为填补人们休闲生活时空的主要介质,甚至成为左右人们休闲观念乃至整个思想观念的意识形态。"[1]消费具有如此巨大的渗透力,以致我们不得不将消费作为一种重要视域,去深入分析消费与休闲两者的共存关系,并在美学上进行新的规划。消费对休闲的影响既是一般性的,又是实质性的,而其指向的是消费休闲化,直至休闲合理化、境界化。当然,要使休闲成为消费时代的美学生活方式,也就必然要阻遏、甚至超越由消费所带来的任何制约性作用。可以说,消费时代的到来,不仅把消费问题突显出来,而且把休闲美学问题真正推上了前台。

一、消费的休闲期待

一般地说,消费(consume)是人为了满足自身需要而消耗物质的行为。但是,消费并不是人为了满足自身需要的唯一手段,因为人的匮乏表现是多方面的,人的需要也是多层次的。除物质需要之外,还有社会需要、精神需要,等等。正是这些方面的匮乏导致人对不同层次的需要不断发生。可见人的需要是多重因素作用的结果。不仅如此,人的需要因理性发展程度、生活水平等变化而不断调整。与传统社会相比,现代社会中的人具有更大的自主性、自由度。相对于物质层面的需要,社会、精神等层面的需要亦更加迫切,相应地对消费就有了更加内在的要求。消费不再简单地被认为是以物质性消耗了事,而是被作为满足社会性、精神性等需求的特定目的。这样的消费活动自然就不再只是受生理因素的驱使,也不再只是纯粹由经济能力决定,而是具有某种心理认同意义。消费的内涵、意义的变化,正是消费具

---

[1] 刘晨晔:《休闲:解读马克思主义的一项尝试》,中国社会科学出版社2006年版,第246页。

有生产性特征的突出体现。

  从功能主义角度看,消费就是一种生产。生产与消费具有"直接"的、"中介"的关系。正如马克思所说:"生产直接是消费,消费直接是生产。每一方直接是它的对方。可是同时在两者之间存在着一种媒介运动。生产媒介着消费,它创造出消费的材料,没有生产,消费就没有对象。但是消费也媒介着生产,因为正是消费替产品创造了主体,产品对这个主体才是产品。产品在消费中才得到最后完成。"[1]因此,生产与消费都不是单独起作用,而是相互规定,并且都以对方的存在为自己存在的条件。当然,两者的这种关系特征是建立在作为社会性活动这一大前提之下,即生产、消费都是社会性活动。就消费而言,它不仅不是"琐碎"的活动,而且具有多方面的社会作用。消费是一种"社会参与体验""社会合法性""社会地位""社会整合"的生产活动。[2] 这意味着生产、消费都是把对方纳入进来的,不仅生产具有消费性,而且消费也具有生产性。这一特点已在许多西方当代社会批判理论中突显出来。布迪厄在《区隔:趣味判断的社会批判》(1984)中所要努力证明的是消费如何体现社会分层。他认为,人在日常消费中的各种文化实践,包括饮食、服饰、身体以及音乐、绘画、文学等的鉴赏趣味,都是在表现和证明行动者要在社会中所处的位置、身份、等级。鉴赏趣味的区分是与阶级的经济地位相应,即鉴赏趣味的区分体系和社会空间的区分体系之间,存在一种结构上的同源关系。消费体验往往给予消费主体一种快乐的心理感受,但是这种快感有时成为"战略资源"。詹姆逊在《快感:文化与政治》(1998)中就提出了消费快感的政治性问题。他认为正是这种附加值"透露给那些享有休闲品体验意识的人们":"一个具体的快感,一个肉体潜在的具体享受——如果要真正具有政治,如果要避免自鸣得意的享乐主义——它有权必须以这

---

  [1] [德]马克思:《〈经济学手稿〉导言》,见《马克思恩格斯选集》第46卷上册,人民出版社1972年版,第28页。
  [2] 王宁:《消费社会学·序二》,[法]尼古拉·埃尔潘著,孙沛东译,社会科学文献出版社2005年版,第2—4页。

种或那种方式并且能够作为整个社会关系转变的一种形象。"[1]因此,社会权力可以在消费文化的场域中得到有效生产。在这种意义上,"消费"就是一种生产性话语。

如果承认生产性应当是消费的重要特征,那么必须认识到这种重要特征之显现在很大程度上又是得益于现代休闲之观念。在传统意义上,消费与休闲都具有"浪费"的意思,只不过消费所浪费的是物质,而休闲所浪费的是时间、财富。而在现代意义上,消费与休闲通过社会机制和权力表征密切地结合起来。西方现代休闲理论主要就是依据"奢侈""炫耀"等消费观念而建立。凡勃伦在《有闲阶级论:关于制度的经济研究》(1899)中不仅描绘了财产占优势的阶级如何力图过有闲的生活,而且说明了他们如何为博取优越和荣誉心理而从事炫耀性消费。桑巴特在《奢侈与资本主义》(1903)中追溯了奢侈消费作为资本主义的一种发展趋势,并认为这种风气正是当代社会生活中普遍盛行的现象。可见,消费与休闲两者是不能截然分开的,它们之间成为一种经济的、制度的关系。而一旦消费成为一种社会、文化的逻辑,休闲就愈发作为标签作用而被"传递"(布迪厄)、"编码"(波德里亚)、"结构化"(吉登斯).[2] 在这种逻辑中,消费的意义已经不在消费对象的使用价值当中体现,而是在于使用价值之外的消费行为当中得到表征。显然,那种作为浪费的传统消费观念已经被"坚持、偷换与转化"[3],而休闲作为生活方式已成为消费者的重要选择。

从当代生活的发展趋势看,消费休闲化现象越来越明显。比如许多购物商场为了吸引顾客,又要留住顾客,会把购物与休闲结合起来,这将大大地增进消费者购物的欲望。可以说,在消费中实现休闲,获得闲趣,已经成为一种不可逆转的消费趋势。正如齐格蒙特·鲍曼所

---

[1] 〔美〕詹姆逊:《快感:文化与政治》,王逢振等译,中国社会科学出版社1998年版,第150页。
[2] 参见郑祥福等:《大众文化时代的消费问题研究》,中国社会科学出版社2008年版,第296—302页。
[3] 〔英〕费瑟斯通:《消费文化与后现代主义》,刘精明译,译林出版社2000年版,第31页。

说:"消费者市场是一个既提供又获得自由和确信的地方。"[1]消费者通过消费可以收获自由、确信,而这种自由、确信的确具有巨大的诱惑,亦在一定程度上满足了闲趣。普遍认为,消费的实现需要一定的时间盈余和经济能力,而这也是休闲实现的基本条件。但休闲实现还特别需要一种情趣。尽管闲时、闲钱、闲趣都可以是消费与休闲的实现条件,但是相比闲时、闲钱,闲趣是一个更不容易获得的条件。这特别要求消费者、休闲参与者都要具有自然、平淡的心态和审美性的心胸。在一般消费活动中,这是难以达到的。消费者只有达到一定的生活境界之后,才可能拥有这种闲趣。因此,追求闲趣必然是消费的一种期待。当消费成为人的一种更为合理的生活方式时,休闲自然成为消费的形式和境界。从这些方面看,休闲无疑是更为高级的消费形式,故尔休闲也能够成为消费的条件和诱导。

二、消费的休闲悲剧

休闲与消费的复杂关系在于:"休闲不但是消费的条件和诱导,而且,休闲本身也是消费对象。"[2]所谓"休闲消费"就包含了这样的一种规定性。尽管休闲可以当作是消费的一种形式,即把两者当作是可以明显区分的概念,但是在事实上是可以相互接通的,甚至能够通过相互协作而发展为一种"有意味"的生活方式。这就是说,休闲也是消费的,因为休闲是"一些以高度的时间意识为特征的有限时段,用于进行物质主义所带来的商品与服务的消费"[3]。把休闲视同消费,根本原因之一就是两者都具有一种对自由时间的深刻诉求。休闲、消费都以时间为内涵,以自由为形式。如果说自由时间是促使消费活动得以实现的前提、保障,那么它同样是休闲活动得以展开的条件,甚至会引发异化的可能。

---

〔1〕〔英〕齐格蒙特·鲍曼:《自由》,杨光、蒋焕新译,吉林人民出版社2005年版,第87页。
〔2〕 王宁:《消费社会学:一个分析的视角》,社会科学文献出版社2001年版,第225—226页。
〔3〕 〔美〕托马斯·古德尔等:《人类思想史中的休闲》,成素梅等译,云南人民出版社2000年版,第146—147页。

从现代的劳动制度看,劳动者的时间基本可以划为劳动时间和闲暇时间两个部分。闲暇时间就是劳动之余的休歇时间,或者说是劳动之外的剩余时间。这种时间应是自由时间,即非劳动时间。然而,这种本是中性的自由时间往往成为一种被利用、被"开发"的资源。如为了满足经济增长的需要,就可能需要动用劳动者的自由时间,即想方设法通过延长劳动时间而达到提高生产能力的目的。这就必然压缩闲暇时间,从而导致劳动者自由时间的减少。这就是通过占有闲暇时间,并将之转化为劳动时间,从而达到提高经济效益的目的。工业社会的重要特点之一也就是基于这种时间法则的需求"创造"。通过商品的不断替代去实现快速消费,使消费变得更加商品集中化。如此一来,时间就变得既少又贵。时间"稀缺性"的进一步表现就是被作为一种"现实或幻想的财富","仅仅对这种财富的需求就是几乎相当于对其他任何财富需求之总和"。[1] 可见,时间并不是自然的,而是社会化的。它的存在需要遵守一种特定的交换法则,并且要求可以像财产一样被占有,可以像礼物一样被交换。从这些方面看,自由时间就具有了一种深刻的要义。这就是要求恢复自身的使用价值,用自由将空闲填满;把时间产品化,使之与物品等价,从而在两者之间建立起可逆的价值关系。于是,休闲这样自由的先验领域就成为了"神话",从而导致劳动时间与闲暇时间的对立越来越基础化、形式化,其直接后果必然就是"将休闲变成了异化了的劳动的意识形态本身"。[2]

休闲异化的出现与劳动者处于非主体的地位极为相关。劳动者只是被作为生产者。在这种情况下,劳动者的生产除了满足自身生理需要的消费之外,并无任何其他更高级的消费需求。正如马克思在《1844年经济学哲学手稿》中所披露的"劳动异化"现象:工人生产的与他实际消费的是成反比例的,而物的世界的增值与人的世界的贬值反而是成正比例的。这种矛盾体现出了资本主义制度条件下生产主体与消费主体的错位性,其实质是人的本质被异化。随着工业化、社

---

[1] [法]波德里亚:《消费社会》,刘成富、全志钢译,南京大学出版社2001年版,第168页。
[2] 同上书,第174页。

会商品化的不断推进,这种异化现象发展为一种更加隐蔽的特征。正如法兰克福学派所批判的,社会正被一种消费主义的意识形态所"控制"。大众文化的泛滥是这个社会的常态。但大众文化是一种以复制为方法且渗透了"虚假意识"的同质化产品。大众以大众文化为主要消费对象。大众在消费大众文化的同时,也在无意中接受了附着于大众文化中的意识形态。因此,大众文化具有深刻的"改造"作用:既改变了大众的日常生活,又改变了大众自身,从而使得大众成为被生产出来的消费者。这种"异化"特征更是被马尔库塞形象地描绘为"单向度的人":表面上允诺一种美好的生活方式,但实际上阻碍了这种生活方式的质变,从而造就了一种单向度的思想和行为模式。

如果说马尔库塞通过继承马克思理论遗产而发展了一种更具现实针对性的社会批判理论,那么波德里亚坚持了一种社会学的"想象力"。他在《消费社会》(1970)中不仅描述了"物的包围"的"环境""氛围",而且揭示了大型技术组织所引发的无法克制的欲望、所创建的新的社会等级。他也特别将"异化"特征用于说明消费社会中"休闲之不可能":

> 在我们所处的这样一个一体化的、总体的系统中,不存在对时间的自由支配。休闲并非对时间的自由支配,那只是它的一个标签。其基本规定性就是区别于劳动时间的束缚。所以它是不自主的:它是由劳动时间的缺席规定的。这种构成了休闲深刻价值的区别到处被解释、强调为多余、过度展示。在其一切符号之中、在其一切姿态之中、在其一切实践之中、及在其表达的一切话语之中,休闲靠着对这样的自我、对这种持续的炫耀、对这个标志、对这张标签的这种展示和过度展示而存在。除了这一点,它的一切都可以被剥夺、删除。因为正是这一点规定了它。[1]

这段总结性的话表现出波德里亚的悲观情绪。消费成为必然的社会逻辑,亦必然会加剧异化现象的发生。在消费社会,消费不像在

---

[1] [法]波德里亚:《消费社会》,刘成富、全志钢译,南京大学出版社2001年版,第178页。

生产社会里的消费,处于消极被动地位,而是处于更加主动的地位,而且具有极强的生产特性。消费生产着商品的品牌和等级,消费生产着整个符号体系、制度体系及其个人的社会身份,消费成为一种积极建立关系的生产方式。在消费社会中,休闲不仅是消费的应用之义,而且是消费的异己力量。从劳动者到消费者,表面上是身份形式出现了变化,但实质上并未改变它们的身份是被建构的事实。休闲时间,对于他们而言都是象征性的,即作为非常确切的、价值生产的社会时间,它不是关于经济继续存在而是关于社会救赎的范畴。这样,休闲被安插于劳动时间和消费时间之中,自然也就被挖空了自由内涵。总之,时间商品化造成了休闲悲剧。无疑,波德里亚的观点是启人深思的。

三、休闲消费的重构

休闲悲剧(或异化)论必将进一步引发我们思考消费视域中的休闲有效性问题。任何有效的休闲都必须基于社会合理化。其实,在马克思、马尔库塞、波德里亚等人的论述中都隐含了这种"真实"。特别是波德里亚,他把消费作为社会的中心,强调了消费的生产性、主动性和整合性,而且这种特征和功能包括对人本身。在消费化情境中,人与社会的关系表面上是顺应的,但实质上是有悖逆危险的。人被物化、商品化、消费化,这终究导致人的主体性丧失和本体性倒置。因此,"消费社会"话语尽管具有某种社会学想象色彩,但是它不回避人的生存问题。事实上,也只有站在人的生存这一高度,才能更好地理解消费问题。托马斯·古德尔认为,解决时间商品化所带来的问题"不在于贬低时间的价值,而是要改变我们的价值观。在这些变化中,最重要的是改变对最高消费的认可。"[1]所谓"最高消费的认可"的改变,并非仅仅在消费形式,而是在消费价值观。这要求我们怀以生存论精神去评估、认同消费。罗钢也指出:"生活在消费社会中的人们和他们的前辈的根本差异,并不在于物质需要以及满足这种需要的方式

---

[1] [美]托马斯·古德尔等:《人类思想史中的休闲》,成素梅等译,云南人民出版社2000年版,第152页。

有了改变,而在于今天人们的生活目的、愿望、抱负和梦想发生了改变,他们的价值观发生了改变,最终是作为人的本体的存在方式发生了改变。"[1]可见,摆在当代人面前的不应是"能否生存"而是"如何生存"这样应然的问题。[2] 消费生存论是我们深度理解消费和积极展望休闲的根本维度。重构消费与休闲的关系,大致可以包括如下分别具有对应性的三个层面:

其一,感性消费与休闲回归。

感性消费是一种基于人生的享受和发展的消费方式。它不再是以维持人的基本生存为主要目的,而是为了满足人的心理、精神等各方面的需要。在这种消费形态中,消费者具有双重属性,既是生存者,又是享受者。消费行为的发生一方面是消费者的内在需求,另一方面是消费对象的引诱,即它是双方发生共鸣的一种表现。从消费目的、消费意识、消费行为各方面看,感性消费无疑是一种较高层次的消费方式。相对于物质消费,感性消费体现出一种复杂性。但是感性消费也具有某种随机的、非理性的特征,突出表现在消费者是以直观感觉作为评价标准,即感觉逻辑左右了消费者的选择意志。[3] 这就是说,感性消费会诱导消费的取向,激发消费的狂热,甚至会麻痹消费者的意志,使消费者沉浸于形式的、感官的享受中而不能自拔。因此,休闲一旦等同于感性消费,或者沦落为一种消费主义,就势必造成追求消费至上的极端倾向,从而远离休闲的本真。这一问题业已为人所觉察和正名:"休闲消费其本质上是对目前兴盛的物质消费主义思潮的一种反叛。它倡导消费的合理化和速度性,倡导休闲生活的简单、简朴与简约。"[4]因此,必须在观念上重识休闲,使休闲回归到一种"简"化的生活当中。

---

[1] 罗钢:《前言 探索消费的斯芬克斯之谜》,见《消费文化读本》,罗钢、王中忱主编,中国社会科学出版社2003年版,第1—2页。

[2] 参见鲍金:《消费生存论:现代消费方式的生存论阐释》,中央编译出版社2012年版,第3页。

[3] 参见王德胜:《论感性消费与消费者心理》,载《东岳论丛》1999年第6期。

[4] 于光远、马惠娣:《十年对话:关于休闲学研究的基本问题》,重庆出版社2008年版,第1页。

其二,理性消费与休闲规范。

消费活动是感性与理性的统一。相对于感性消费,理性消费是一种限制性的消费。任何的消费都是基于资源性条件的消费,即是受到各种条件的约束而展开的。如果说感性消费容易导致过度消费,那么就必须对感性消费保持警惕,就必须通过理性方式进行抑制。须知消费具有一种社会"驯化"作用,"也就是与新型生产力的出现以及一种生产力高度发达的经济体系的垄断性调整相适应的一种新的特定社会化模式"。[1] 这必将引起人们对与此"社会化"相关的各种消费、休闲问题的重新思考。如渗透了社会的逻辑的消费合法性、消费禁忌、消费规范、消费伦理等问题,都是亟须消费理性给予立论的。休闲所面临的问题是近似的,其中休闲规范问题需要特别指出。休闲与消费两种现象极易混生。消费往往借助形式伎俩达到某种生产性的目的,这极大地限制了人们对休闲的正确对待。休闲的确也具有如消费一样的某种生产性,但它更重要的意义在于一种创造性。我们未免不可把休闲或作为某种制度性补偿,或作为提升生活质量的重要选择。理性消费不仅要求合理消费,而且要求规范休闲。当然,理性消费与规范休闲是一个可以值得再讨论的经验问题,此处不再赘论。

其三,审美消费与休闲升华。

审美消费又是相对于感性消费、理性消费而言的。感性消费与理性消费具有某种对立性关系,而审美消费则是在扬弃两者的基础上形成的一种整合性形式。应该说,审美消费是最为积极的消费选择方式之一。审美本身具有一种超越性。德国美学家席勒就把审美状态定义为"一种实在的和可规定性的状态",认为它是一种感性与理性相互否定后所达到的平衡状态,亦即摆脱了物质的和道德强制的自由心境。[2] 循此理解,审美消费是一种摆脱了功利目的、具有自由性的消费形式。显然,这里所说的"审美消费"就不能完全等同"审美化消

---

[1] [美]詹姆逊:《后现代主义与文化理论》,唐小兵译,北京大学出版社1997年版,第162页。

[2] [德]席勒:《审美教育书简》,冯至、范大灿译,上海人民出版社2003年版,第161—162页。

费"。审美化消费是消费的审美化,它不仅是审美现象在消费领域最直接的表现,而且会产生这样的后果:"消费活动与审美活动之间的结合,表面上看来是审美活动的扩展,暗地里却是使审美活动沦为消费文化和消费主义意识形态的载体,并且也使消费活动受到某种意义上的变异。"[1]可见,消费与审美化之间存在区隔。究其原因,亦仍在于审美的特殊规定性。审美是一种基于日常又超越日常的特殊活动。消费审美化非但不是审美的扩展,而在某种程度上是沉降了审美的高尚品格,使之忝列于日常生活。同时由于一些非审美因素的渗入,消费审美化中的审美也就更加不再是纯粹的了。因此,必须返回消费、审美的本义,把日常性消费提升为审美性消费,把审美化消费还原为审美消费。至于休闲,我们需要同样的对待。休闲感是一种欢愉、畅爽,休闲的境界是审美自由,休闲是人的理想生存。但在现实中,并不是所有的休闲活动都是审美的、自由的,而美学恰恰能够保持它的正面朝向。因此,必须把休闲从日常性提升为审美性。在"日常生活审美化"语境中,审美与日常生活不可分割地结合在一起,甚至成为了一种自然性常态。我们也只有还休闲为一种自然性常态,才能使人审美地而不是审美化生存。

第三节 技术与休闲

对休闲伦理、休闲消费的反思都离不开技术的语境。"新的闲暇伦理之所以可能得到发展,主要有赖于完善的技术,这种技术使一周的总工时得以减少,人们能享受退休、得到养老金,且大多数人变得相对富裕。"[2]技术不仅造就了新的休闲伦理,而且形成了"消费社会"——以高度技术化为前提的"后化"社会。技术对人的影响,既是直接的,又是深刻的,它能够抽空人所依赖的社会基础,甚至连人本身也被完全终结。这种技术后果,亦不得不使列斐伏尔(Henri Lefebvre)

---

[1] 朱生坚:《消费文化与日常生活的审美》,载《黑龙江社会科学》2007年第5期。
[2] [美]奥斯古德:《新的闲暇社会》,周士琳译,载《现代外国哲学社会科学文摘》1985年第3期。

把目光投向"休闲":"只有休闲的王国可以逃离技术环境,逃离必须,换句话说,能够逃离对个性的剥夺。通过休闲活动,我能够远离技术。我们获得了从'必须'通往'自由'的跳跃,从'对个性的奴役'通往'自我发展的可能'。"[1]技术与休闲之间具有的深刻关系,自然使得我们不能对它采取简单化的态度。作为一个十分重要的文化研究关键词,"技术"由于经历了复杂的语义变迁过程[2],而成为文化与社会状况的缩影;作为一种重要的社会力量和资源,技术又历史性地会同了美学问题。技术的语境、技术的多重面向实为反思休闲美学提供了条件和参照。

一、休闲的技术源起

首先需要从观念上理解技术与休闲之间的内在一致性。在一定意义上说,人类的生活史就是一部技术史。技术变化与人类生活息息相关,技术对人类生活的影响程度甚深。法国当代哲学家贝尔纳·斯蒂格勒揭示了因技术、技术学和技术科学造成"逆转"的世界方向迷失问题。他认为,这一情况其实具有原初性:"人类的历史是作为外延过程的技术的历史。在此过程中,技术的演化被种种趋势所主导,而人类社会则无休止地与这些趋势作较量。'技术体系'不断进化,同时淘汰构成社会凝聚力的'其他体系'。技术发展原本是一种破坏,而社会生成则重新适应这种技术生成。然而技术生成从结构上领先于社会生成(技术是发明,发明是创新),它在协调技术进步与社会传统的关系时总会遇到阻力,因为技术变革依其幅度大小总会或多或少地动摇文化的基准。"所以,人与技术被一种"转导"关系密不可分地连接在

---

[1] Henri Lefebvre. *Critique of Everyday Life*. Volume I. trans. John Moore. Verso. London and New York. 2008, p.37.

[2] "技术"一词的英文是 technology,从 17 世纪起指的是对技艺(arts)做有系统研究的描述,或者描述某一种特殊技艺;在 18 世纪初期,它的基本定义就是"对于技艺的描述,尤其是对机械的器械(the Mechanical)"的描述。该词专指"实用技艺"(practical arts)主要是在 19 世纪中叶;这个时期也是一种 technologist(工艺、技术专家)的时期。Science(科学)与 Scientist(科学家)两词开启了我们所熟悉的现代区分;知识与其实际的应用事物在特定领域里的区分。([英]雷蒙·威廉斯:《关键词:文化与社会的语汇》,刘建基译,三联书店 2005 年版,第 484 页)

一起,而这个"超稳定的平衡"关系正承载了难以承载的"时间"压力,因为"技术的领先开启了时间的延伸性"。[1]

因此,技术变革的实质在于时间观念变化。作为一个古老的概念,"时间"最初的特性只是自然的、周期的、循环的,但后来渐渐地变为社会的、线性的。这种运行方向的变化本源就在于技术——主要是以钟表为代表的测量时间的机械装置。近代以来,人类通过技术控制了对时间的测量,从而改变了对时间的理解,因为技术的变革不仅加快了"流动和速度",而且提高了工作效率和生活节奏:一方面是工作时间的节约,另一方面是闲暇时间的盈余。这两方面都使时间越来越成为重要的中介,以致时间不仅是"稀缺商品的环境",而且使得这种商品本身变得更加"稀缺"。所以,时间的诡秘性表现在人类越是需要时间进行工作,就越是需要时间去从事各种闲暇活动。在当代,也只有通过对时间的自由支配才能满足人的诸多需求和更多欲望,亦唯此才能保证人在工作和休闲时具有一种心理上的平衡感。

时间观念从根本上改变了休闲观念。如果说休闲指的是对闲暇时间的花费,那么真正的休闲乃表现为对时间资源的充分估量和合理利用。"随着时间内容的增加,如同工作时间一样,我们对休闲时间也做出了越来越细致的控制,它改变了休闲的性质。……现在的休闲是一些以高度的时间意识为特征的有限时段,用于物质主义所带来的商品与服务的消费。现在,休闲并不要求人们停止活动,相反,它要求人们在极端稀缺的时间资源内从事令人愉快的活动。"[2] 这种情况的一种极致表现就是通过改变原属于工业程序的"城市时间"而形成的"记忆的工业化",即人类原有的特定记忆、种族记忆及个体记忆逐渐被新生的技术记忆所取代。如此,那种"刻板印象"的时间被"折叠"进记忆之中,"制造"了审美化的日常休闲。可以说,技术变革引发了时间观念,进而促进了休闲的现代发生,这使得休闲成为一种重要的

---

〔1〕〔法〕贝尔纳·斯蒂格勒:《技术与时间 2:迷失方向》,赵和平等译,译林出版社 2010 年版,第 2 页。

〔2〕〔美〕托马斯·古德尔等:《人类思想中的休闲》,成素梅等译,云南人民出版社 2000 年版,第 146—147 页。

技术性话语。技术对人类的休闲的直接作用主要表现在各种生活实践当中。例如,有了高效的生产工具,就可以提高生产速度、快速积累物质财富,从而赢得更多的闲暇时间;有了便捷的交通工具,就可以远游四方、饱览河山,从而在工作之外获得身心调节的机会;有了电影、电视、网络等媒介,就可以所见所得,足不出户地实现商品买卖或多样化的消遣娱乐方式。

人类从技术中受益匪浅,休闲的实现也难以离开技术的支持。我们可以再从如下两方面深入理解休闲的技术性蕴含:其一,休闲与技术一样享有时间的社会性。技术的变革是一种社会现象,时间亦如此。时间既是休闲的基础,又是其基本构成条件;没有时间,休闲就成为"空中楼阁";有了时间,休闲才成为可能。但是时间又是一种被认识到的存在。现代时间基本上就是一个社会概念,因为时间本是一个非常不确定的概念,它是一种缺席的在场,只有把时间置于"人—社会"的结构当中才能真正被人所拥有和理解。正如人的存在依赖于社会关系,时间也只有从社会关系中进行理解才具有存在价值。"有反复出现的社会事件和活动的节奏,强加在个人对生物和心理延续的独特经验之上,这种节奏决定着社会之中的时间计算。个体适应社会的基础不可能是个人的不可靠的时间经验,而必须是对所有个人来说都是不变的和共同的时间,只有在这种时间的基础之上,经济和社会活动的合作才是可能的。"因此,无论是关于"持续时间"还是"时间标记"的任何时间表达,都应是"关于社会的活动或者集体的成就"[1]。其二,休闲具有与技术一样的"动力"作用。虽然休闲经常表现为一种个人或集体的积极实践,但是这些实践的扩展及其所需的基础设施,使得休闲成为一种十分重要的社会现象。作为个体与社会之间的中介或者说是活跃在两者之间的一种生活本然,休闲一旦溢出个体的存在而成为社会事实时,它将引起人们所期待的个人解放和充分发展,"好像越发起着社会变革原动力的作用,而且可能孕育一个与工业增

---

[1] [印]雷德哈卡马·马克吉:《时间、技术和社会》,见《时间社会学》,[英]约翰·哈萨德编,朱红文、李捷译,北京师范大学出版社2009年版,第34—35页。

长的传统模式相反的新的社会模式"[1]。在当代,克里斯多夫·爱丁顿等一些休闲学家已充分认识到休闲的社会作用,认为休闲在个人、社区以及国家(社会)的生活中是一种强有力的转变力量,因而也只有把休闲与"转变"联系起来,才能更好地理解休闲。

二、规训与诗意休闲

技术问题的复杂性主要表现在技术对社会权力结构关系产生形变作用。米歇尔·福柯曾用"规训"一词来解释一种特殊的权力形式,即它是不断制造知识的手段,又是权力干预肉体的训练和监视手段。因此,作为"知识—权力"相结合的产物,"规训"用于描述技术的复杂性不无意义。美国当代哲学家安德鲁·芬伯格(Andrew Feenberg,)指出:

> 技术是一种双面(two-side)现象:一方面有一个操作者,另一方面有一个对象。当操作者和对象都是人时,技术行为就是一种权力的实施。更进一步说,当社会是围绕着技术来组织时,技术力量就是社会中权力的主要形式。单向度就是来源于根据正义、自由、平等传统概念来批判这种权力形式的困境。但是技术权力的实施引发了内在于单向度技术体系的新形式的抵抗。这些抵抗暗中对以技术为基础的特权阶层提出了挑战。因为受技术控制的地方影响技术的进步,所以从下层产生的新的控制形式能够使技术沿着新的途径发展。[2]

这充分说明技术具有组织性和政治性:一方面,技术中介了社会组织,网罗了各种权力关系;另一方面,技术的存在必将引发一种"矛盾和潜能"。因而"技术"绝非是一个简单的问题,而是一个蕴含多种社会关系的"共同体"。

在质疑技术的各种社会批判理论中,一种最普泛的观点就是:一

---

〔1〕〔法〕罗歇·苏:《休闲》,姜依群译,商务印书馆1996年版,第5页。
〔2〕〔美〕安德鲁·芬伯格:《技术批判理论》,韩连庆等译,北京大学出版社2009年版,第17—18页。

方面将技术视为没有价值内涵的中性物;另一方面认为技术的运用亦能直接引起社会异化:"技术已经使得贫民窟和贫民到处都是,生活速度极快,犯罪行为无奇不有的蜂窝式城市发展中的主要因素;它是一种对人、公用事业、制度和伦理进行生态学的重新分布的新技术。"[1]通过加快时间和速度,技术控制工作进程,并把人牢牢地束缚于其中,从而造成了人与社会分离的现象。所谓"片面化""单向度"即指人(主体)被技术规训、惩罚的后果及表现。这种异化观透露出现代人对技术的担忧,其实质是要求反叛工具理性。

面对异化的事实,一些社会学家、美学家提出了以道德或审美进行救世的观点,如法兰克福学派就以批判这种全面技术化的"工业社会"理论而著称。在此问题上,德国哲学家海德格尔无疑是最著名的代表人物之一。他曾以一种"存在"的语言批判技术现象。他首先从本源上揭示了技术之存在,认为技术就是"作为存在的显现方式","技术是一种解蔽方式";"技术乃是在解蔽和无蔽状态的发生领域中,在无蔽即真理的发生领域中成其本质。"[2]在这些表述中,海德格尔虽然没有直接触及技术的负面价值,但显然是建立在一种反对无限增长的技术欲望的社会背景当中的,即把技术作为度量事物的唯一尺度,把世界变成加工对象和统治客体。进而,他认为现代技术体现出一种权力性,即表现为一种单一性、精确型和高度理性的特征,尤其是它衰退和畸变了原本鲜活的、丰富的、有生命力的语言;而语言本是"诗意"的存在,是人的"精神家园",但是技术的滥用使语言成为刻板僵硬、毫无温度的存在;因此只有"诗意地栖居"才可以使技术获得"诗意",即便是苦难、辛劳、贫困和窘迫的生活也同样可以洋溢出神性的光辉。海德格尔力图建构一个以"世界"和"大地"为核心概念的"生存空间":一个不是过去那种人与神为二元结构的,而是天、地、神、人共存共在的空间;只有在这个空间里,人的存在才应该是富有诗意

---

[1] 〔印〕雷德哈卡马·马克吉:《时间、技术和社会》,见《时间社会学》,〔英〕约翰·哈萨德编,朱红文、李捷译,北京师范大学出版社2009年版,第38—39页。
[2] 〔德〕海德格尔:《技术之追问》,见《演讲与论文集》,孙周兴译,上海译文出版社2004年版,第12页。

的,而不是技术的。总而言之,海德格尔从一种存在主义哲学视野来理解技术的本源和愿景,并赋予技术以一种"实体性":"技术构成了一种新的文化体系,并将整个社会世界重新构造成一种控制的对象。这个体系具有一种扩张性活力的特点,它将最终侵入每一块前技术的飞地和塑造社会的整体。总体的工具化就成了一种天命,我们除了退却以外没有出路。只有回归传统或简朴才能提供一种对进步的盲目崇拜的替代形式。"[1]

　　海德格尔以这样一种美学方式超越了被技术规训的社会,给技术时代的人类提供了一剂药方,并供奉了一尊信仰之神。其实,这本身是一个巨大的审美悖论:审美既以救赎世人为社会目标和诉求自由为道德指向,又只能存在于现实生活的彼岸。在今天来看,这种审美主义注定是虚幻的,难以在现实生活中得到落实,因为它至少应该首先撤退到更为实体化的自由层面。如果我们从休闲的视角进行审视,也许更能清晰理解其中的偏颇。在本质上,休闲也是一种自由(但不等于"审美"),但它又受到生活的规范。约翰·凯利认为,休闲是一种现实化的情境自由。休闲不仅是存在、感觉,更是行动,休闲体验是在某些环境下由于行使自由而创造出来的可能:一方面,各种象征性和符号化的社会环境对个体行动者产生了现实的影响;另一方面,作为被感知的自由只有在经过行动检验并被发现有所创造之后才是真实的。所以,作为自由的休闲体验是在一种"决定与行动的动态环境"中达成的,它是"存在"的自由,更是"成为"的自由。这种开放式理解巧妙地建立起了一条联系"自我"与"生活"的纽带,因为休闲自由的境界才是审美,审美正是指向自由生活的本义:"生活就是'成为'——是一个过程。只要追求自由还没有让位给故步自封,那就永远会有创造。生活是处于重重发展与社会矛盾困境中的行动。生活可能被异化,可能出现孤独或受到共同体的支持,但生活的旅途只知道一个终

---

[1] [美]安德鲁·芬伯格:《技术批判理论》,韩连庆等译,北京大学出版社2009年版,第6页。

极目标,那就是向着未来延伸。"[1]

三、审美化中的协商

以海德格尔观点为代表的存在主义技术批判理论是植根于强大的西方宗教信仰文化基础上的。这种理论既承认技术又否认技术,显示出了人在技术面前的无能窘境以及对上帝的皈依心态。但是人的能动性重要体现之一就在于摆脱一切束缚,充分运用技术,并使之服从于特定的目的。各种"技术艺术"就充分表达出作为审美艺术的技术策略,具有鲜明的"合目的性"。本雅明用"韵味"(aura)这一富有隐喻性的概念解释一种特殊的氛围,即一种可以注明艺术品身份的东西。他认为,通过现代生产技术可以让艺术品从此走进个人家中;艺术品虽然消失了"韵味",但复制艺术通过图像的方式更加接近了人,从而解放了艺术的文化(传统)功能。本雅明所说的"机械复制艺术"即指摄影和电影。

在当代,技术与艺术(审美)合谋的现象已非常突出,典型表现就是出现了所谓的"审美化"趋势。这一趋势可以从两个层面来理解:首先,"审美化"指的是日常生活被审美完全浸染的现象。波德里亚说:"我们生活的每个地方,都已为现实的审美光晕所笼罩";"现实本身已完全为一种与自己的结构无法分离的审美所浸润,现实已经与它的影像混淆在一起了"[2]。费瑟斯通认为,当代消费文化发展的中心就是"日常生活的审美呈现",即那种"充斥于当代社会日常生活之经纬的迅捷的符号与影像之流"。其次,"审美化"是一个过程。费瑟斯通进而认为,"日常生活的审美总体必然推翻艺术、审美感觉与日常生活之间的藩篱,从而使审美技术成为唯一可接受的实在",但是"生活的审美并不是一个给定的东西,或者是人类知觉品性中的某种必然的东

---

[1] [美]约翰·凯利:《走向自由:休闲社会学新论》,赵冉译,云南人民出版社2000年版,第283页。
[2] J. Baudrillard. *Simulations*. New York. Semiotexte. 1983, p.148.

西"。[1]因此,"日常生活的审美呈现"重在它的形成过程。韦尔施也认为,审美化过程有一个"生动场面":"无论是在客观的还是主观的现实之中,审美因素都是在浅表层面上进步:墙面变得漂亮了,商店更加生机勃勃,鼻梁也更见完美。但是审美化同样到达了更深的层次,它影响到现实本身的基础结构,诸如紧随新材料技术的物质现实、作为传媒传递结果的社会现实,以及作为由自我设计导致的道德规范解体的结果的主体现实。"[2]在这里,"审美化"被区分为"浅表审美化"和"深层审美化"两个层次。从"现象"到"过程","审美化"趋势反映了当代日常生活日益被发达的电子、图像、媒介等技术所塑造的客观事实,如此全面的特点也致使我们把整个现实愈益视为是一种美学的建构。所以,"审美化"是高度融合的,自然也包含了技术本身的"审美化"。

"审美化"趋势显示了当代文化的一个重要特征:休闲化。随着工作与休闲界限的日渐模糊,诉求感性娱乐与感官享受成为文化发展的主向:"一种不计目的的快感、娱乐和享受"的潮流,"在今天远远超越了日常个别事物的审美掩盖,超越了事物的时尚化和满载着经验的生活环境。它与日俱增地支配着我们的文化总体形式。经验和娱乐近年来成了文化的指南。一个日益扩张的节庆文化和娱乐,侍奉着一个休闲和经验的社会。"[3]因此,所谓的"休闲文化"与"消费文化""审美文化""后现代文化"一样,都是对当代文化特点的说明。在如此互文的语境中,人也就成了卢克·费里所说的"美学人":敏感地享受趣味。但是,"审美化"对世俗世界的强烈冲击,也对日常道德规范构成了巨大的挑战。如何解决因技术造成全面"审美化"而带来的观念变异、价值冲突、伦理失范等问题,将成为一个十分重要但又相当棘手的课题。

提升休闲的美学品质,必须合理协商制约休闲的要素。如本章开

---

[1] [英]费瑟斯通:《消费文化与后现代主义》,刘精明译,译林出版社2000年版,第97页。

[2] [德]韦尔施:《重构美学》,陆扬等译,上海译文出版社2006年版,第9页。

[3] 同上书,第6—7页。

篇中所言,当代休闲制约理论已明显发生从"定量"到"定性"的认识转变。所谓的"制约"并非只是阻碍人们参与休闲活动、使用休闲服务或者享受当前活动的各种因素,而是认为它们都可能在休闲活动过程中产生积极效用的、可以协商的因素。"人们需要一定的社会力量来有效地吸引他人参与协商以便为自己的目标服务。只有当我们研究这一要素时,我们才不会错过对休闲制约进行协商的一种重要资源。"[1]从美学发展看,以技术促进审美性休闲当属必然的选择,但这需要我们对技术有一个全面的认识。技术是一个矛盾的统一体,既有正面的效应,又有负面的后果,但"真正的问题不在于技术或进步本身,而在于我们必须从中做出选择的各种可能的技术和进步途径"[2]。此即要求我们有一种与占主导的技术理性不同的思想,一种能在技术的更广泛的情境中进行反思的批判理性,即"前进到自然",朝向一种根据人的需要和利害关系的宽广范围而有意识地构造的文化总体性,使环境与适当技术的结构之间取得协同作用。所以,我们要承认技术而不是规避技术,更不能以技术的名义片面地甚至极端地否认它的有效性,此是其一。其二,正如法国当代美学家马克·西门尼斯所说,技术必将给人们带来对知识传递等传统进行颠覆的问题。[3] 如技术的作用一样,"审美化"必将颠覆人类知识传递的固有模式。传统的艺术(审美)概念是精英式的,但在今天已日渐平民化、公众化,成为一个相当开放的概念。因此,我们不能固执于狭隘的审美观念,而应将"审美"作为当下文化的突出语义,视之为认知现实、构建现实的合理维度之一。允诺休闲,重要的是借助技术"沉入"审美而非"沉溺"于审美化。唯其如此,人才能在日常休闲中通达诗意的生存境界,休闲美学才是可能的。

---

〔1〕〔美〕埃德加·杰克逊编:《休闲的制约》,凌平等译,浙江大学出版社2009年版,第406页。

〔2〕〔美〕安德鲁·芬伯格:《技术批判理论》,韩连庆等译,北京大学出版社2009年版,第1页。

〔3〕〔法〕马克·西门尼斯:《当代美学》,王洪一译,文化艺术出版社2005年版,第116页。

四、关于"网络休闲"

"技术和科学今天也具有统治的合法性功能——为分析改变了的格局提供了钥匙。"[1]哈贝马斯针对马尔库塞的观点而提出把技术作为理解一切问题的关键,这种说法在今天看来显然并不过分。人类在当下对自身的关注远远超过了过去的任何时代——这与技术的意识形态化具有密切关系。技术成为了第一位的生产力,广泛渗透到社会制度当中,并在深刻地影响人的思维方式,改变着人的生活方式和生存空间。人类日益生活在一个技术化的时代,一个被互联网所组织的空间当中。关于"互联网"(Internet),目前普遍接受的定义是美国联邦网络委员会所一致通过决议中提出的(1995年10月24日)。互联网是一种全球信息系统,并有三方面的含义:通过全球唯一的地址逻辑地联结起来;能够通过协议进行通讯;能够提供、使用或者访问公众或私人的高级信息服务。它具有数字化、全球性、实时性、多媒体和交互性等特征,具有与传统信息传播模式完全不同的特征。因此,网络亦被联合国新闻委员会正式宣布为继报刊、广播、电视这三种大众传播媒体之后的"第四媒体"(1998年5月)。[2] 随着这种技术的应用从边缘向中心、从表层向深层扩散,互联网日渐成为人类生活的中心,形成了以网络生活主体(网民)、网络生活客体(网络生活资料、网络生活时空)、网络生活中介(信息和知识)、网络生活式样为构成的网络生活方式。

网络休闲是网络生活方式之一。作为一种休闲娱乐方式,网络休闲具有积极的作用。其一,能够增强个体的主体性意识。网络时空是一个自由空间,主体可以尽情地遨游其中。个人真正成为自我主体,可以是行为的执行者和管理者,又可以是行为的选择者和调控者。自我意识自由支配,极大地彰显了人的自由个性,使个体切实感受到主

---

[1] [德]尤尔根·哈贝马斯:《作为"意识形态"的技术和科学》,李黎、郭官义译,学林出版社1999年版,第58页。
[2] 参见李彬:《全球新闻传播史(公元1500—2000年)》,清华大学出版社2009年版,第356页。

体性地位的高扬,从而使主体意识得到不断强化。其二,能够拓展个体的交往形式。网络休闲为人们提供了开放空间,交流是不受时空限制的,可以无限制地扩大人的社交范围。网络交往是平等的,彼此关系陌生,这可以制造逾越社会现实和松弛禁忌压力而宣泄自我的机会,使交往主体的真情得到流露与表达。其三,能够丰富个体的生活内容。网络可以丰富人们的生活内容,如工作、学习、生活及休闲娱乐,无一不可以在网络上实现。而且这些内容之间并没有严格的界限,如工作休闲化,娱乐学习化,可以相互渗透。因此,网络休闲为人们赢得了自由时间,人们可以进行多样的活动,如网络联系、网上聊天、网络影视、网络情爱、网络娱乐、网络虚拟旅游等。这些活动形式都可以即时即刻、随心所欲、足不出户地满足人们的休闲需求。数字化技术的发展,使得网络休闲方式又达到一个新的台阶。

从休闲主体、交往形式、活动内容等方面看,网络休闲的确是一种休闲娱乐新模式。但是,这种便捷、感性化的模式也极可能带来诸多负面影响。网络生活及网络休闲都是以网络信息为中介。网络信息具有碎片化特点,没有系统性的知识和理论,容易造成误导。网络信息存量巨大,且鱼目混珠,不易辨别,更遑论选择。因此,在网络休闲活动中,主体的人如果没有明辨能力,往往会被网络信息异化,成为单纯的、被动的接受者,从而弱化主体性价值,造成主体性价值的失真、主体性价值选择能力的失准。网络信息是匿名的,约束并不严格。网民的行为被赋予极高的自由度、随意性,容易为获得一时刺激和愉悦而做出破坏性的、低俗的、暴力的、色情的、极端的或不负责任的行为,引发严重的道德失范。此外,过度地沉迷网络世界,必然有损身心健康,表现在降低人的感知能力,使人思维混乱;扭曲人的世界观和价值观,使人情感迷失;阻碍人的现实交往,使人心灵萎缩;易患"网络成瘾综合症",诱发种种疾病,等等。[1] 波德里亚在《消费社会》最后一章,由消费而引出"疲劳"的概念。正像消费成为一个世界性问题一样,因

---

[1] 参见王岩:《网络休闲中人的主体性价值的失位与归位》,载《江汉论坛》2007年第6期。

网络造成的疲劳也正成为一个世界性的问题,成为"世界新病症",成为"我们时代的标志"。[1]

　　网络技术发展、社会生活需要势必造成网络休闲的普及。全世界网民数量庞大,且逐年递增,网络休闲在当今生活中已不再那么新鲜。但是网络休闲极易引发主体性价值"失位"等负面影响,势必又要求我们对它持以理性态度,而不是一味地感性沉入,罔顾事实。实现网络休闲的理性回归,核心要求就是培养、促进和增强个体主体性意识。首先,要以和谐环境确保网络休闲。网络休闲以网络为环境。网络休闲主体只有与环境建立起和谐的关系,才能真正体现网络休闲行为的价值。在网络休闲活动中,网络应是缓解精神压力、愉悦身心、增进人际交流的平台。因此,确保网络休闲必须使网络具备适应、满足和关怀人性的品质,使网络技术与人的自由发展协调统一。其次,要以规范道德引领网络休闲。网络休闲主体不仅是休闲愉悦的享受者,而且是道德义务的承担者。网络休闲主体应在多重文化和价值的冲突、融合里发现、发掘高尚的道德观念、道德行为及道德品质,进而内化为网络休闲活动的道德规范,并发挥它们的价值引导作用。整体至上及崇德重义、修己内圣、慎独、推己及人、克己复礼等传统道德品质,对统一网络道德评判标准,解决道德认知矛盾,规范道德行为,进而治理网络社会的各种道德失范症状,仍然具有十分重要的现实意义。其三,要以传统休闲平衡网络休闲。与常规休闲活动不同,网络休闲具有"开放性、猎奇性、创造性、便捷性、大众化"[2]的特点。可以说,网络休闲是对传统休闲的超越。但是,这并不意味着网络休闲能够替代传统休闲。传统的郊游观光、游览名胜古迹、吟诗作画以及现代休闲养生旅游、生态休闲旅游等,都有回归自然的功能。网络休闲是一种虚拟活动,与实际生活存在隔阂。让作为网络休闲主体的人亲近自然、融入自然,回归到健康的生活中,以传统休闲平衡网络休闲是必要的。传统休闲与网络休闲是共存的。

----

〔1〕〔法〕波德里亚:《消费社会》,刘成富、全志钢译,南京大学出版社2001年版,第208页。

〔2〕吴文新、张雅静主编:《休闲学导论》,北京大学出版社2013年版,第369页。

此外,还需特别提及网络游戏。网络游戏(又称"在线游戏",简称"网游"),是多人同时参与的电脑游戏,通过人际互动达到交流、娱乐和休闲的目的。适当地进行网络游戏可以增强大脑的运转速度,培养人的积极竞争意识,起着调节身心的重要作用,而过度地进行网络游戏,必将适得其反。网络游戏的存在基础在于技术、艺术与人的有机统一。它的未来发展也在于与技术整合,与艺术融合,通过对现实世界的再创造,实现对现实人生的超越。

第四节 "游戏说"的深义

理解"休闲"(Leisure),还需要说明"游憩"(Recreation)、"旅游"(Tour)、"游戏"(Play)等几个相关概念。其中"游戏"这一概念特别值得关注。游戏并不仅仅是一种能够带来自由情趣的生理活动或心理活动,还是一种社会性的行为、现象。美国学者艾泽欧—阿荷拉(S. E. Iso Ahola)曾对"儿童的非组织化休闲:自由游戏"的问题进行了深入研究[1]。显然,这种研究具有综合性,往往集合了心理学(特别是儿童心理学)、社会学、美学、休闲学等各种学科的成果和方法。这就是说,"游戏"又是一个涉及多学科的研究对象。相比之下,美学中的游戏研究更具深意。在西方美学史上,明显贯穿着一条游戏理论的线索。在这条线索上,德国美学家席勒(J. C. F. Schiller)是最为关键的一环。在《审美教育书简》(1794)这部书信体著作中,他提出了极其著名的"游戏说"。关于"游戏说",目前学术界比较盛行的观点是把它作为艺术本质论来看待,甚而将它作为一种艺术起源学说。应该说,这两种观点都可以在该书的若干封信中找到相应的依据。但是如果联系席勒倡导审美教育思想的时代背景、出发点及其对后世的影响,席勒更加关注的是人性失落和道德恶化的问题。他看到了由于过度理性造成人格异化的事实,并竭力要求恢复感性,并为感性立法。

---

[1] 参见[美]艾泽欧—阿荷拉:《休闲社会心理学》,谢彦君等译,中国旅游出版社2010年版,第84—88页。

这种"游戏说"应是一种感性的、审美的生存观,是对人在"现代境遇"中生存命运的关怀。因此,在审美现代性意义上重新梳理和审视席勒的这一理论,将有助于我们洞察到席勒美学思想的深刻性,从而为我们正确评价席勒在西方美学史上的重要地位提供一个视角。此外,席勒美学对 20 世纪中国美学产生了极其重要的影响,这也促使我们对席勒"游戏说"给予特别重视。

一、审美自由:从艺术到政治

何谓"游戏"(德文 spiel)?席勒说:"通常用'游戏'这个词表示一切主观和客观上都非偶然的,但又既不从内在方面也不是从外在方面进行强制的东西"。[1] 席勒认为,在人身上存在着两种冲动,即感性冲动和理性冲动。它们分别以自然的法则和精神的法则强制人心,美是两个冲动共同的对象,也就是游戏冲动的对象。游戏冲动则同时从精神和物质方面强制人心,而且它扬弃了一切偶然性,因而也就扬弃了强制,使人在精神与物质方面都得到了自由。故所谓的"游戏"就是通过扬弃的方式使人感到自由。一句话:游戏就应是人的一种理想存在方式和状态。对此,席勒也一再强调:"只有游戏才使人成为完全的人,使人的双重天性一下子发挥出来"[2];"人同美只应是游戏,人只应同美游戏";"说到底,只有当人是完全意义上的人,他才游戏,只有当人游戏时,他才完全是人。"[3]

从思想渊源上看,席勒的这一观点主要来自康德。康德在美学研究中曾注意到艺术与游戏的关系这一问题。在谈到艺术与手工艺的区别时,他指出:"艺术还有别于手工艺,艺术是自由的,手工艺也可叫做挣报酬的艺术。人们把艺术仿佛看做是一种游戏,这是本身就愉快的一种事情,达到了这一点,就算是符合目的;手工艺却是一种劳动(工作),这是本身就不愉快(痛苦)的一种事情,只有通过它的效果

---

[1] [德]席勒:《审美教育书简》,冯至、范大灿译,北京大学出版社 1985 年版,第 78 页。
[2] 同上。
[3] 同上书,第 80 页。

(例如报酬),客观存在才有些吸收力,因而它是被强迫的。"艺术是自由的,手工艺却是一种劳动,一种本身并不愉快的事情,正是在自由这一点上,艺术与游戏是可以相通的。因此,在康德看来,"自由活动"也就是"自由游戏",艺术与游戏"都标志着活动和自由和生命力的畅通"[1]。康德的"游戏说"至少包括两层含义:一是游戏与人的生命活动相关,是人的自由的表现;二是游戏与劳动对立,即劳动相对于艺术来说,是一种异化的存在。

康德的"游戏说"对席勒是一个巨大的启发。作为一位"康德主义者",席勒除继承这一观点外,"亦是用先验论的方法来解决美学问题的"[2]。康德把艺术的本质界定为自由,揭示了审美的无利害性,排除了诸多具有实用价值的对象和难以抗拒的物质诱惑,从而保证了审美对象的自由纯粹性。但是,席勒并不仅仅满足于康德所涉的"艺术"这一对象,而是将其扩大到一切的"人",因为《审美教育书简》一书所要解决的是社会问题。首先,作为一个对自由的热情的追求者,席勒始终是一个具有自由精神和气质的诗人、美学家。他在《华伦斯坦》(1799)、《威廉·退尔》(1804)等作品中始终呼唤自由。歌德早已指出:"贯穿席勒全部作品的是自由这个理想。"[3]这表现了席勒对时代及其个人的深切关注。其次,《审美教育书简》的写作具有其深刻的社会背景。法国大革命以"自由、平等、博爱"为主题,标榜着其历史的进步性。当时包括席勒等在内的一大批资产阶级知识分子对大革命充满了信心,渴望建立真正的理性王国。但大革命的失败,雅各宾派的专制统治彻底粉碎了昔日的梦想,使青年席勒大失所望。对社会仍抱有一线希冀的席勒感觉到:在通过"冲锋陷阵"式的现实途径不能解决问题的情况下,只有诉诸"非现实"的即审美教育的途径来解决这样的时代课题:"人怎样才能达到真正的自由?"《审美教育书简》一书的

---

[1] 参见朱光潜:《西方美学史》下卷,见《朱光潜全集》第7卷,安徽教育出版社1987年版,第34—35页。

[2] [美]K.E.吉尔伯特、[德]H.库恩:《美学史》,夏乾丰译,上海译文出版社1989年版,第472页。

[3] [德]爱克曼辑录:《歌德谈话录》,朱光潜译,人民文学出版社1978年版,第108页。

主题也即在此。在席勒看来,"自由"不仅仅是"美学问题",而且是"政治问题",而"政治问题的解决必须假道于美学问题,因为正是通过美,人们才能达到自由"。[1] 因此,从这两方面看,席勒的"游戏说"并非一般的艺术本质论,而是富有现实针对性和时代气息的美学主张。正如 K. E. 吉尔特等所说:"席勒这一成熟著作已不再是一种抽象的两端论法(dilemma),而是一种道德上和理智上的迫切需要;是对当时各种真实事件的某种感受。"[2]

二、人性重建:从现代到古典

席勒以一种形而上的途径来解决形而下的现实困境,这恰恰是他所开创的一条独具特色的美学道路。围绕经验世界,席勒在自我与世界相互依存的两极中展开了心灵之旅:这是一条调和肉体与精神、感性与理性、本质与现象的"中间路线"。虽然他曾动摇于唯心主义与唯物主义中间,但总体上又是偏向于唯物主义。他注意到自然力和实用艺术对人类发展的促进作用,认为人类正是在此基础上产生了国家、艺术、科学、法律和神等诸多的意识形态观念;同时,他特别关注到:人类文明的发展并没有相应地带来人类的进步,自由也仅仅是人们的一种奢望,反倒由于理性的殖民化给人类带来了深重的灾难,带来了人格分裂和人性异化的事实。因此,席勒认为在现代文明中,劳动与艺术在根本上是对立的,人的生存命运是岌岌可危的,人已不再是自由,不再是游戏。这些见解尽管有部分是康德早已指明了的,但其内在理路是与康德迥异的。席勒改造人、教育人的根本目的就是为了提升人性。在他看来,美和艺术不再是"游戏"的表象,而是"游戏"的对象甚至是生存方式、状态。

美、艺术和游戏的三位一体性集中表现在他力图重建一种具有和谐的人性理想之上。人性(humanity)指的是在一定的社会制度和历

---

[1] [德]席勒:《审美教育书简》,冯至、范大灿译,北京大学出版社1985年版,第14页。

[2] [美]K. E. 吉尔伯特、[德]H. 库恩:《美学史》,夏乾丰译,上海译文出版社1989年版,第479页。

史条件下形成的人所具有的正常的感情和理智的品格。深受启蒙思想洗礼的席勒,不是固守人性的这一历史性,而是进行高度的抽象。他直言自己所追求的既不是自然国家,也不是伦理国家,因为自然国家是盲目的,受物质必然性的支配,伦理国家则依据理性假设,理性固然有了人原来缺乏的人性和尊严,但他的生存陷入了险境。他认为,理想国家是要有"第三种性格"的,即美的国家。在这个国家中,一方面既保存了自然的多样性,又保存了理性的一体性;另一方面则把自然性格和伦理性格统一成完整性。因而,人的最高理想就是这种人性的完满的实现,一种"自由"的心境。进而他认为,人身上的两种冲动即感性冲动和理性冲动都为相互间的活动奠定基础,只有在对立面上才能最高程度地显示自己。理性的任务是把两种冲动保持在各自的范畴之内,而要解决感性冲动和理性冲动的矛盾,只有当人的生存达到尽善尽美的地步才有可能实现,这就是人性的最基本的观念。殊不知,人的特权在于他是有意识和有意志地根据理性行动,即人是有意愿的生命体。事实上,这种理想的人在现实中是根本不可能实现的。仅就人本身而言,他天生存在不可或缺的矛盾:人对死亡无能为力,因此,它将"把人的全部观念予以废除"。[1]

尽管如此,席勒抛开了人性的所有悖论,要在现实与古典的"比照"中建构自己的理想人性观。他试图重新回到遥远的古希腊去寻求。马克思把古希腊看做是人类发展的"正常的儿童"阶段,席勒则认为古希腊人具有完整的性格、完满的人性:"他们既有丰富的形式,同时又有丰富的内容,既善于哲学思考,又长于形象创造,既温柔又刚毅,他们把想象的青春性和理性的成年性结合在一个完美的人性里。"[2]在古希腊社会中,人处于与自然浑然一体、物我不分的生存状态。人的内在自然也还没有分裂,感性与理性也是统一体,人们可以在自己的感性行动中充分体现理性的力量,把平静的自然转化为活动的自由,同时把自然加以人格化和神化。与之相比,近代人根本上就

---

[1] [德]席勒:《审美教育书简》,冯至、范大灿译,北京大学出版社1985年版,第155—156页。
[2] 同上书,第28页。

是分裂的,感性与理性、主体与对象、本质与现象决然对立。席勒看到这一时代中人类堕落的两个极端:粗野和懒散,感受到了科技对人性有着无比巨大的"杀伤力":

> 希腊国家的这种水螅性如今已被一架精巧的钟表所代替,在那里无限众多但都没有生命的部分拼凑在一起从而构成了一个机械生活的整体。现在,国家与教会,法律与道德习俗都分裂开来了;享受与劳动,手段与目的,努力与报酬都彼此脱节。人永远被束缚在整体的一个孤零零的小碎片上。他耳朵里听到的永远只是他推动的那个齿轮所发出的单调乏味的嘈杂声,他永远不能发展他本质的和谐。他不是把人性印在他的天性上,而是仅仅变成他的职业和他的专门知识的标志。即使有一些微末的残缺不全的断片把一个个部分联结到整体上,这些断片所依靠的形式也不是自主地产生的,而是由一个把人的自由的审视力束缚得死死的公式无情地严格规定的。死的字母代替了活的知解力,训练有素的记忆力所起的指导作用比天才和感受所起的作用更为可靠。[1]

席勒认为,精确的科学分工和各种等级、职业的严格划分,撕裂了人的天性的内在联系、内在完整和谐。正是这种文明本身,给现代人造成了创伤,给人类的生存带来了危机。

席勒对现代人人格分裂、异化的事实的这种描述是十分深刻的。"游戏说"就是要在这种支离破碎的人性废墟上重建理想的社会,用"游戏"去整合、完善分裂的人性,去培养和造就和谐的、自由的,具有"第三种性格"的,即"美"的人。正如古希腊人专注于"自然"的特点并把自然作为人的第一创造力一样,近代人需要的是"美",因为美是人的第二创造力。因此,与对美的渴望、对自由的吁求一样,对人性完满的追求表达出席勒始终关怀现代人,始终眷恋和向往诗意的生存。虽然他一度指向过去,带着几分古典的倾向(有人认为这是一种"空

---

[1] [德]席勒:《审美教育书简》,冯至、范大灿译,北京大学出版社1985年版,第30页。

想"),但是这种"怀旧"情绪并不表明他落伍时代,而恰恰说明他对时代的一种忧虑以及道德考量。

三、理性僭越:从感性到自然

那么,如何达到和谐的人性呢?席勒提出:实现从物质游戏到审美游戏的飞跃,"要使感性的人成为理性的人,除了首先要使他成为审美的人以外,别无其他途径"。[1] 在康德哲学的关于人性的二元论思想中,人是处于两个世界的公民,而席勒试图冲破这一禁锢。他要用游戏即美来匡救时弊,消融、弥补由于过度理性(亦称片面理性)造成的人的天性的不和谐、片面化。因此,他认为要解决美的矛盾,必须在感性冲动与形式冲动的对立中求解,并不是消除感性冲动,也不是消除理性冲动,也不是其中的一种冲动压制另一种冲动,而是相互间的融合、统一。席勒指出,一方面由于两种冲动都有各自的立法范围,因而存在着这样的可能;另一方面,如果人是完全的,他的两种冲动都已发展,他就有自由,如果人是不完全的,两种冲动中有一种被排除时,他就不自由。与异化相反,游戏冲动恰恰缝合了这样的缺陷。因此,游戏成了人的一种真正的审美状态,成了人自由的、本真的存在方式,游戏也终而成为解除异化的根本方式。

但是席勒也指出:从感性冲动转化到形式冲动只不过是理性提出的一个任务。席勒所要解决的任务并不是单纯回到原始的自然状态中,回归到古希腊社会,而是要在理性的基础上,回归感性,重塑感性在理性世界中应有的地位。因此,时代的任务就是通过更高的艺术即审美教育来恢复人的天性中的这种完整体,使理性感性化。因此,席勒呼吁这个时代最为紧迫的需要是"打通从心到脑的路","培养感觉功能"。这样,美不仅成为一种手段,而且是一种目的。艺术家就是要在"游戏"中通过美来净化时代的腐败,在不知不觉中排除人们的"任性、轻浮和粗野",直至把人们引向性格的高尚化;通过对个体的、感性

---

[1] [德]席勒:《审美教育书简》,冯至、范大灿译,北京大学出版社1985年版,第116页。

的重视来全面改善社会的风俗趣味,并把美引向真理的康庄大道。席勒认为,在游戏冲动中人(类)的发展必须按此顺序经过三个阶段,即感性的状态、审美的状态,最后上升为道德的状态。要实现人性的完满,只有在审美状态中才能完成,其中最为关键的一步是从感性的状态到审美的状态,即"要使整个感觉方式必须发生一场彻底的革命"。因此,席勒的所有命题的提出与解决,都是要在意识中进行一场深刻的主体革命,而这场"革命"的对象与所建立的目标都是为着实际生活中的即"现代境遇"中的人。席勒的这一段话是非常具有宣言性质的:"美对我们来说固然是对象,因为有反思作条件我们才对美有一种感觉;但同时美又是我们主体的一种状态,因为有情感作条件我们对美才有一种意象,因此,美固然是形式,因为我们观赏它;但它同时又是生活,因为我们感觉它。总之,一句话,美既是我们的状态又是我们的行为。"[1]在这里,席勒完全把美(游戏)看做是"主体的一种状态",甚至是生活本身。

从上看出,席勒是把"游戏"作为人的感性生存状态来看待。但是无论他所向往的自然、古朴的古希腊文化、还是对抽象的完美人性的渴求,他的一切构想实际上都只是在理性主义的架构中完成的。即使他所谓的人的三个阶段的划分,也仍未脱离理性主义主客二分的窠臼。黑格尔的这段话正是对席勒一针见血的批评:"美感教育的目的就是要把欲望、感觉、冲动和情绪修养成本身就是理性的,因此,理性、自由和心灵性也就解决了它们的抽象性和它的对立面,即本身经过理性化的自然,统一起来,获得了血和肉。"[2]在席勒之后,也有很多美学家论及"游戏",20世纪的哲学家伽达默尔即是其一。但是伽达默尔完全超离了先前的"游戏"界说,康德和席勒的主体性恰恰是他所竭力反对的。他认为,游戏并不是指行为、创造活动、鉴赏活动,也不是指某种主体性的自由,而是"艺术作品本身的存在方式","游戏"是由游戏者和观赏者共同组成的。因此,伽达默尔的游戏思想"冲破了近

---

[1] [德]席勒:《审美教育书简》,冯至、范大灿译,北京大学出版社1985年版,第133页。

[2] [德]黑格尔:《美学》第1卷,朱光潜译,商务印书馆1979年版,第78页。

代认识论模式的束缚,而在存在论的视野下重新审视游戏现象"[1]。可以说,只有到了伽达默尔,"游戏说"才较为彻底地脱离了席勒美学的缺陷而获得了当代意义。另外,席勒的"游戏说"由于已深深触及"异化"这一社会问题而备受马克思关注。马克思在《1844年经济学哲学手稿》中既对资本主义社会中人被异化的事实进行了深刻的剖析,又指明了只有在未来社会中才能真正发展出自然人性的观点。这是对席勒美学思想的批判式继承。

四、启蒙之旅:从人生到实践

尽管以"游戏说"为核心的席勒美学具有某种局限,但是由于其蕴含深刻的启蒙精神,而经后人的不断阐发、译介而生发出独特的意义,产生了世界性的影响。这种影响在20世纪中国美学中十分明显。朱存明以"启蒙"的遮蔽与去蔽来概括20世纪中国美学精神。他认为,美学在西方诞生时就是作为研究情感的感性学,20世纪的中国人关注情感本体,即关注人类学美学的本体性;美学的意义总是在启蒙,无论是在西方美学哲学中,还是在20世纪中国美学中,都是如此。"启蒙就是使每个人都从各种遮蔽中走出,还生命的存在一个澄明之境,使人诗意地栖息在这个大地上。在当代就是用审美精神和艺术来抵制技术时代对人性的异化,使人成为完整的个体。"[2]这种启蒙论,已成为中国当代美学界的共识。联系席勒美学在20世纪中国的接受情况,我们亦可探得此义。

20世纪上半叶中国美学蕴含了一种主张艺术化的人生论思想。这种思想既是对中国古代人生艺术化思想的继承,又是对外来哲学、美学观念的吸收和改造。王国维是这种人生论美学的重要创建者。王国维美学所具有的现代思维特征和理论形态,很大程度上得益于德国哲学、美学。除康德、叔本华的哲学美学之外,席勒(王国维译为"希尔列尔")美学也正是他新构中国美学,实施美学"救国"的极其重要

---

〔1〕 崔唯航、赵义良:《论伽达默尔美学思想中的"游戏"概念》,载《语文学刊》1999年第5期。

〔2〕 朱存明:《情感与启蒙:20世纪中国美学精神》,西苑出版社1999年版,第333页。

的文化背景和学术资源。《文学小言》(1905)提出"文学者,游戏的事业也";《人间嗜好之研究》(1907)中认为,文学、美术这些最高尚之嗜好也是"得以游戏表出者";《孔子之美育主义》(1907)中说的"最高之理想存于美丽之心",等等,这些观点都是对席勒美学思想的移置和化用。此外,席勒也是王国维十分推崇的德国学者之一。在他主编的《教育世界》杂志上就有两篇介绍席勒的文章,即《德国文豪格代、希尔列尔合传》(1904)、《教育家之希尔列尔》(1906)。两文都高度评价席勒,称席勒为"世界的文豪""教育史上的伟人",并把他与歌德并称。总之,王国维引进席勒"游戏说"、倡导美育,这是具有开拓性的。[1] 对于王国维而言,席勒的"理想"或许是一个重要的借鉴:在一个积贫积弱、仍受传统道德、伦理羁绊的时代,只有通过美育才能达到改造社会、提升国民人格的目的。他强烈批判现实,提出建立和谐人格这一最高理想,并把美术等作为完善人格的最佳之方法。在此基础上,他又"发明"传统,通过发掘理想人格的参照形象,以确立具有美的精神的"人格美育"。如同席勒溯源到古希腊,王国维也指向中国古代,特别提出孔子的美育主义。《教育之宗旨》(1903)提出以智育、德育、美育"三者并行而得渐达真善美之理想,又加以身体之训练"的"完全之人物";提出美育具有发达"人之感情",臻至"完美之域"的功用,其中就以"孔子言志,独与曾点"与古希腊重音乐、"近世希痕林、希尔列尔等之重美育学"为论据。《孔子之美育主义》(1904)一文写道:"孔子所谓'安而行之',与希尔列尔所谓'乐于守道德之法则'者,舍美育无由矣。"两文都把孔子与席勒并举,从美育的角度融通中西文化,使得孔子具有了席勒式精神。王国维对"孔子"的发现是中国现代美育注重改造伦理化现实的体现。中国现代学人引入西方美学、美育思想,就是为了改造、提升中国固有文化,以激发一种新的国民精神。

20 世纪下半叶中国美学以李泽厚所开创的实践美学为代表。至于席勒美学对实践美学的影响,主要是在马克思主义视域中展开。李泽厚曾总结道:"如果从美学角度看,并不是如下许多人所套用的公

---

[1] 参见拙文:《席勒〈美育书简〉的汉译》,载《美育学刊》2014 年第 2 期。

式:康德——黑格尔——马克思,而应该是:康德——席勒——马克思。贯串这条线索的是对感性的重视,不脱离感性的性能特征的塑形、陶铸和改造来谈感性与理性的统一。不脱离感性,也就是不脱离现实生活的历史具体的个体。"正是在席勒美学和马克思哲学的基础上,他提出了建立"人类学本体论哲学"(亦称"主体性实践哲学")的设想。这种哲学探究和建设人的心理本体,以"人的命运"即"人类如何可能"作为第一课题;它的任务就是"寻找、发现由历史所形成的人类文化——心理结构,如何从工具本体到心理本体,自觉地塑造能与异常发达了的外在物质文化相对应的人类内在的心理——精神文明,将教育学、美学推向前沿。"这样,美、美感、艺术的主题分别就是"美的本质的直观把握";"陶冶性情、塑造人性,建立新感性";"使艺术本体归结为心理本体,艺术本体论变而为人性情感作为本体的生成扩展的哲学"[1]。可见,坚持历史唯物主义的李泽厚,是把人的实践作为一种感性的物质的活动,是把"哲学美学"改造成"人的现代存在的哲学"。这种考量完全是基于"现代境遇"而对主体性的高张和感性的合法化。正如德国美学家西美尔(G. Simmel)指出:现代社会是一场现代文化的冲突,一种生命与形式(文化)的较量,"当生命与形式相矛盾、甚至催毁艺术形式时,生命就达到更高的分化和更有自我意识的表现"[2]。对感性、生命的褒举,是一种道德式的关怀,自然也是审美、启蒙的应有之义。

在今天看来,无论是席勒美学,还是20世纪中国美学,都已成为过去。但是这种"过去",并非代表作为一种美学精神的结束,实际上它们都是作为"历史的流传物"而存在,成为一种美学传统,一种永远被建构着的美学。一般地说,传统是历史的产物,是以前时代留下的文化。但传统的特殊性在于它的可重建性。一个时代确凿无疑的观念,有时候是下一个时代的难题。因此,它必须进行重建。特别是在

---

[1] 李泽厚:《美学四讲》,见《美学三书》,安徽文艺出版社1999年版,第462—468页。
[2] 刘小枫主编:《人类困境中的审美精神:哲人、诗人论美文选》,魏育青等译,东方出版中心1994年版,第249页。

文化与社会转型条件下,由于旧传统不适应时代需要而往往被摧毁,那就需要"发明"新传统以代之。人文知识分子往往介入这个新、旧传统的中间断裂地带。以王国维、李泽厚等为代表的20世纪中国美学家都没有离开"现代转化"这个文化、思想主题。他们对传统进行批判,看似离弃传统,实则皈依传统。以这样一种方式所"延续"的传统,自然不再是旧的传统,而是具有以启蒙为使命的中国现代性特征。[1]

五、关于"休闲教育"

席勒在"游戏说"中并没有直接使用过"休闲"的概念,但是他所说的"游戏"与这里所说的"休闲"是可以沟通的。特别是当我们谈及"休闲教育"的时候,席勒美学仍不失是十分重要的理论资源之一。何谓"休闲教育"？比较普遍的是把它作为"闲暇教育"。《教育大辞典》这样解释:"闲暇教育(leisure time education),亦称'余暇教育'。指闲暇时间里进行的教育活动;也指教会人们具有利用闲暇时间充实本人生活、发展个人志趣的本领,是伴随现代化技术在生产中的运用导致人们劳动时间缩短、闲暇时间增多而出现的。"[2]西方学者这样定义:"闲暇教育(leisure-time education),旨在让学习者通过利用闲暇时间而获得某种变化。这些变化会表现在信念、情感、态度、知识、技能和行为方面,并且它通常发生在儿童、青年和成人的正式与非正式的教育环境或娱乐环境之中。"[3]庞桂美说:"闲暇教育是指通过传授闲暇知识、技能和技巧,帮助人们确立科学的闲暇价值观,有价值地利用闲暇时间,提高闲暇生活质量,促进个性全面发展的终生的、连续的教育活动。"[4]这些解释或定义都把闲暇时间作为认识休闲教育的基础。但是随着对休闲认识的深入,人们已经越来越不满足于这种认识,而是把闲暇、休闲与人的发展结合起来。J. 曼蒂等认为,闲暇教育是"一

---

[1] 有关这方面的深入研究,参见"附录一"。
[2] 教育大辞典编纂委员会编:《教育大辞典》第1卷,上海教育出版社1990年版,第53页。
[3] 岑国桢主编:《国际教育百科全书》第5卷,贵州教育出版社1990年版,第654页。
[4] 庞桂美:《闲暇教育论》(新世纪版),江苏教育出版社2004年版,第62页。

个完整的发展过程,在这一过程中,人们逐步地理解自我、理解闲暇、认识闲暇与自己的生活方式及社会结构的关系,人们经历一个在自己的生活中确定闲暇的位置和意义的过程"[1]。邓蕊认为,"休闲教育要求把休闲的非职业培训作为教育的一项重要内容,在教育过程中培养人的鉴赏力、兴趣、技能以及创造休闲机会的能力,使人能以一种有益的方式去安排自己的休闲(时间),从而实现'成为人'的过程"[2]。刘海春指出:"休闲教育的本质在于促进人的完善,休闲教育的真谛是既要给人们以在社会中生存的最基本的知识、技能,更要引导他们去认识、理解生存的意义和价值,不但使他们知道'何以为生',更要使他们懂得'为何而生',并进而获得生存的价值向度,建立起人所特有的'意义世界'和精神家园。"[3]这些看法都极大地突出了自由并以之作为休闲教育的本质和作用。

因此,我们不能狭隘地理解休闲教育。休闲教育是以休闲为中心的,是包括闲暇教育在内的多种教育形式的统一,其主要目的是提高大众的休闲能力。应该说,社会发展的要求、个人生活方式的不断变革和传统教育制度的缺陷及过时的教育体系需要新的教育理念对之进行补充和改进,这三方面因素导致了现代休闲教育的产生,并且推动了休闲教育的发展。人们对休闲重要性的认识和为获取休闲能力的期望,必然导致人们对闲暇时间的充分利用,通过追求休闲的生活方式,以期提高生活质量。相应地,人们也就越来越需要通过休闲教育的方式获得休闲能力。

休闲能力,包括休闲行为价值判断的能力发展、选择和评估休闲活动的能力发展、决定个人目标和闲暇行为标准的能力发展、对合理运用闲暇时间的重要性的意识和理解的发展。这些能力都是需要学习的。一个人究竟选择何种休闲活动和休闲方式,往往取决于个人的兴趣爱好、知识水平、经济收入、社会和自然环境、职业、社会地位等各

---

[1] [美]J.曼蒂、L.奥杜姆:《闲暇教育理论与实践》,叶京等译,春秋出版社1989年版,第3页。
[2] 邓蕊:《休闲教育与中国高等教育的应对》,载《自然辩证法研究》2002年第6期。
[3] 刘海春:《生命与休闲教育》,人民出版社2008年版,第148页。

个方面。休闲教育则能够帮助人们选择适合自己的休闲活动和休闲方式。休闲观念的转变,需要摆脱对休闲的认识误区,建立一些休闲教育模式,如谋生型与乐生型(庞桂美)、投资型与非投资型(王琪延)。其中"投资型"指的是通过投资接受休闲教育获得休闲技能或休闲的经营管理能力,以期望获得预期收入的休闲教育。简言之是为了将来增加某种能力而增加预期收入的教育,如学习饭店的经营管理,是为了未来做好饭店的经营管理工作。可以看出,这种教育往往与职场相联系。"非投资型"指的是通过投资或不投资接受某种休闲技能的教育,目的是培养情趣,增加如艺术等方面的鉴赏能力等,而不是为了将来获得某种收益的教育活动。简言之,就是为了获得快乐和休闲能力而接受的教育,是为了提高个人修养,而不是与职场挂钩。[1]

休闲教育是帮助人们提高休闲生活质量,认识和确定自己的休闲价值观念、休闲态度和休闲目标的一个过程。通过休闲教育,可以帮助人们在休闲生活方面做到自我决断、自我充实和自我评价。因此,"最能够充分说明其意义的不是它所包括的内容,而是它的实施过程"。[2] 至于休闲教育的实施策略,除上述所言的休闲观念转变之外,就是要特别注重方法的运用和场所的选择。在方法方面,有间接法与直接法。在场所方面,有正式和非正式的教育结构和社会组织,如社区、学校、家庭、单位、社会机构及福利机构。学校是较为正规的休闲教育场所。学生可以根据自己的兴趣爱好参加各种课外活动小组或社团,如天文观测、乐器演奏、电影鉴赏、武术、体操、舞蹈、文学创作、公益活动等。可以考虑将休闲教育纳入基础教育和高等教育的序列。在中小学开设专门的休闲教育课程,培养师资队伍,给予课时保证,做到形式多样,课内、课外结合,寓教于乐。这样不仅不会增加学生和家长负担,相反会减轻学生学习压力,取得更好的学习效果。另

---

[1] 王琪延:《休闲教育下的人力资本增长》,载《光明日报》2008年2月20日第11版。

[2] [美]J. 曼蒂、L. 奥杜姆:《闲暇教育理论与实践》,叶京等译,春秋出版社1989年版,第3页。

外还可以考虑把休闲纳入职业教育的序列,广泛培养休闲专业技术人员。根据休闲产业各领域的具体需要,制定相应的职业资格认证体系,并予以推广。采取多种方式,开展休闲从业人员的专业培训,提升工作技能,提高服务质量。这些对于提高国民生活质量是非常重要的。

不管何种形式的休闲教育,都是建立在普遍有闲的社会基础上,而在具体实践上也与其他教育方式一样,都要依赖一定手段、技术而达到目的。这样理解的着眼点都在于对休闲价值的真正认识。一般地说,休闲教育旨在获得快乐和愉悦的心情,能够增进生活的满足感等,休闲情趣。休闲教育提出的重要背景之一就是现代社会分工所导致的工作与休闲的区隔。但是,两者的关系并非不可弥合,整合是一种必然趋势。休闲教育的真正宗旨在于促进人的发展或者说"成为人",其切实要求就是保持人的身心健康。"身心健康是快乐的基础,而健康的身心是幸福的首要条件。健康的娱乐是生活质量的重要指标。健康的生活不能没有娱乐,就像理想的人生不能没有幸福一样。"[1]健康是永恒的主题,是社会文明发展和人类幸福的标志之一。从这些方面看,休闲教育与审美教育是一致的、互通的。互通两者的基础正在于伦理道德价值观念的坚执。古希腊早就把休闲与教育结合起来。休闲即指闲暇、休息及教育活动。亚里士多德特别强调"闲暇的德性","劳作是为了闲暇,必须又以实用的事物以高尚的事物为目的"[2];"……闲暇是劳作的目的。因为有益于闲暇和消遣的东西,既包括人们在闲暇时也包括在辛勤劳作时所修养的德性"[3] 20世纪美国教育家和哲学家、芝加哥大学创始人之一莫德默·杰尔姆·阿德勒(Mortimer Jerome Adler)重申了这样的观点。他在研究休闲与工作的关系之后,进一步强调休闲所具有的德性内涵,要求人们要以崇高的美德工作,同样要以崇高的美德休闲。人类在未来不断面临生活

---

[1] 陈来成:《休闲学》,中山大学出版社2000年版,第151页。
[2] 〔古希腊〕亚里士多德:《政治学》,颜一、秦典华译,见《亚里士多德全集》第9卷,中国人民大学出版社1994年版,第260页。
[3] 同上书,第262页。

方式变革的严峻挑战。那么如何在坚持物质生产、精神生产以及人类自身生产的同时，求得真善美的统一和实现自我的全面发展的可行之路？随着休闲社会的莅临，又如何加强休闲教育的理论研究，并在实践中为休闲教育创造良好的社会条件支持系统？等等。这些都是给休闲教育提出的现实课题，需要我们认真思考。

第四章　休闲的生活艺术

生活是人类生存过程中各种活动的总和,它反映人的需求、行为及意义。不同国家、民族和地区的人们,生活需求相似,而理解和理念有所不同,但总的方向是把艺术式的审美生活作为目标和理想。因此,了解、发现处于不同文化形态中的休闲生活方式,这是具有重要意义的。当然,了解一种文化、一个民族性格,较好的方式就是专门考察它们的闲暇活动。正如林语堂所说:"倘不知人民日常的娱乐方法,便不能认识一个民族,好像对于个人,吾们倘非知道他怎样消遣闲暇的方法,吾们便不算熟悉了这个人。"[1]每一个民族都有自己的闲暇活动方式,有着自己的休闲生活追求,正是这种差异和多样汇成了人类丰富、灿烂的休闲文化。此中包含着不同群体的生活样态。相对而言,哲人、文人、艺术家这个群体较为特殊,他们对生活本身有着更为深刻的思考。虽然他们的休闲生活经验具有私人性,但又在很大程度上反映了他们所生活时代、社会的状况,他们的生活精神在今天依然具有影响力。本章先结合一些重要人物的生活经验,分别介绍中国人、西方人的休闲生活艺术传统;再本着沟通和互鉴的原则,探析人类的渔夫(父)情结,以强化我们对休闲的美学认知和坚定对完美休闲生活的期待。正如西方学者所言:"文化以及一系列相关概念,不但是位于核心的话题,同时也是最有效的学术资源,可以促使我们重新理解当代社会生活。"[2]

---

[1] 林语堂:《吾国与吾民》,黄嘉德译,东北师范大学出版社1994年版,第310页。
[2] [英]戴维斯·钱尼:《文化转向:当代文化史概览》,戴从容译,江苏人民出版社2004年版,第1页。

第一节 中 国 人

中国人具有一种鲜明的"闲"意识。中文"闲"的含义甚多,可以是一种闲暇的生活状态,也可以是一种和谐的心理状态、精神境界,等等。中国历代文化中都贯穿了因"闲"而起的各种观念,如先秦的"闲居",魏晋南北朝的"闲业",唐宋元的"闲谈""闲话""闲评"、明清的"闲赏"。"闲"构成了中国审美文化的文化场域。[1] 这些"闲"的观念既蕴含着对平庸日常生活的叛离的姿态,又表现出对审美生活的崇尚精神,广泛体现在中国人的生活当中。所以,中国文化往往被冠为"闲文化""闲情文化",甚至称"闲情逸致是中国人特有的休闲文化"。[2] 而在许多西方人眼里,中国人几乎就是崇尚生活的"休闲专家"。以下择取几个具有代表性的方面进行述评,以更好地展示中国文化的休闲特征和中国人的生活艺术。

一、艺中之游

中国游艺文化十分丰富。"游艺"一般指的是游戏、游玩等各种娱乐性活动。崔乐泉说:"游艺以娱乐为目的,因游戏者亲自参与其中,所以与戏曲、歌舞等纯观赏性的艺术表演不同;游艺的众多内容与体育同源异流,又由于强调以娱乐消遣为主要目的,因而它与强调竞技性的体育又有差异。而这也同时形成了游艺本身的特点:娱乐性、规则性、文化性。"[3] 在此认识基础上,他把中国古代的游艺活动分为六类:

1. 百戏杂艺,包括技巧游艺(手技耍弄、跟斗、绳技、橦技),俳优与谐戏,幻术,象人戏艺,歌舞游戏(扭秧歌、影戏、木偶戏、舞龙与耍龙灯),斗赛游艺(斗牛、斗虎、斗狗、斗鸡、斗鸭、斗鹌鹑、斗

---

[1] 参见苏状:《"闲"与中国古代文人的审美人生:对"闲"范畴的文化美学研究》,复旦大学博士学位论文2008年,第18页。
[2] 杜辛:《闲情文化》,中国经济出版社2013年版,第3页。
[3] 崔乐泉:《忘忧清乐:古代游艺文化》,江苏古籍出版社2001年版,第2—3页。

鹌鹑、斗蟋蟀、斗茶),马戏游艺;驯化小动物游戏。

2. 技艺竞技,包括投射技(击壤、打布鲁、弹弓、射侯、吹箭、射粉团),球戏技(蹴鞠、打马球、捶丸、踢石球、踏球、十五柱球),赛力技(角抵、相扑与摔跤,翘关、扛鼎与举石锁)。

3. 益智赛巧,包括棋戏(围棋、象棋、七国象戏和三友棋、弹棋、塞戏),博戏(六博、双陆、樗蒲、骰戏、打马、马吊、诗牌、纸牌、麻将、骨牌、采选)。

4. 休闲雅趣,包括投壶,酒令(藏钩、射覆、叶子酒牌、划拳、绕口令),灯谜,七巧板,撞钟,九九消寒图,垂钓,赏花。

5. 童趣嬉戏,包括放风筝、抖空竹、捉迷藏、踢毽子、跑竹马、鞭陀螺、跳百索、打髀殖、斗草。

6. 民俗游艺,包括节令游艺(拔河、秋千、高跷、跑旱船、踏青、登高、乞巧);火戏(放爆竹、烟火、元宵观灯、冰灯、荷叶灯),水戏(龙舟竞渡、弄潮),冰雪戏(拖冰床、赏雪)。

如此丰富的游艺活动,足以反映出中国人对"闲"生活的崇尚。在中文里,"闲"接近"游"这个概念,而"游"又是理解"艺"的出发点。当"游"与"艺"两字结合,就形成了"游艺"这个具有多种含义的词。该词的直接含义是"优游于技艺当中",但是它在中国古代的含义不限于此。孔子曰:"志于道,据于德,依于仁,游于艺"(《论语·述而》)。何晏曰:"艺,六艺也,不足据依故曰游"(《论语集注》)。邢昺曰:"六艺谓礼、乐、射、驭、书、数也"(《论语注疏》)。可见,"游艺"又是一种学艺修养。学艺的目的是要得到一种修养,即达到"游"的人格境界。与孔子之"游于艺"相对的,是庄子的"逍遥游"。这两种"游"代表了中国"游"文化的两个侧面。孔子之"游"具有仁学和道德意味,强调"游"对心灵的塑造和人格完成的作用;庄子之"游"具有哲学意味,强调"游"是在"无"、"道"之中达到人生的最高境界。孔子之"游"讲求的是听命于天、顺乎伦道的"天人合一";庄子之"游"讲求的是超越道德,视人与天地、万物齐一的"天人合一"。孔子强调的是借"艺"弘道,要求在熟练掌握技艺中获得自由感;庄子强调的是顺"技"明道,要求做到庖丁解牛式的"游刃有余"。孔子主张不断通过提升道德修养的方式来实现仁的超越,而庄子主张通过否定的、无所待、游于无穷的方式来实现"逍遥游"。[1] 尽管孔子与庄子所言之"游"在内涵、实现方式等方面有所差异,但是两者可以互补,共同筑就了中国文化追求"乐于游"的人生精神。

作为一种超越性的人生精神,"游"又是在生活伦常中得到体现的。钱穆把人生概括为三方面:"第一要讲生活;第二要讲行为与事业,即修身齐家治国平天下,是人文精神;第三最高的人生哲学要讲德性性命。"[2] 人生价值的实现立足于生活,"游"是在生活当中达成。作为心理范畴,"游"具有高度的审美性、求乐性。中国人的性格中既有尤天怨命的一面,又有乐天知命的一面。所谓"人生不满百,常怀千岁忧。昼短苦夜长,何不秉烛游"(《古诗十九首》),这只是中国人性格的一面。但是,中国人并不总是表现得那么消极,他们把快乐作为人的本性、追求一生的快乐。他们或就范于人伦道德,或同化于自然山水,以克服或回避对人世的恐惧,从而保全快乐。因此,"乐游"是追求快乐而不是沉湎痛苦,是创造快乐而不是改造痛苦;"乐游"是快乐地走过人世,臻于人格完美,或是在自然中达到生命自由境界。

"游"是一种不易达到的"闲",它往往呈现为一种无定向、无规则、无根底的人生状态。但是无论是"游"还是"闲",都以日常的实存为栖身方式。在日常生活中,人如果纯粹追求闲游、游乐,极易流于享乐主义,或者被边缘化;如果"游"与"戏"相连,则显示出审美生活化的情味。中文的"戏",包括游戏和艺术两个方面,既指一般的游戏、戏言、戏娱等活动,又指戏剧、戏曲、戏文、戏说等与艺术有关的活动。中国人善于从一般的游戏行为中提炼出一种隐喻的艺术审美方式。"游戏"的审美艺术之"乐",戏曲的人情伤感和人世凄凉与"戏"的游戏娱乐精神相互制约相互限定。中国古典戏曲往往以大团圆结局为表现形态,内含着乐天或娱乐精神。这是"一种虚设的象征,一种想象中实

---

[1] 参见洪琼:《中国"游"文化之精神》,载《理论界》2009年第11期。
[2] 钱穆:《人生十论》,广西师范大学出版社2004年版,第89页。

现的正义"。[1] 所谓"人生如戏"(或"戏如人生"),也是中国人的生活态度的一种表明。作为艺术形式,戏(曲)具有浓缩反映人对社会、人生的态度的审美特征。观戏就成为以领会"戏"精神为内容的消遣性活动。相比于"游"的超越性意味,"戏"更能体现为具有现实特征的人生生活活动。因此,古人以戏比喻人生,指向的是日常生活。

二、为隐而歌

隐逸文化在中国源远流长、绵延不绝。从五帝时代的许由、商朝的姜子牙到汉初的商山四皓、鲁二徵士;从西汉之际的严遵、梁鸿、赵壹到魏晋六朝时期的嵇康、阮籍、山涛、向秀、刘伶、王戎、阮咸和陶渊明;从中唐的白居易到北宋的苏东坡,历朝历代都有一批名士文人,得意时仕,失意时隐。所谓"来去捐时俗,超然辞世伪。得意在丘中,安事愚与智"([西晋]张载《招隐诗》),指的就是在生活中的失意通过隐逸的方式而消解。这种以隐士[2]为承载体的隐逸文化,代表了一种特殊的中国文化现象。尽管各朝各代隐士的隐逸方式、隐逸动机不尽相同,但是它终究能够体现为中国人所追求的一种休闲生活艺术。

从两汉到唐宋是隐士文化的盛行期。西汉时期,隐逸初具规模,不再是此前的那种个体行为,而是群体化,上升为"小集体"。文人名士为了躲避政治压迫、明哲保身,用隐逸这种方式来表示不满现实、不与统治者合作的心声。魏晋时期,隐逸之风极为盛行,出现了以嵇康、阮籍等为代表的"竹林七贤"。这个隐逸群体,遁迹山林、徜徉逍遥、怡然自得,正所谓"弃经典而尚老庄,蔑礼法而崇放达"([清]顾炎武《日知录·正史》)。他们为后人树立了如何在"自然"与"名教"之间得以有效平衡的生活处世方式。自此,"仕"与"隐"关系从对立趋向缓和,隐逸文化也从不自觉走向自觉。稍后又出现了"朝隐"这种新的隐逸

---

[1] 参见张未民:《说"游"解"戏":中国古代文艺中的"游戏说"笔记》,载《戏剧文学》1999年第4期。
[2] 西方也有"隐士"(Hermit)。他们主要出于宗教信仰或者信念,自愿选择一种离群索居的静修生活方式,在这种孤寂和静修中研思神学、倾听上帝,并且把自己完全交托给神,相当于苦行僧和修道士。

方式。陶渊明辞官隐居、醉卧南山,是"隐逸诗人"之宗。现代作家林语堂高度评价这位"生活于第四世纪末的中国人":

> 在我看来,陶渊明代表一种中国文化的奇怪特质,即一种耽于肉欲和妄尊的奇怪组合,是一种流于制欲的精神生活和耽于肉欲的物质生活的奇怪混合;在这奇怪混合中,七情和心灵始终是和谐的。所谓理想的哲学家即是一个能领会女人的妩媚而不流于粗鄙,能热爱人生而不过度,能够察觉到尘世间成功和失败的空虚,能够生活于超越人生和脱离人生的境地,而不仇视人生的人。陶渊明的心灵已经发展到真正和谐的境地,所以我们全然看不见他内心有丝毫的冲突,因之,他的生活也像他的诗一般那么自然而冲淡。[1]

陶渊明所逃避的是政治,而不是生活本身。他爱好人生,以一种积极的、合理的人生态度,去寻获那种和谐的生活感觉,他的诗歌便是这种"生之和谐"的最好表达。与陶渊明类似的,还有唐代的白居易。白氏志在兼济、行在独善,以诗明意,是"闲适诗人"之代表。不过他所追求的是既非"大隐"又非"小隐"的"中隐"生活:"大隐住朝市,小隐入丘樊。丘樊太冷落,朝市太嚣喧。不如作中隐,隐在留司官。似出复似处,非忙亦非闲。唯此中隐士,致身吉且安"(《中隐》)。这种生活追求由于巧妙地平衡集权制度与士大夫相对独立间的矛盾,从而为两宋士人所接受。苏东坡亦朝亦隐,修生养性,是中国古代士人之典型。与苏东坡一样,欧阳修在仕途上沉浮不定,在生活上也屡遭挫折,却始终能够泰然处之。他们又是在如此处境中成就文学及其自然淡逸的风格。这些绝非依靠个人意志力所控制,或凭助有意识的艺术追求所实现。面对仕途坎坷、生活不幸,他们平心静气地面对一切,持守一种隐逸的精神,将之融入内心世界,从而体现出一种极其可贵的崇高精神品质。可以说,此时期隐逸精神已被完全内化,弥漫在士人身上的是闲适、潇洒、旷达和超然的生活气质。这是隐逸精神的升华,也

---

〔1〕 林语堂:《生活的艺术》,越裔译,东北师范大学出版社1994年版,第120—121页。

是隐逸方式的最高境界。

中国古代名士文人的隐逸方式有一个逐渐从"形隐"到"心隐"的历史发展过程：起初多拘泥于形式，隐逸于丘壑幽林的小隐，隐逸于朝市而心游江湖的大隐，出仕外郡兼享隐逸之乐的中隐，而后是伴随对隐逸的认知和体验，再是对隐逸内涵的领悟渐渐逼近其精神内蕴，即追求心灵上的隐逸。他们践行人生，在有限的生命历程中追求无限的情怀。他们放情山水，在宁静淡泊中追求一种极致的自然状态。他们任情率真，在萧散脱逸中追求一种审美的人生理想。他们感性而为，直接体味人生自在自为、洒脱无羁的情调意趣，并在这种体味中，消解现实的各种束缚而进入一种自得之境。至于隐逸在中国古代盛行的原因是多方面的。除政治、社会的因素之外，文化心理是主要的。正所谓"天下有道则见，无道则隐"（《论语·泰伯第八》）；"穷则独善其身，达则兼济天下"（《孟子·尽心上》）。那些名士文人多受儒家思想影响，渴望建功立业，但是往往壮志难酬、报国无门。在这种痛苦与无奈中，他们不得不寻求心灵的超越。正如李泽厚指出："道家作为儒家的补充和对立面，相反相成地在塑造中国人的世界观、人生观、文化心理结构和艺术理想、审美兴趣上，与儒家一道，起了决定性的作用。"[1] 儒家代表积极入世的一面，而道家则代表消极出世的一面，它们作为中国人文化心理的两个侧面，共同影响了名士文人的生活方式选择。尽管儒家与道家之间往往是冲突的，但是并非不可调和。同时，外来佛教也是一种重要的思想资源。这种思想具有引领众生大彻大悟、解脱世事烦恼的作用，与寻求退隐以获得心灵的慰藉是同质的。为摆脱痛苦、烦恼的羁绊，名士文人遁迹山林、远离红尘，在自然万物中观照自我，重新寻找人生的支点。

特定的生活遭遇、文化背景注定了隐逸士人追求"清高的人格理想、淡泊宁静的生活方式和典雅的文化品位"[2] 这种意趣是传统隐逸具有现代价值的重要所在。作为名士文人的典型生活方式，隐逸具

---

[1] 李泽厚：《美的历程》，见《美学三书》，安徽文艺出版社1999年版，第59页。
[2] 吴小龙：《适性任情的审美人生：隐逸文化与休闲》，云南人民出版社2005年版，第317页。

有移情倾向:它缓释人生的痛苦于心灵恬静、和谐之中,却又能够保证人格价值、社会理想、生活内容和审美情趣的相对独立。这是中国古人所具有的一种超凡入俗的自慰精神,具有强烈追求审美人生境界的意味。诚然,这种文化是传统社会的产物,与当今商品经济、信息社会格格不入。但是,传统隐逸生活方式以精神性内容为主,建筑在深厚的文化底蕴基础上,在物质方面要求具有较大的伸缩性。这种特点又恰恰为现代休闲观所缺乏。现代休闲主要在个人休闲社会化的基础上发展起来,依靠现代技术的进步和物质的丰盈。因此,传统式的隐逸可以成为现代休闲的借鉴。此外,我们称颂这种隐逸文化,并不是要求回到古人的生活情境中,而是倡导以一种隐逸精神来调节自己的心态,用一颗安宁和谐的心去对待生活,在隐逸方式中找到完善的人生形式。这种生活态度是现代人应该具有的休闲态度。

三、精致之美

"精致"原是一个古代文艺评论的范畴。所谓"赡博精致"([唐]司空图《疑经后述》)、"用思精致"(《新唐书·文艺传下·崔元翰》)、"简洁精致"([明]郎瑛《七修类稿·诗文一·各文之始》),这些都说明好作品是构思精巧、考虑周细的。在中国人眼里,这种审文(艺)意识也是生活化的。他们有足够的聪明智慧去滋润生活,能够让每一个生活细节都充满趣味。李泽厚对中国建筑有这样的感叹:"也由于是世间生活的宫殿建筑,供享受游乐而不只供崇拜顶礼之用,从先秦起,中国建筑便充满了各种供人自由玩赏的精细的美术作品(绘画、雕塑)。《论语》中有'山节藻棁','朽木不可雕也',从汉赋中也可以看出当时建筑中绘画雕刻的繁复。斗拱、飞檐的讲究,门、窗形式的自由和多样,鲜艳色彩的极力追求,'金铺玉户'、'重轩镂槛'、'雕梁画栋',是对它们的形容描述。延续到近代,也仍然如此。"[1]可以说,几乎所有的生活对象都是中国人善于把玩的。他们善于在寻常生活中发现诗意、创造诗意,热衷追求生活精致化。

---

[1] 李泽厚:《美的历程》,见《美学三书》,安徽文艺出版社1999年版,第70页。

第四章　休闲的生活艺术

关于精致生活,早在晋代陶渊明的《闲情赋》中就已有表现,其中写有领、带、席、履、黛、泽、影、烛、扇、桐等多种意象,情深意长、缠缠绵绵。作者借助它们寄托自己的闲情和表达忧国忧民、心怀天下的情怀。到明清时期,这种生活艺术的极致追求得到极大突出,特别是文人们表现出明显的"闲赏"趣味。明代产生了多部具有影响力的生活美学著作。文震亨的《长物志》包括室庐、花木、水石、禽鱼、书画、几榻、器具、衣饰、舟车、位置、蔬果、香茗 12 卷,囊括了衣食、住行、用、游、赏等生活的各个层面。显然,这些层面超越了作为普通百姓的生活必须,综合构成了文人清居生活的物质环境。沈春泽为该书作序,如此美言:"予观启美是编,室庐有制,贵其爽而倩、古而洁也;花木、水石、禽鱼有经,贵其秀而远、宜而趣也;书画有目,贵其奇而逸、隽而永也;几榻有度,器具有式,位置有定,贵其精而便、简而裁、巧而自然也;衣饰有王、谢之风,舟车有武陵、蜀道之想,蔬果有仙家瓜、枣之味,香茗有荀令、玉川之癖,贵其幽而暗、淡而可思也。法律指归,大都游戏点缀中一往,删繁去奢之意存焉。岂唯庸奴、钝汉不能窥其崖略,即世有真韵致、真才情之士,角异猎奇,自不得不降心以奉启美为金汤。诚宇内一快书,而吾党一快事矣!"[1] 计成的《园冶》分"兴造论"和"园说"两部分,前者为总论,后者论述造园及相关步骤,分相地、立基、屋宇、装折、门窗、墙垣、铺地、掇山、选石、借景等十部分。"巧于因借、精在体宜"这一精辟论断是《园冶》美学精神的浓缩。江南园林寄寓了造园者的文化意趣和人生追求,也是明代士人"乐闲""寻闲"的生活空间。与此类作品风格类似的,还有洪应明的《菜根潭》等。

明清时期涌现了袁宏道、袁枚、李渔这样的崇尚生活艺术的文学大家。袁宏道提出与李贽"童心说"十分接近的"性灵说",强调诗文要"独抒性灵,不拘格套,非从自己胸臆流出,不肯下笔"(《叙小修诗》)。这种弃理崇趣的取向也表现在他的诗文写作和生活追求当中。如他的散文,以记游为主,融自然山水于审美体验,情趣盎然。与纪晓岚并称"南袁北纪"的袁枚,提倡抒写性情,其诗文自成一家。他又是

---

[1] [明]文震亨:《长物志》,汪有源、胡天寿译注,重庆出版社 2008 年版,第 5 页。

一个美食家、旅行家、园林艺术家。在辞官之后,他钟情生活经营,筑室造园,遍游名山大川,并著成《随园诗话》这样在当时即"畅销"之作。相比之下,出生于明清之际的剧作家,且集文人与商人身份于一身的李渔,是一位名副其实的"生活艺术家"。他对每一件细小琐碎的物品都有新颖的议及,流露出那种至性至情、力求新鲜的生活态度。他善于观察,喜欢研究生活中的种种事物,并做出一些独辟蹊径而有趣的发明。他的传世之作《闲情偶寄》,内容颇为丰富,时人评价极高。全书分词曲、演习、声容、居室、器玩、饮馔、种植、颐养等部分,论及妆饰打扮、园林建筑、家具古玩、饮食烹调、养花种植、医疗养生等各方面的生活。余怀在序文中这样称赞:"《偶寄》之书,事在耳目之内,思出风云之表,前人所欲发而未竟发者,李子尽发之;今人所欲言而不能言者,李子尽言之。其言近,其旨远,其取情多而用物闳,谬谬乎、缅缅乎,汶者读之旷,当者读之通,悲者读之愉,拙者读之巧,愁者读之忾且舞,病者读之霍然兴。此非李子《偶寄》之书,而天下雅人韵士家弦户诵之书也。"[1]李渔成为明清时期最具崇尚生活品味和追求艺术化生活的生活美学探索者之一。

明清时期文人对闲趣的追求具有明显的世俗审美情调:"闲赏"对象变得空前的广泛,已涉及衣食住行等日常生活各个方面;"闲赏"范式不再是"比德"、文化品评,而是以形式或情感的体验为主要特征。由这种变化突显出的"闲赏"精神得到后人的高度评价。即使像以"斗士"著称的鲁迅,在批评"帮闲文学"时,也不完全否定古人的"闲情"之作。他举例李渔的《一家言》和袁枚的《随园诗话》说明写作这类文学的不易:"就不是每个帮闲都做得出来的。必须有帮闲之志,又有帮闲之才,这才是真正的帮闲。如果有其志而无其才,乱点古书,重抄笑话,吹拍名士,拉扯趣闻,而居然不顾脸皮,大摆架子,反自以为得意,——自然也还有人以为有趣,——但按其实,却不过'扯淡'而已。"[2]画家丰子恺把《随园诗话》当作"床中旅中的好伴侣":"若是

---

〔1〕[清]李渔:《闲情偶寄》,李忠实译注,天津古籍出版社1996年版,第1页。
〔2〕鲁迅:《从帮忙到扯淡》,见《鲁迅全集》第6卷,人民文学出版社2004年版,第357页。

自己所同感的,真像得一知己,可死而无憾。若是自己所不以为然的,也可从他的话里窥察作者的心境,想象昔人的生活,得到一种兴味。在我的苦难中给我不少的慰安。"[1]可以说,中国古人的生活智慧在调剂现代人生活方面起着积极的意义。

兹摘录一段今人对古代女性服饰之精致的描写:

……战国以来到两汉,女子的衣服,多半精致在衣缘上:曲裾、直裾,或斜斜剪裁作垂臀。黑地子、小红簇花的大宽锦边,细细密密的起毛锦,曲裾上的锦缘顺着腰肢一圈一圈绕下来,像是一种意外的装点。后垂交输的一剪燕尾,不经意间有了静中生动的特殊效果。一切图案都是鲜活的、跃动的,规矩方圆中跳荡着流线型的对龙、对凤,奇禽异兽辗转腾挪在云里雾里,修长的凤尾牵缠着左回右旋的花花草草。那时候,还是歌与舞的时代,人们眼中笔底,女子的美,是飞动的舞容。

好像这样一直到了唐代。不过唐女特别突出了裙子——大红、银红、宝蓝、水绿、银泥、条纹,还有散散漫漫铺洒下一片新巧的夹缬,直至拖了半天明霞,半江流水的八破,六破晕裥裙,水滴滴的明艳从胸间一直流到脚边。一切用心都明确地铺展在身体上。帔帛的出现,是因为渐被西风,但也许最初是用来代替长长的舞袖。连身份高贵者也抵御不了这样的诱惑。那时候,是歌与舞的巅峰。力与韵,撑满了点点滴滴寻常与不寻常的精致。

真正的舞蹈似乎随着杂剧的兴起逐渐退隐了,女子的服饰就向着华美一面发展,不再求飞动轻飏。裙子在舞蹈中特别能显身段,舞一旦消逝,裙子也便一步步退居次要(藏在披袄、背子的下面,小心翼翼露出一小截)。腰身不见了。宋代女子首先把上衣尽量拉长,细细瘦瘦的背子罩在外边,显出像是被削出来的窈窕。唐代的花冠,这时候变成了白角冠、鱼骨冠,直至沉甸甸压满珠翠、左右各垂几支脚的鞾肩冠。轻飏的帔帛,演化作礼服中的霞

---

[1] 丰子恺:《〈随园诗话〉》,见《丰子恺文集》第5卷,浙江文艺出版社、浙江教育出版社1990年版,第316页。

帔，为了它的不再轻飏，还金丝编、银丝编，玲珑剔透做成霞帔坠子来压脚儿。

这一切明代都继承下来。大约南宋开始用于女装的纽扣，这时候变得更细巧。溜金蜂儿赶菊，蝴蝶穿花，金托儿上嵌着宝，活泼泼溢满生趣的小装饰，紧紧锁住了领口儿。更多的精致一点一点含蓄，含蓄到藏在轻易不能露面的地方，大部分被浪费掉了。《金瓶梅》二十五回写宋惠莲打秋千，飞起在半天里，被一阵风过来，把裙子吹起，里边露见大红潞绸裤儿，扎着脏头纱绿裤腿儿，好玉色纳纱护膝，银红线带儿——借了秋千上的好风，一丝不苟的精致，才偶尔露一露脸儿。缠了脚的女子，再没有奔放的七盘舞、柘枝舞，华美的衣服里，裹着头重脚轻，越来越沉滞的生命——也许翩翩舞容多半是酒席宴中的沉湎与奢华，但没有舞的酒筵依然是奢华，不过奢华得连一点儿飞扬的活力也没有了。

清代对前朝藏头露尾的精致作了改造，繁复不减，却是在一件外衣的领襟袖口七镶七滚，重重叠叠作成山重水复。精致，依然是华美的精致，色彩堆叠一层层凸起在表面，浓艳得一点儿看不见本色了。一件乾隆各色釉夔耳大尊，从上到下转着圈儿装饰了十六层釉彩：胭脂紫地珐琅彩宝相花、松绿地粉彩勾莲、蓝釉地描金开光粉彩太平景致，仿哥釉、仿官釉、仿汝釉、仿古铜描金……最是漫溢着怀古情思的精致里，却再也找不到逝去的力和韵——好像在一个狭窄、沉滞的精致里生活得太久了。[1]

四、雅趣之尚

如同其他的文化形态一样，中国文化内部有层次之分，这就是我们常说的"雅文化"和"俗文化"。"雅"相当于以文人士大夫为主体的文化层，"俗"主要指向民间文化层。一般而言，雅文化与士阶层、精英知识分子的严肃思考和审美创造有关。文人的生活情调与欣赏趣味

---

〔1〕扬之水：《寻常的精致·跋》，杨泓、孙机著，辽宁教育出版社1996年版，第304—306页。

追求一种清雅高逸的境界。他们在日常生活中的行为、方式,以及包括琴棋书画、吟诗斗禅、品茗饮食、游赏渔稼、文玩收藏品鉴等在内的娱乐性活动,都因此浸润着"雅"的神韵、透露出"雅"的风彩。文人"雅"的生活情调与审美趣味,不仅内涵丰富、包容广泛,而且体现出鲜明的文化品性:它是超功利的,追求不被俗所累、不受外物束缚的精神愉悦和怡然自得的行为过程;它是感性的,追求超越世俗纯感官性悦愉的,能够使人心获得净化与升华的,物我一体、主客合一的审美体验;它是有趣味的,追求一种从有限的日常世俗生活中呈现出的通向无限的生活情致。"雅趣"的这些品性蕴藏着深厚的哲学根底、潇散的艺术精神,由此注定了这是一种高级精神活动,是一种艺术化的生活。因此,唯有具备一定的哲学、美学、艺术修养,且注重个体精神自由和愉悦者,才能真正得其精髓。所谓"读万卷书,行万里路,胸中脱去尘浊,自然丘壑内营,立成鄄鄂"([明]董其昌《画者》),指的就是人的心灵只有通过知识、阅历的厚积,才能摆脱俗气,在净化、超拔中得到升华,才能培养起高雅的审美趣味和生活情调。[1]

在由雅文化和俗文化共同构建起来的中国文化生态当中,沟通雅俗是必然的要求和趋向。作为文人士大夫的审美情趣和生活,"雅趣"自然对下层社会民众产生广泛而深远的影响。事实上,雅文化也只有在与俗文化的对照中才能彰显其存在的特殊性及意义。这样,把与下层民众的素朴表达和消遣休闲相连的俗文化进行雅化就具有实际意义。所谓"雅俗共赏",并不是无区分地把雅与俗两者并置,其实是以雅为主,或者说以雅为标准,但又是以俗人为主。[2] 因此,尚雅仍是最主要的要求,它也构成了一种重要的中国美学精神。正如李天道所说:"从'雅者正也'审美意识出发,中国美学一方面主张隆雅重雅,崇雅尊雅,以雅为美,褒雅贬俗,尚雅卑俗,把'雅正'之境作为最高审美追求;另一方面则主张以俗为雅,以俗归雅,以俗为美,化俗为雅,借雅写雅,沿俗归雅,雅俗并陈,雅俗相通,雅俗互映,雅不避俗,俗不伤雅,

---

[1] 参见周积明:《中国古文化系统中的"雅"与文人雅风尚》,载《江汉论坛》1992年第8期。
[2] 参见朱自清:《论雅俗共赏》,广西师范大学出版社2004年版,第4—5页。

同时还提出了不少有关'雅'境的审美范畴,以展现'雅'境多样的审美内涵与审美特征,其中最主要的有古雅、高雅、文雅、典雅、淡雅、和雅、清雅等。"[1]这就是说,古人谈"美"不离"雅",尚雅就是他们特别器重的一种审美趣味。

尚雅意识也是近代以来中国知识分子普遍的文化心理。王国维、梁启超、蔡元培、周作人、林语堂、梁实秋、朱光潜、宗白华、老舍、张爱玲等都提倡"人生艺术化"。如老舍以描写市民的心态和北京的风土人情见长,张爱玲以谈人生阅世和摩登上海见长。他们都有对社会的细致观察和对人性世界的深入省思,同样具有追求诗意人生的理想。他们重视享受生活的主张和方式,就是对人生艺术化传统的延续和再现。可以说,从古代以来的中国文人、作家都有一种较为"统一性"的追求,即努力在一种超越现实人格的文化人格架构中求得"文心"与"人心"的平衡。他们在入世精神与出世精神,或者传统意识与现代意识的矛盾张力中彰显个体的存在。在现代性语境中,这种传统具有改造社会、批判文化、建构审美人生的启蒙价值。即使在今天,阅读他们那些或闲适平淡,或清丽雅致,或温婉细腻的散文,同样能起到调整心态、陶冶性情的审美净化作用。现代知识分子大多有"传统"情结。即便受到西学的强大冲击和影响,他们仍褒有传统式文人的责任意识和生活方式,这确也彰显出中国雅文化的独特性。

雅文化不仅是生活的情致,更是艺术的享受、精神的愉悦。社会的进步、现代文明的演进,不断地推动生活的艺术化和科学化。尚雅的生活艺术和艺术生活已成为现实话题,俗雅互见自是题中应有之义。从20世纪80年代以来,随着大众传播媒介的介入和审美文化的热兴,传统雅文化为当代人所津津乐道,以"快餐文化""消费文化"等审美化形式被重新包装。这种情况是与中国人日益增长的休闲意识、休闲需求一起递进的。在传统儒家文化结构中,雅文化并非主体,只是作为一种亚文化形态而存在,起着调适人心的作用。但在思想、社会转型过程中,特别是随着全球化时代的到来,雅文化又代表了中国

---

[1] 李天道:《中国美学之雅俗精神》,中华书局2004年版,第28页。

文化的重要方面,形成了与西方现代文化的鲜明对照,这给予我们的启迪是深刻的。在时间日益稀缺的时代,的确需要这些具有雅味的生活方式,以弥补因节奏日益加快、压力日益增加而造成的生活缺陷。休闲即雅文化。戴嘉枋等《雅文化——中国人的生活艺术世界》(1998)一书通过对传统生活文化中的琴瑟世界、棋的世界、书法世界、画的世界、茶的世界、酒的世界、山水(旅游)世界、古玩世界的轻松记述、艺术再现和精神探寻,展示了中国人的魅力无穷的生活艺术和绚丽多彩的精神世界。这种对中国人生活传统的发现(发明),也构成了当代休闲(审美)文化的重要部分。

第二节 西 方 人

与中国人一样,西方人同样具有一种"闲"意识。英文"leisure"通译为"休闲""闲暇"等。作为观念,休闲在西方既古老又精英化。"你所有的一切物品中,闲暇是最好的"(苏格拉底);"教育的目的是善于利用闲暇"(亚里士多德);"智慧的增长来自闲暇"(塞缪尔·约翰逊);"闲暇是哲学的母亲"(托马斯·霍布斯);"闲暇哺育一个人的身心"(奥维德);"善于打发闲暇是文明的最终产物"(伯纳德·罗素),等等,这些经典名言都强调闲暇的作用、意义和价值。休闲是一种思想、一种精神态度、一种沉思状态、一种与劳动对立的"庆典"方式,或是一种创造的机会和能力。作为一种理想,休闲成为广泛渗透在西方人生活中的积极要素。这里同样择取几个具有代表性的方面进行述评,以与中国人的休闲生活艺术追求形成呼应。

一、我思故我闲

沉思指的是一种运用理性进行思考的能力。"现代哲学之父"笛卡尔在彰明其科学分析方法的《第一哲学的沉思》(1641)中,把沉思当作人的本质。他认为,每个人只有通过一系列沉思,才能够放弃一些习惯、偏见,因为人类的最初的真理正是通过纯粹的理智而非感觉得以认识的。笛卡尔的这种立场接近柏拉图,说明偏于理智的、理性的沉思精神在西方源远流长。在西方人眼里,沉思的生活是一种休闲的生活,一种古希腊人式的生活。

  生活于两千多年前的古希腊人特别善于动用理智进行非功利的探索。他们爱智修能,既崇神又敬己,追求节制、均衡、有秩序的社会生活。他们特别"敏锐",表现出一种明智的生活观。他们把美好生活作为一种理想,休闲与智慧、美德一样,都被作为目的来追求。[1] 他们或去露天广场出席公民大会,聆听别人的演讲,也慷慨激昂地发表自己的高见;或去观剧,往往流连于震撼人心的悲剧、诙谐的针砭时弊的喜剧而不忍离去;或去柏拉图学园聆听大师讲学,领悟人生哲理,同时相互研讨各种学问;或去运动,平时强健体魄,战时则从戎,以保卫城邦的安全;约三五好友,在家聚饮,高谈阔论直至天将破晓才尽兴而归……开会、读书、观剧、听乐、赏艺、运动、沐浴、聚宴等等,希腊人就是这样尽情地享受着人生的乐趣,并在这个过程中求得个人才智的增长与道德品质的完美。[2] 如果说普通希腊人都注重追求人生享受和现世娱乐的生活情趣,那么哲学家们就更加致力探索美好生活的道路。如智者学派、苏格拉底、柏拉图、亚里士多德、伊壁鸠鲁学派,他们因对真与善的认识,对知识、美德、快乐与幸福的探索,而创造出美好生活的理想图式。这些思想都被后人广为推崇。德国天主教哲学家约瑟夫·皮珀指出,以"有用之善"和"共同效益"为依据的世界是与哲学原则格格不入的,"哲学思考是一种可以超越工作世界的行动"。在他看来,休闲就是一种"理性的沉思状态"。[3] 他在《闲暇:文化的基础》(1952)一书中大力称赞闲暇的功用,特别推举古罗马的爱比克泰德、奥古斯丁、吕齐乌斯·安涅·塞涅卡等这些热衷思考人生的哲学家。

  "我们都是希腊人。"这句话出现在英国作家雪莱的抒情诗剧《希

---

[1] [美]托马斯·古德尔等:《人类思想史中的休闲》,成素梅等译,云南人民出版社2000年版,第34页。

[2] 参见张广智:《略说古希腊的城邦文明》,载《湖北大学学报》(哲学社会科学版)1996年第2期。

[3] [德]约翰·皮珀:《闲暇:文化的基础》,刘森尧译,新星出版社2005年版,第83—84页。

腊》(1822)的前言中,它代表了启蒙时代西方人的一种生活理想——希望能够像希腊人那样热爱美好生活,追求理想生活。许多思想家、哲学家、文学艺术家,也自觉或不自觉地传承了这种生活精神,反思、探索美好生活及其道路。启蒙思想家和文学家卢梭厌倦巴黎生活,隐居乡间,过着清贫生活,每日在独步旅行中遐想,并感受自然之美。1820年3月诗人拉马丁"时不时地因为感情难以自已或者太空闲"而出版了《沉思集》。这本得到广泛传阅的诗集抒发了诗人非常个人化的忧郁而感伤的情感。[1] 英国的约翰·卢伯克是一位享有盛誉的考古学家、生物学家和政治家。他不仅有《蚂蚁、蜜蜂和黄蜂》(1882)这样的昆虫学著作,而且有《人生的乐趣》(1887—1889)这样的被誉为"著名科学家的休闲之作"。该书广泛引用西塞罗、塞涅卡、柏拉图、亚里士多德、爱比克泰德、莎士比亚、弥尔顿、雪莱、培根、牛顿、达尔文等一大批哲人、文学家、科学家的名言警句;还有大量作者自己的精辟见解,如"生命的价值不在于长度而在于深度,不在于时间而在于思想和行为"[2],类似的哲理比比皆是。德语作家黑塞用细致而洒脱的笔触描写自己聆听古老音乐的经历,并道出了音乐与建筑间的密切关系。罗素特别重视研究哲学家个人的生平和社会背景,有意记录他们的某些无关紧要的细节或一些趣闻逸事。他认为,哲学不是卓越的个人所做出的孤立的思考,而是各种社会性格的产物;哲学史是人们的生活环境与哲学问题的交互作用的历史。他的《西方哲学史》(1945)文辞优美、思想深邃,充满了激情和理性,深为读者喜爱。不仅此,罗素还大力赞颂悠闲生活之于文明的重要,呼吁人们明智地休闲(详见本书第三章第一节)。

葛拉齐亚说:"休闲生活只属于希腊人。"[3]作为西方文化的源头,古希腊罗马文化精神的实质就是理性。正是这种理性精神后来成

---

[1] 参见[法]安娜·马丁-菲吉耶:《浪漫主义者的生活(1820—1848)》,杭零译,山东画报出版社2005年版,第19—21页。
[2] [英]约翰·卢伯克:《人生的乐趣》,薄景山译,上海人民出版社2008年版,第52页。
[3] 转引自[美]托马斯·古德尔等:《人类思想史中的休闲》,成素梅等译,云南人民出版社2000年版,第22页。

为西方文化、思想得以不断前进的源动力。兴起于13世纪末叶而盛行于16世纪的文艺复兴,是一场思想文化运动。人文主义者以科学和艺术反对基督教的神秘主义、蒙昧主义,从而肯定了人的正当理欲。17世纪法国新古典主义者崇尚道德理性,特别强调对文艺和生活评价都要以理性为标准。18世纪启蒙主义者更是高举理性大旗,用自然理性去启迪蒙昧无知的人们。正如恩格斯评价:"在法国为行将到来的革命启发过人们头脑的那些伟大人物,本身都是非常革命的。他们不承认任何外界的权威,不管这种权威是什么样的。宗教、自然观、社会、国家制度,一切都受到了最无情的批判;一切都必须在理性的法庭面前为自己的存在作辩护或者放弃存在的权利。思维着的悟性成了衡量一切的唯一尺度。"[1]尽管19世纪以来,唯意志主义、精神分析学、存在主义等反理性思潮纷至沓来,但是这并不意味着理性已一无是处。它可以激起人们对生活再反思的决心,至少在理性化之后,人们需要找到通往诗意栖居地的路途。荷尔德林,这位对海德格尔哲学产生重要影响的"哲学诗人",写了《闲暇》一诗,其中有:"抛弃烦恼,睡意朦胧,不假思索。"[2]维特根斯坦如是说:"我的理想是沉静。教堂是使情感不受干扰的场所。"[3]沉思后的平静,是一种超越,是一种升华,是一种境界。可以说,追求感性化的诗意生活,绵延于西方人的生活史当中,且构成了最重要的思想主题之一。

二、狂欢的快感

西方人不仅是"理性的人",而且是"游戏的人"。在漫长的西方文化发展历程中,贯穿着一个极其活跃的因素,它产生了宗教仪式、诗歌、音乐和舞蹈、智慧和哲学、战争规则、贵族生活习俗等许多社会生

---

[1] [德]恩格斯:《反杜林论》,见《马克思恩格斯全集》第20卷,人民文学出版社1972年版,第19页。

[2] [德]荷尔德林:《荷尔德林诗新编》,顾正祥译,商务印书馆2012年版,第24—25页。

[3] [英]维特根斯坦:《文化和价值》,黄正东、唐少杰译,清华大学出版社1987年版,第3页。

活基本形式。这个因素就是游戏,它也构成了西方文明的一种重要特征。[1] 典型表现之一就是作为节日庆典的狂欢活动以及由此基础上发展而来的各种文艺形式。如古希腊时代,各种文艺性活动十分活跃。阿提卡(Attic)喜剧产生于狄奥尼索斯酒神节上的庆典活动komos,后来演变成一种有意识的文学活动,到了阿里斯托芬时代依然保留了这种痕迹,如 parabasis 的喜剧表演。狂欢是一种"相与以娱"的社会性活动形式。这种活动要求全民参与,借助聚会、表演等方式体现出来,"洋溢着心灵的欢乐和生命的情绪"。它处于被压抑和争取释放的矛盾运动过程中,是精神释放的强烈感性化显现。作为一种历史、文化、民俗现象,狂欢具有民间性、自发性、广场性、娱乐性、戏谑性、颠覆性等各种特征,是一种具有普遍性的文化形式。[2] 但从与文化、宗教的关系及对文艺的影响程度看,西方的狂欢文化更具代表性。

中世纪被后人描述成一个"黑暗"的时代。然而,这个时代的生活具有狂欢化的一面。当时的特权阶级具有一种鲜明的休闲意识。他们的宫廷生活,既华丽又秀美。宫廷节日高潮的基本框架是由庆典的盛宴,音乐、舞蹈和文艺演出等构成,其中的庆典活动往往借助婚礼、王位加冕、远征归来、征战凯旋、固定的宗教节日、为年轻骑士举行的授剑仪式等时机举行。这些并非经常举行的庆典活动成为大众对宫廷生活的一种想象。[3] 这自然也成为一些文艺作品的主题,"至少对同时代的人来说,骑士文化就是关于消遣的和思想意识的,这两者必须协调一致"。[4] 诸侯宫廷里上层领主阶层的生活是休闲的。相比之下,农民的主要工作就是劳动,因此悠闲和业余时间总是很少,但这并非说明他们没有自己的休闲娱乐方式。"只要娱乐同促进物质效率一样,被人们作为一个合理的目标来追求,那么,在道德和生活方式

---

[1] 有关中西"游戏"概念的深刻内涵,参见本书本章第 1 节和第 3 章第 4 节。
[2] 参见钟敬文:《文学狂欢化思想与狂欢》,载《光明日报》1999 年 1 月 28 日第 7 版。
[3] [荷]约翰·赫伊津哈:《游戏的人:关于文化的游戏成分研究》,多人译,中国美术学院出版社 1996 年版,第 217 页。
[4] [德]汉斯-维尔纳·格茨:《欧洲中世纪生活》,王亚平译,东方出版社 2002 年版,第 214 页。

中,人们肯定能为娱乐找到一席之地。"[1]巴赫金深入研究了拉伯雷小说中的狂欢节文化。在他看来,狂欢节是一种完全不同于日常生活的庆典性活动。人们以另一种非官方、非教会、非国家的眼光看待世界和人际关系,国王失去了平日的威严,在狂欢中可以被任意戏谑,人们暂时摆脱了一切等级关系、特权、规范和禁令,日常世界被颠倒。狂欢活动以"笑"宣泄压抑、回归感性、颠覆常规秩序。诚然,平常的文化娱乐也有"笑",但是狂欢活动的"笑"是超越日常的。它怪诞、粗鄙、下流,走向极端化的无耻,甚至有对神权的挑战。那种以上帝的身体及其各部位来发誓,这种认为是最不能被容忍的、大逆不道的发誓,却恰恰传播最广。[2] 由此可见狂欢所带来的真正效果。西方人崇尚狂欢文化,原因在于此。

参与游戏性的狂欢成了西方人的一种独特的生活追求。随着科技的发展,近代以来西方工业化进程逐渐加速。文化工业、大众文化的发展不仅是经济发展的必然,而且是满足文化生活的使然。节庆商品、节庆经济日渐发达。这种新经济形式无不是为了满足高度的休闲需求。美国学者约翰·费斯克从身体快感的角度分析了大众文化的意识形态性:"大众的快感通过身体来运作,并经由身体被体验或被表达,所以对身体的意义与行为的控制,便成为一种主要的规训机器。"他认同巴赫金的狂欢节理论:"它的功能是解放,是允许一种创造的、游戏式的自由";"狂欢节对身体感兴趣,但它关心的不是个人的身体,而是'身体原则'(body principle),亦即构成个体性、意识形态与社会的基础并先于这些方面的生活的物质性。它是在物的层面(在这里,万物皆平等)对社会层面的一种表述(representation),而通常准许一个阶级凌驾于另一个阶级之上的那些等级地位与特权,在此都被悬置。狂欢节堕落的一面,完全在于它将万事万物都拉低到身体原则的

---

[1]〔美〕托马斯·古德尔等:《人类思想史中的休闲》,成素梅等译,云南人民出版社2000年版,第111页。
[2]〔俄〕巴赫金:《拉伯雷研究》,李兆林、夏忠宪等译,河北教育出版社1998年版,第321—326页。

平等性上。"[1]可以说,狂欢精神已经渗入到西方人的心灵深处,成为维系他们的生活世界的不可或缺的一部分。

三、冒险的乐趣

一般地说,冒险(adventure)是一种主观的进取精神。冒险者往往受到英雄或理想等目标的吸引,而不管这目标是高尚无私抑或卑鄙自私,不管所采取的手段是否正当,他们都执著追求,不论成败输赢。在德国哲学家西美尔(Georg Simmel)看来,冒险是存在的一部分,是一种从连续性中突然消失或离去的最一般生活形式,而这种"暂时的形式"形成了与艺术品的"深刻类似":"生活的整体被理解和被实现",但又在"生活之外"。冒险是一种具有激进性的"生存片断","拥有神秘的力量,能在片刻间让我们把生活的全部当成这种力量的完满体现来感受"[2]。这就是说,通过冒险这种探索方式,在与社会、他人和自己所展开的必不可少的斗争中,可以认定自身价值。西方人具有一种冒险精神,拥有较为明显的热爱冒险的生活态度,也视冒险为一种休闲生活艺术。正如章海荣所指出:"西方具有通过休闲方式张扬个性,向外部世界挑战的进取精神。"[3]

冒险是西方文学的重要主题之一。从中世纪到18—19世纪,这一段历史极具过渡性。此时期西方人的精神信仰发生了从"神"到"人"的重要转变,一种突出表现就是冒险意识急剧上升。中世纪史诗、传奇的题材多是冒险故事,主人公多是帝王、英雄和骑士。他们为了个人、阶层或社会的利益,通过占有金钱,倚仗权势,享受物欲、情欲的方式不断地去"冒险"。为达到目的,他们可以不讲道德,甚至可以出卖灵魂、良心、自尊、朋友和肉体。18世纪英国作家笛福的《鲁滨逊漂流记》(1719)描写了鲁滨逊的冒险经历。他流落荒岛,只身与大自

---

[1] [美]约翰·费斯克:《理解大众文化》,王晓珏、宋伟杰译,中央编译出版社2001年版,第98—101页。
[2] [德]西美尔:《时尚的哲学》,费勇等译,北京文化艺术出版社2001年版,第218页。
[3] 参见章海荣:《休闲美学初探——兼作"Flow"与"游"比较》,载《上海师范大学学报》(社会科学版)2004年第4期。

然作斗争,并在绝境中获得重生。他的不安现状、毫无畏惧的追求精神是当时处于上升时期的欧洲资产阶级具有进取精神和自信心的体现。鲁滨逊式的冒险具有典型的个人奋斗主义色彩,构成了人类冒险精神的个性层面。19世纪批判现实主义小说中也出现了一批具有冒险精神的人物形象,如于连(《红与黑》,1830)、拉斯蒂涅(《高老头》,1834)、吕西安(《幻灭》,1843)、简·爱(《简·爱》,1847)、安娜(《安娜·卡列尼娜》,1877)。他们为摆脱因社会地位低下,个性、感情受压抑而造成的精神困境,力图改变现实;为追求个性解放、生活理想而只身同社会抗争,不断进行奋斗。至此,西方冒险小说上升到新的阶段。它的演变昭示了西方人对生活追求的变化:从对金钱、权势的占有,情欲的享受,到为自身价值、个性解放、社会权利的争取,进而到为社会理想、道德信仰和心灵自由的奋斗。总的来说,这类小说表现权势、爱情、道德、理想、信仰、幸福、自由、权利等这些相对严肃的主题。但是在这种严肃主题的背后是"游戏性的竞争",是西方文化特征的显示。正如赫伊津哈指出:"作为一种社会动力,游戏式的竞争精神比文化本身更为古老并且像货真价实的发酵剂一样渗透在整个社会生活中。"[1]

　　冒险也是西方作家们自身的至爱活动。许多作家通过精美的笔调叙写这种生活经历。如法国作家勃兰库感受了一次非同寻常的北极冒险之旅,体验到了那种惊险和刺激。美国作家欧文"好古成癖",在伦敦寻踪访迹。体验生活成为增强冒险感受的重要部分。这里不得不提到美国作家梭罗。在他短暂的一生中,旅行、演讲、隐居等几乎占据了全部时间。他主张根据自然的既定法则处世,提倡生活应该简化,要求消除人为的任何痕迹,进入一种反思性的生活状态之中。不仅如此,他还身体力行,在瓦尔登湖畔结庐定居,当起了现代"隐士",以阅读、写作、散步、沉思等为日常生活。他钟情自由、热衷自然,反对伐木、挖冰那些破坏自然之事,而独享钓鱼之情味:"钓鱼有一种野性

---

[1] [荷]约翰·赫伊津哈:《游戏的人:关于文化的游戏成分研究》,多人译,中国美术学院出版社1996年版,第193页。

和冒险性,这使我喜欢钓鱼。"[1]梭罗的作品的确能够让读者领略到一份人文的情怀和一种生态之美,亦具有如湖水般的思想深度,至今仍被称道。

冒险是一种不顾危险而进行的活动。徒手攀岩、蹦极、低空跳伞、高空飞越、高速赛车、潜水、登山、野外生存、速降滑雪、忍饥耐寒等,被称为"世界十大冒险运动"。西方人对休闲抱有积极、主动的态度,喜欢冲浪、滑冰、漂流、滑翔、乘热气球翱翔蓝天、飞车特技等各种活动,也喜欢手球、橄榄球、曲棍球、冰球、水球等各种球类竞技体育活动。或许这些活动所具有的竞争性、对抗性甚至危险性才使他们热衷。阿尔温·托夫勒等认为,以信息科技为代表的第三浪潮将促进全球政治、经济、历史和文化发生深刻变革,从而引发社会结构的重组,创造崭新的生机勃勃的文明体系。文化上则是非群体化、个性化:"他们(指劳动者——引者注)会思考、提问、创新、敢冒企业风险,他们是不易互换的";经济上"偏爱个性(但未必等同于个人主义)";"新的脑力经济趋于产生社会多样性",等等。[2] 显然,这种冒险的精神也将不断延续到西方人未来的生活世界当中。

这里摘录美国《读者文摘》所刊登的《在冒险中享受生活乐趣》[3]一文:

> 美国著名的商业杂志《福布斯》的创始人马尔克姆·福布斯在生活中经常被人认为是一个爱冒险、从而是爱出风头的人。这是因为他喜欢在工作之余驾驶热气球在空中遨游,或驾驶摩托车在野地里飞驰。这种爱好出现在像他这样的一个百万富翁身上,的确有些冒险,也让人觉得不可思议。对此,他解释说:
>
> 成功的或充实的生活有一个主要的内在组成部分,那就是冒险。你或许可以选择平平安安地度过自己的一生,但到头来你可能抱着十分遗憾的心情对自己说:"唉,假如我不这样做,而是那

---

[1] [美]梭罗:《瓦尔登湖》,徐迟译,上海译文出版社2004年版,第197页。
[2] [美]阿尔温·托夫勒等:《创造一个新的文明:第三浪潮的政治》,陈峰译,三联书店1996年版,第80—81页。
[3] 见《上海译报》1996年5月6日,繁星摘译。

样做的话,我就能……"可惜,那时一切都为时已晚了。一个人不应当这样度过一生。这并不等于说我喜欢赌博,尤其是拿我自己的生命来赌博。我不欣赏赌博,因为这与我所理解的冒险毫不相干。我虽然喜欢冒险,不过因为我更愿意留在人间,所以,我所理解的冒险,实际上就是去排除危险。例如驾驶热气球,只要你熟练地掌握了技术,再加上谨慎操作,你就能排除危险、胜任自如,因而你也就不会感到这是在冒险了。驾驶摩托车也一样。总而言之,我并不为冒险而冒险,也不在冒险本身中寻找乐趣。

但只要我还活着,我就要去享受生活的乐趣。为此,我不会去干那种孤注一掷、背水一战的事情。但在生活中,你永远不可能排除所有的危险。要想干成任何事情,都有可能遇到这样或那样的危险。生活的乐趣就在于不断地排除危险。这就像我驾驶热气球横跨美国一样,虽然每天都有危险,但我总要尽力去排除它们,或者将危险降到最低的程度。这样,你就会感到其乐无穷。

如果你把生活看成是这样的一种冒险,你就能体会到我为什么喜欢冒险了。

四、时尚的诱惑

时尚[1]是一种追逐快乐的行为,或者是一种令人快乐、惊奇、怪异的快乐。这种快乐是由变化,或者是由形式、自我和他人的变形而引发的。它既是一种社会区分的标志,又是一种魅惑,一种由视觉或差别带来的愉悦。时尚的特征和魅力在于:首先,它既具有特有的有趣而又刺激的吸引力,又具有广阔的分布性与彻底的短暂性之间的对比;其次,它既使既定的社会圈子和其他圈子相互分离,又使它们更加

---

[1] "时尚"是地道的舶来品。它的英译词有许多,如 fad(方式、模式、时尚),mode(方式、模式、时尚),style(风格、时尚法、文体、风度、类型、字体、方式、样式、时髦、仪表、品位等),vogue(时尚、时髦、流行、风行),fashion(样式、方式、流行、风尚、时样),trend(趋势、倾向),等等。徐敏认为:"时尚是一种西方现象,而中国本土时尚也正追随西方化的发展与演变趋势";"时尚也是一个早已存在于西方学术范围内的问题,目前有关时尚的研究资源主要存在于西方学术领域。"(赵一凡主编:《西方文论关键词》,外语教学与研究出版社 2006 年版,第 499 页)

紧密,显现出原因与结果的紧密联系;最后,它受到社会圈子的支持,使圈内成员相互模仿,由此可以减轻个人美学和伦理上的责任感,又使之不断生产可能性。在多种多样的结构中,社会机制在相同的层面上将相反的生活趋势具体化,故时尚显现出自身是其中一种单一的而又特别的例子。[1] 正因如此,时尚成为社会历史的注脚、精神生活的诠释。它蕴含着一种对美的执著追求,使得人们对之充满无限期许。从古典到现代,时尚脚步在不断加快。时尚又与休闲密切地结合在一起,或者说它根本就是"休闲"的一个代名词。

时尚在西方的产生有社会、美学等多重原因。宫廷社会、贵族地位、城市发展及个体主义美学和诱惑美学的出现,使得时尚的特征都根植于西方特有的文化因素之中。中世纪晚期出现了"一种前所未有的对于主体身份意识的提升,一种要表达个体特殊性的新渴望,一种对于个体的新提升"。这种个体意识觉醒使得贵族阶层特别重视外观的个性化;而随个体意识觉醒以及对于现世欢乐的追求而形成的男女两性吸引的新观念,随这种新观念而产生的身体外观成为诱惑的力量所在。贵族阶级在11世纪之初借助于宫廷价值的形成而发动了文化的革命,出现了以诗和优雅的细心超越自己的宫廷精神。作为一种微妙以及表面优雅的艺术,时尚使对于美的事物和艺术品的热情与对于一种更美、更风格化的生活的渴望并驾齐驱,在12世纪初得以形成。14世纪开始,对世俗生活短暂的本质的集体感觉,培养了及时行乐的风气。骑士生活和宫廷社会的价值,以感伤的时间意识和对将要消逝的世俗生活的前景感到悲哀为特征的现代情感,使要追求尽可能多世俗快乐的欲望剧增。14—15世纪出现了"巴洛克(Baroque)精神":重视戏剧性和幻想性装饰的品味、对于奇异和稀有之物的兴趣。这些不必要的幻想与宫廷文化的胜利相关,后者追求游戏的理想和世俗的矫揉造作。艺术品中起伏的弧线形式和大量丰富的装饰反映在奇异夸张、复杂的宫廷和晚会的服装中。在主宰宫廷想象的玩乐精神的影响

---

[1] 参见〔德〕西美尔:《时尚的哲学》,费勇等译,文化艺术出版社2001年版,第218页。

之下产生了一种戏剧风格的光学,一种对效果专横的需求,一种重视突出、过度和不规则的倾向。而这种宫廷艺术一直为巴洛克精神所主宰,至少直到20世纪纯粹主义及现代主义才同其决裂。[1]

崇尚新奇和变化的时尚在17世纪得到重点体现。这是一个深深烙下时代风格印记的时期。精雕细琢的美学风格不仅体现在各种技艺、学识领域当中,而且体现在人们对生活方式的选择上。"最令人吃惊,也最典型"的是服饰,它按照一种模式来普遍地塑造生活、思想和外在形象。如在宫廷礼服中,尤其是男人的服装样式更富有变化,越来越偏离简单、自然、实用,达到畸形的程度。还有假发(wig)风尚。假发起初因为披肩长发(allonge)为一种时髦(chic)而疯狂地蔓延开来,于是作为头发密度不能令人满意的替代物成了自然的模仿。随着戴假发成为普遍、形成风气,它就很快丧失了伪造自然头发的借口并成为风格的一种真正因素。再后来就是通过染发粉、卷发和发带等不同途径使得这种本来已不自然的、麻烦的、病态的,看似远离自然的风气变得越来越风格化。[2] 从功能性变成装饰性,成为昂贵的商品,以致平民百姓只能模仿以赶上时尚,这段历史体现出作为时尚的假发的意义:"假发是鉴别处于一定社会阶层或具有某种经济地位的那些人的一种标志,这些人不仅有闲暇生活,而且能用消费手段来展示他们的成功,假发成了有闲阶级的一种装饰品。"[3]

古尔蒙曾感叹18世纪人们的感觉变化之快,能够打破长久以来的对自然(特别是大海)的禁忌,在"荒诞或讨厌"的景物中发现众多的快乐。他称"人类的感觉是听命于时髦的,它是按照人给它的曲调颤动的"。[4] 19世纪的波德莱尔认为,时装能够反映一个时代的精神风气与美学特征,具有艺术与历史的双重魅力:"所有的时装样式都是

---

[1] 参见[法]吉勒斯·利浦斯基:《西方时尚的起源》,杨道圣译,载《艺术设计研究》2012年第1期。
[2] 参见[荷]约翰·赫伊津哈:《游戏的人:关于文化的游戏成分研究》,多人译,中国美术学院出版社1996年版,第204—206页。
[3] [美]托马斯·古德尔等:《人类思想史中的休闲》,成素梅等译,云南人民出版社2000年版,第111页。
[4] [法]古尔蒙等:《海之美:法国作家随笔集》,郭宏安译,华夏出版社2008年版,第95页。

迷人的,就是说,相对而言是迷人的,每一种都是朝着美的或多或少成功的努力,是一种对于理想的某种接近,对这种理想的向往使人的不满足的精神感到微微发痒。"[1]作为"理想的趣味的一种征象"的时装,只有把它与穿着者结合起来,才能带来活力和生机。美国当代社会学家珍妮弗·克雷克则认为,时装最引人注目的特点之一是人们对其独特性的强调,而这种独特性不断受到巴黎、纽约、米兰、东京和伦敦的精英时装设计界的强调。在《时装的面貌》(1993)一书,她重新分析了这种时装现象,重点讨论了时装系统是如何受到社会行为的影响并反过来影响社会行为这一主题。她指出,日常服装的多样化是战后时装系统中最大的变化之一。"时装已不限于以显示为目的的正式服装,而在休闲服装和工作服装的领域中有所发展。工作服装强调的是实用性、严格性和职业适应性,而休闲服装却带有放松、娱乐和'闲适'的特点。随着工作与休闲成为服装规则和时装习性的两大组织原则,西方时装中充满了这两种主题。"这就意味着,时装变化也正是人们的工作与休闲观念变化的表征。如牛仔裤、T恤衫、便装外衣、帆布鞋等休闲装的出现,代表了人们对一种休闲生活的认同。而当这种现象在日常生活中普遍出现的时候,也就意味着这个社会已日益步入闲暇社会。"服装构成了生活环境中的参数。"[2]同样,时尚的变化是我们认识生活变化的参照。

文化史是一部时尚生活史。时尚的变迁是时代发展、演变的见证,意味着人类致力追求一种变化、新奇的生活方式。时尚极具诱惑魅力,流行广泛,影响深刻。现代人的活动领域越来越被时尚征服,时尚几乎已经成了我们的"第二本性"。正如此,我们也理应视之为"一种严肃的哲学研究对象"。[3] 无疑,时尚在西方已经成为重要的休闲主题,是"日常生活审美化"的一部分。此外,西方时尚影响中国人的

---

[1] [德]波德莱尔:《波德莱尔美学论文选》,郭宏安译,人民文学出版社1987年版,第505页。
[2] [美]珍妮弗·克雷克:《时装的面貌:时装的文化研究》,舒允中译,中央编译出版社2004年版,第294—307页。
[3] [挪]拉斯·史文德森:《时尚的哲学》,李漫译,北京大学出版社2010年版,第1页。

生活方式已是不容怀疑的事实。在中国,时尚休闲体育、时尚休闲服装、时尚休闲快餐、时尚休闲公园等都已逐渐盛行。像钓鱼、学画、跳舞、登山、耕田、击剑、出海、骑马、驾驶飞机、打高尔夫球等,也都越来越成为大众青睐的休闲活动和时尚生活方式。

第三节 "渔夫"情结

从前两节所述中我们可以体会到:文化生态、自然观和宇宙观等方面的差异,使得休闲的历史、休闲的状态、休闲的形式、休闲的功用等方面表现出差异。如相对于中国人的较清明的、深层的休闲观,西方人的休闲观建立在对个人价值充分认识的基础之上,突出在休闲中追求人文关怀。[1] 但是这种差异并不意味着两者不可沟通,因为作为文化毕竟还有统一性的内涵,只不过它有不同的呈现方式而已。文化又具有显性的与隐性的两个层面,其中隐性层面是深藏其中的无意识层面,可用"情结"概念说明。情结就是由观念、情感、意象等形成的综合体,是用于反映人类具有文化认同的心理现象。在人类的文化心理中,明显存在一种"渔夫(父)"情结,表现在涌现出大量以渔夫为题材的文艺作品,流传着大量的"渔夫的故事",许多至今仍为人所乐道。它们为我们的生活增添了许多休闲情趣,甚至成为倡导休闲的绝佳案例。本节立足文艺作品(主要是文学、美术类),深入解析"渔夫"的原型特征,以发掘一种休闲美学的意蕴,而这对于我们理解文化视域中的休闲生活是极其适宜的。

一、自然的绝妙

渔夫者? 何人也? 现代汉语词典解释为"以捕鱼为生的男子"。在英语词典中,与之对应的有两个词:"fisherman"和"fisher",前者指的是以捕鱼为生计、职业,或是爱好的人,后者指的是渔夫、渔船、食鱼动物,甚至还有鼬鼠毛皮、捕鱼器具等,两词的外延显然不尽相同。通

---

[1] 参见马勇、周青:《休闲学概论》,重庆大学出版社2008年版,第65页。

常我们把那些捕鱼的人都称为"渔夫",而不论其身份(文化)、性别、职业或目的。今天,世界范围内生活着大量的渔夫,或以渔为业,或以渔为生。[1] 当然,在这些渔夫当中仍有一部分保留了传统的生活习俗、生产习惯,仍然将捕鱼作为重要的生活(生产)方式。[2] 与现代的生产方式相比,传统的渔夫生活是落伍的:使用原始的生产工具,直接地依靠自然资源,而且总是日日、年年地重复活动。然而,就是这样被动的生活方式,在许多文化想象中呈现出别样的艺术趣味。尤其在文人、艺术家那儿,这种"渔"事却得到极为鲜明、生动和富有诗意的呈现。

在中国文学中,唐代柳宗元塑造的渔夫形象也许是最为著名的。《江雪》以极精炼的文字向读者展示了一位处于群山万壑中,驾一叶孤舟,身披蓑笠,独钓寒江雪的渔翁形象。《渔翁》一诗以渔翁作为贯串全诗的核心形象,将之与自然景象结成不可分割的一体,共同显示着生活的节奏和内在的机趣,并取得极为统一的和谐之境。另一位唐代诗人张志和有《渔歌子》五首,特别是第一首(西塞山前白鹭飞),叙春景和渔钓,赞自然之美,抒自由之情。"斜风细雨不须归"一句极显渔夫的悠闲自在。该诗构思巧妙、寄情于景、意境优美、格调清新纯淡,因此广为传诵。宋代王质的《鹧鸪天·咏渔父》也描绘了一位悠游湖上、无欲无争、逍遥自在的渔父形象。该词侧重刻画人物的心理,以渔父自白的形式来表现主题,风格质朴、真切。其中"全似懒,又如痴"一句写出了快活、闲淡的渔民生活。元代姚燧的《满庭芳》写出了渔家劳作后归家休憩的场景,极富生活气息。从"滩头聚""笑语相呼"等细节描写中,可以想见渔民们岸边相聚、欢声笑语的轻松愉快,尽显民风之淳朴。在这些渔趣描写中,简朴的生活脱去了现实的苦涩,显示出

---

[1] 据相关资料显示:全世界渔民和养殖渔民人数为 3800 万人,其中 1/3 为专职。亚洲占 85%。中国从事渔业生产的劳动力为 1302 万人,净占世界渔民(含养殖渔民)的 1/3。(农业部渔业局主编:《中国渔业年鉴 2006》,中国农业出版社 2006 年版,第 3 页)

[2] 如疍民、京族。疍民,也称连家船民,古称游艇子、白水郎、蜑等,是生活于中国福建闽江中下游及福州沿海一带的水上居民,传统上他们终生漂泊于水上,以船为家。京族,又称京人、越族,是狭义上的越南人。中国的京族,主要分布在广西东兴,主要聚居地是"京族三岛"。京族是中国唯一的一个海滨渔业少数民族,同时是中国唯一的海洋民族。

令人陶醉的诗情画意,这与陶渊明"带月荷锄归"(《归园田居》其三)的田园野趣异曲同工。清代王士禛的《真州绝句》其四:"江干多是钓人居,柳陌菱塘一带疏。好是日斜风定后,半江红树卖鲈鱼。"郑燮的《渔家》:"卖得鲜鱼二百钱,米粮炊饭放归船。拔来湿苇烧难着,晒在垂杨古岸边。"两诗朴素无华,平铺直叙,没有比拟、夸张、议论、烘托等修辞手法,眼之所到即手之所写。这些粗浅诗句展现了渔家生活片段和那种自然淡远的意境,同时让我们感受到了诗人所具有的旷达性灵。

中国古代文学中的渔夫形象往往不是单独呈现的,而是以渔舟、渔家等为辅助,加以山水衬托,从而使得渔趣场面油然而生。除在自然面前,"渔夫"的超然态度和透视能力得到体现,在历史、人生面前,这种态度和能力得到进一步强化。这只要再看看宋代词人苏轼的《前赤壁赋》、张升的《离亭燕》,还有几任皇帝李璟、李煜、赵构的《渔父词》,就可一目了然。可以说,渔夫形象在中国古代文学中层出不穷、情趣盎然、寄意深远,是一种不可忽略的文化现象。这种现象在中国现代文学中也得到延续和表现,至少情趣化的渔民形象、渔民生活构成了十分重要的写作题材、主题之一。如"极要描写民间疾苦"(鲁迅语)的杨振声,多在自己作品中反映下层劳动民众的苦难生活和悲惨遭遇。其中《渔家》(1919)写了渔民家破人亡的悲剧,但是对渔民生活进行了牧歌化处理。孙犁的《渔民的生活》(1947)中充满"欢乐"的抒写:"白洋淀的渔场是最可爱的了,因为这里的渔民自己解救了自己。""这里,每一个渔夫都爱唱那个流传了几年的水上游击队的歌,那是自编自唱、描写了真实战斗情况的歌。每一只船上都存在着战争的伤痕或英雄的标志,代替渔网,这些船只在那几年都运载过战士,安放过枪支。我无数次看见男人打鱼回来,坐在门前织席的女人,已经在呼唤女孩子生火给爹烘烤衣衫。黄昏一如清晨,他们的生活,美满愉快。"[1]

---

[1] 孙犁:《渔民的生活》,见《孙犁文集 3 散文 诗歌》,百花文艺出版社 1982 年版,第 65 页。

第四章 休闲的生活艺术

在西方的散文、诗歌、小说中,也有众多的描写渔趣、渔夫(民)生活的经典作品。英国作家艾萨克·沃尔顿的对话体散文经典《高明的垂钓者》(1653,或译为《垂钓大全》),堪称一部渔夫生活的"百科全书"。书中有不少篇章是对渔夫生活的描写与赞颂,如:"听着悦耳的潺潺声,我快乐地把鱼钓上。我坐在这里闲眺,看斑鸠追逐他的姑娘。"德国诗人歌德有一首著名的叙事诗《渔夫》(1778)。该诗塑造了一个静坐岸边,倾听水波之声而终被妇人引诱入水的渔夫形象。此诗以一个事件为载体,既不在于发表发人深省的道理,也不在揭露、批判人性或社会问题,而是以优美抒情的笔调赞美大自然的神奇与魔力。[1] 与歌德并称的另外一位诗人席勒,也有一首诗《渔歌》(1778)。该诗借渔童之口唱出,体现渔夫生活的悠然自由的情调。法国作家皮埃尔·洛蒂的小说《冰岛渔夫》(1886)塑造了一批善良、纯朴、健美、能干,并带有几分稚气的穷苦的青年渔民形象,整部作品充满了鲜明的人道主义精神。意大利作家维尔加的小说《马拉沃利亚一家》(1881)是一部左拉式的自然主义小说。主人公安东尼·马拉沃利亚是西西里老渔民,勤劳正直。他幻想凭借勤俭、儿孙们的强壮劳力和一条叫做"上帝保佑号"的旧渔船,挣脱世代贫穷的命运。然而,风暴轻而易举就毁掉了他的命根子渔船,唯一的儿子也葬身鱼腹。美国作家海明威的小说《老人与海》(1951)讲述了一位老年渔夫圣地亚哥与一条巨大的马林鱼在离岸很远的湾流中搏斗的奇妙故事,令人难忘。总的看,这些文学形式中的"渔夫"具有理想的或某种神秘的特征。正如芮渝萍指出:西方的"海洋文学"具有鲜明的浪漫色彩,往往赋予大海以自由奔放的魂魄、神秘恢弘的力量,使大海成为自然的浓缩,甚至成为神灵的化身。但是浪漫总是伴随理想化,实践总是与现实结缘。因此,"浪漫与现实的交织和演绎,既构成了海洋文学叙事的艺术张

---

[1] 1778年1月16日魏玛公爵卡尔·奥古斯特夫人的女官拉斯贝尔克因失恋投水自杀。歌德作此诗。本诗与席勒《威廉·退尔》第一幕开场时渔童所唱的渔歌并称"双绝"。(陈壮鹰:《歌德的叙事诗"夜魔王"和"渔夫"》,见《歌德和席勒的现实意义》,叶廷芳、王建主编,中央编译出版社2006年版,第132—133页)

力,又孕育出丰富的人物性格和人生哲学"[1]。

再看美术作品。中国古代山水画多以自然或境界的风格见长,往往以渔夫形象衬托,即使在一些人物画中,渔夫形象也是自然清新的。元代吴镇的《渔夫图》用水墨精心描绘,常作多层次积染,墨色圆浑苍润,笔法凝练坚实,整个画面于苍茫之外,还给人一种沉郁之感。此画中有远山丛树、流泉曲水、平坡老树;有驾一轻舟的渔夫,头戴草笠,一手扶桨,一手执竿,坐船垂钓,逍遥于云水之间。还有题诗:"西风潇潇下木叶,江上青山愁万叠。常年悠悠乐竿线,蓑笠几番风雨歇。"明代吴伟的《江山渔乐图》以明快的墨色描绘了一幅生动自然的渔民生活图景。画面右边山势雄浑,左边江面平阔辽远,渔舟出没于其间。渔人、舟、山水之间融合无间。画面自然朴实,虚实相应,极有层次感,且境界开朗,表现出江南秀色。清代黄慎的《渔翁渔妇图》富有浓郁的生活气息。画家捉住生活中的一瞬,生动地再现了渔民生活的风貌和喜悦之情:布帕裹发、肩挎竹筐的渔妇似正徐徐前行,忽然被从后面匆匆赶来的渔翁叫住,于是驻足转身,回眸凝视;头戴斗笠,身背鱼篓的渔翁则忙不迭地将手中刚刚打上来的大鱼拿给渔妇看,喜悦之情溢于言表。此画人物布局讲究、错落有致、貌离神合、顾盼呼应;用笔不拘一格,着墨淡浓不一,且勾染结合,极富立体感。画面左上方又有草书自题诗:"渔翁晒网趁斜阳,渔妇携筐入市场,换得城中盐菜米,其余沽出横塘酒。"这不仅点明了画之主题,还进一步补充了构图。画面背景不着一物,亦给人留下了无限遐想的空间。此作人物造型严谨,比例合理,动态自然,形神兼备,亦颇显画家观察生活的能力和扎实的艺术功底。此外,北宋王诜的《渔村小雪图》、王翚的《澄潭渔乐图》,明代蒋嵩的《秋溪放艇图》、钟钦礼的《雪溪放舟图》也都是表现渔者的山水情趣。近代以来的一些中国画家,接受了西方现代美术观念,并用以革新中国传统人物画,渔夫题材同样成为他们的选择。徐悲鸿的《渔夫图》(1926)突出了人体结构的真实性,而且用裸露的四肢表现一种

---

[1] 芮渝萍:《英美海洋文学中的浪漫情怀与现实体验》,载《宁波大学学报》(人文科学版)2011年第1期。

与中国传统绘画完全不同的技法。齐白石的《渔夫图》(1932)以夏季暑热季节为背景,辅以细微动作,十分传神地表达出隐逸之垂钓的意象。林风眠的《渔夫图》(约1960)以畅而不飘、利而不硬的线条,表达出渔夫的生活情趣,同时传达出人物的精神。

在西方人物画、风景画中也多有渔夫形象。在克里特岛上发现的古希腊壁画《渔夫》(约前1500)被后人称为"爱琴海文明的第一缕艺术的曙光"。画面上是一个年轻的渔夫提着两大串海鱼。此画线条、色彩、动作都完美展现了年轻青春的躯体,表现人类肌肉和线条之美,是后来人体优美的形象典型。英国 J. M. W. 特纳的《海上渔夫》(1796)显示出画家的自然主义表现的才华,被当时的评论家称为是独出心裁之作。此画表现的是月光下渔船在风浪中的场景。整幅画以深暗色调为主,最明亮的部分是月亮和渔船附近的海水。而作为作品主题的渔夫及渔船虽然占据着画面的重要位置,但是在色彩、亮度方面给人压抑感。这似乎在暗示:渔夫的命运在那个时代是微不足道的,他们只是贵族们的陪衬,是社会中微弱的一抹余光,永远得不到社会的重视。[1] 法国克劳德·莫奈的《渔夫波利画像》(1886)是对光与影的实验与表现,是从自然的光色变幻中抒发瞬间的感觉。此画十分传神地表达了渔夫的眼神:一种高傲的、玩世不恭、不可一世的神态,令欣赏者过目难忘。法国夏凡纳的《贫穷的渔夫》(1881)塑造了一位立于渔船上的渔夫,低头祈祷求鱼的情态。近景是渔夫、渔船、水面;中景是草地,上有采集野花的妻子和入睡的孩子;远景仍是水面,上有绵长的岛屿,与天空连为一体。此画不仅有以分割的水面产生构图变化的美感,而且给人一种寄美好希望于未来的意趣。整体画面肃穆、沉静、凄凉而又神秘,且集优美的自然和贫穷的人生现实景象于一体,颇能传达象征主义艺术家的内心世界。美国霍曼·温斯洛的《起风了》(又名《乘风而行》,1876)以细腻的色彩真实地表现了渔民的海上生活。画中有身着红衬衫的渔民和头戴草帽的三个小男孩。他们

---

[1] 参见王奇:《苛刻的艺术:古典主义》,天津科学技术出版社2011年版,第144—146页。

都坐在船的右侧,试图用自身的重量把右舷往下压,从而让船帆逆风转向。渔夫和坐在船尾的男孩紧拽帆船绳,中间的男孩却悠闲地坐在右侧船帮,躺在船头的小男孩双手向外紧扣右舷,还穿着光洁皮鞋。整个画面紧张而不慌乱,甚至还透露出悠静和自信的气氛,给人一种别样的清美之感。毕加索的《安迪伯渔夜》(1939)抽象、神秘、动人,对比强烈。画面正中有两个渔民在海港不远处的小船上悬灯捕鱼,一个正瞄准目标叉鱼,一个则正在观察渔情。岸边有两个衣着艳丽的女子正在悠闲地观看。还有隐约可见的城市建筑和在空中绕灯光飞舞的萤火虫。渔民以粗线条、变形脸的方式构造,反映出渔民的艰辛生活,而画面下边的小螃蟹和鱼,却又透露出一份可爱。此画是画家避难法国南部时观看安迪伯人夜间捕鱼后的思乡之作。

  中西文学、美术作品为我们留下了大量的渔夫形象,成为人类审美史上一道靓丽而独特的风景。这其中总让我们体认到自然所具有的绝妙之处。老子曰:"道法自然"。爱默生说:"诗人是自然的代言人。"[1]如果说自然是个哲学主题,那么文艺则是这一主题的表达。只不过有些文艺中的"自然"是平和宜人的,与人的关系是非常融洽的;有些文艺中的"自然"则带有神秘的、诱惑的,甚至罪恶或凶险的气质。不同气质形成于文艺家对自然的不同态度。著名美学家朱光潜把诗人对于自然的爱好分为三种:感官主义、"趋于情趣的默契忻合"、泛神主义。[2]就积极意义而言,文艺家在人与自然之间建立诗性的关系,使得自然的意义增值,即使之具有一种超越现实生活的现代价值。如中国古代画家总结出"以渔钓为精神""得渔钓而旷落"([北宋]郭熙《林泉高致·山水训》)的审美经验,这对我们如何通过亲近自然的方式摆脱伦理的或理性的困境富有启示。显然,自然主题十分切近渔夫题材。渔夫出入于山水之中,自然环境就是他们的寓所。文艺家或是在与自然的亲近中化解矛盾冲突,达到生命境界;或是在与自然的对立中彰显人本精神,达到宗教境界。无论是以自然自娱,还

---

〔1〕〔美〕爱默生:《生活的准则》,金叶译,蓝天出版社2004年版,第309页。
〔2〕 朱光潜:《中西诗在情趣上的比较》,见《朱光潜全集》第3卷,安徽文艺出版社1987年版,第77页。

是摆脱于自然之外,都离不开自然的视域。这是文艺家钟情渔夫的重要原因,亦是现代人求取休闲的重要依据。"休闲的本质是人的自然化。"[1]"休闲,就是对自己的支配";"每个人,生来就是平等的,并且是与他人平等的;只需要把他重新置于'自然'的状态中,他就能收复这种实体的自由、平等、博爱。"[2]休闲就是回到自然,复归到简单、素朴的渔夫式生活当中。渔夫文艺根本离不开自然的主题,而通过渔夫形象的塑造又使得自然主题更加突出。

二、人格的魅力

文艺作品中的"渔夫"之所以能够给读者、观者留下无穷的想象和无尽的回味,是因为它们以一种形象的方式出现。艺术形象是审美的产物,是人具有创造性的体现。意大利哲学家维柯曾提出"诗性智慧"的概念。他认为,正是有了人类最初的智慧,古代各民族才以这种精神方式创造了最初的文化模式。在人类文明之初,由于具有反思功能的理性意识尚不成熟,尚不能区别主体与对象、感性与理性,而只能借助诗性智慧来思考和创造。作为人类处于原初状态时所具有的一种创造性思维方式,"诗性智慧"具有以己度物的隐喻和"想象性的类概念"的特征。[3] 其实,这种智慧类似于人类学家所说的"原始思维",又近似现代美学家所说的"艺术思维"。苏联文论家马依明(Е. Маймин,1977)认为,比喻是"形象的形象":"形象的一切特征在比喻中都表现得特别明显。……运用艺术中比喻的例子,也更容易了解形象的结构,并且可以透彻研究形象创造的可能的途径,从中看出形象并不是现成的语言的成分,而是艺术思维的成分。"[4]艺术形象总是以语言、线条、色彩等为材料和媒介,通过具象方式而使之具有隐喻或

---

[1] 郑明、陆庆祥:《人的自然化——休闲哲学论纲》,载《兰州学刊》2014 年第 5 期。
[2] [法]波德里亚:《消费社会》,刘成富、全志钢译,南京大学出版社 2001 年版,第 168—169 页。
[3] 参见朱光潜:《西方美学史》上卷,见《朱光潜全集》第 6 卷,安徽教育出版社 1990 年版,第 367—373 页。
[4] [苏联]马依明:《艺术的比喻思维与换喻思维》,见《外国理论家 作家 论形象思维》,中国社会科学院外国文学研究所、外国文学研究资料丛刊编辑委员会编,中国社会科学出版社 1979 年版,第 626 页。

象征特点。它往往是创作主体与外部事物之间寻求平衡的努力结果。特别是在社会动荡、文化危机的情境下,艺术形象的创造具有彰显主体人格本色的意义。至于渔夫形象,我们也应作如是观。

中国古代文人爱以渔夫自喻,这可以在大量的诗词中见出。如:"却逐严光向若耶,钓轮菱棹寄年华"([唐]温庭筠《西江上送渔父》);"人生在世不称意,明朝散发弄扁舟"([唐]李白《宣州谢朓楼饯别校书叔云》);"闲来垂钓碧溪上,忽复乘舟梦日边"([唐]李白《行路难》);"频藻满盘无处奠,空闻渔父叩舷歌"([唐]韩愈《湘中》);"轻爵禄,慕玄虚,莫道渔人只为鱼"([唐]李珣《杂歌谣辞·渔父歌三首》);"避世常不仕,钓鱼清江滨"([唐]李颀《渔父歌》);"懒向青门学种瓜,只将渔钓送年华"([宋]陆游《鹧鸪天》);"不识字烟波钓叟"([元]白朴《沉醉东风·渔夫词》);"瓦瓶倒尽醉难醒,独抱渔竿卧晚汀"([明]孙一元《醉吟》);"吾生真浪迹,沧海一渔竿"([明]谢榛《秋兴》);"傍人未识扁舟意,犹道先生学钓鳌"([明]顾清《锦衣归钓图》);"白发渔樵江渚上"([明]杨慎《临江仙·廿一史弹词》);"笠檐蓑袂平生梦[事],臣本烟波一钓徒"([清]查慎行《连日恩赐鲜鱼恭纪》)。这些诗句都是文人个人理想情怀的抒发。再如:"浪花有意千重雪,桃李无言一队春。一壶酒,一竿纶,世上如侬有几人。""一棹春风一叶舟,一纶茧缕一轻钩。花满渚,酒满瓯,万顷波中得自由。"李煜的这两首《渔父》词,情节相承,颇得渔夫之趣,实乃自述宫廷隐士式生活。苏轼的《渔父词》(其一)通过"饮""醉""醒""笑"等细节的描写,塑造了一个生活萧散的渔夫形象,亦得人生深味。不仅此,有相当多的文人士大夫的号中含有"江湖""渔翁"一类的词汇或意思,如"笠泽渔隐"([宋]陆游)、"七泽渔隐"([宋]任公辅)、"钓雪散人"([明]陆鳌)、"三潭老渔"([清]关键)、"淮海遗渔"([清]胡从中)、"钓滩逸人"([清]乌程和沈宗赛)。此外,有的还直接取在名字里,如李渔,号笠翁。[1]

具有鲜明自传取向的渔夫形象,普遍体现出文人士大夫的忧世忧

---

[1] 参见沈金浩:《江湖与中国雅文化》,载《中国社会科学》1996年第3期。

民的忧患意识。凡塑造渔夫形象,他们也总不忘反映渔夫生活艰辛的一面,以此表达个人不平常的思想、情感。"风泠泠,露泠泠,一叶扁舟深处横。"([宋]王质《长相思·渔父》);"君看一叶舟,出没风波里"([宋]范仲淹《江上渔者》);"一棹入苍烟,江风晚更颠。摇摇舡似叶,汹汹浪粘天"([明]兰茂《风波渔叟》),这些诗语言朴实、形象生动,却又耐人寻味。诗中之人、物、事极其平常,但艺术效果极不平常:通过反映渔民劳作的艰辛,唤起时人对民生疾苦的注意。此中寄寓了文人士大夫对渔夫的深切同情。造成渔夫生活艰辛的原因,除自然环境之外,还有社会制度。许多"渔父"作品隐含着对不公正、不合理的社会的批评。"家住耒江边,门前碧水连。小舟胜养马,大罟当耕田。保甲原无籍,青苗不着钱。桃源在何处?此地有神仙"([宋]张舜民《渔父诗》)。诗中称"渔民"为"神仙",对此苏轼颇为不满,于是另作《鱼蛮子》:"破釜不着盐,雪鳞笔青疏。一饱便甘寝,何异獭与狙。……"渔民只有破釜,连盐也没得吃,他们煮鱼只是同青菜一起煮,过的是原始生活,真像水獭和猴子一样。这里把渔民遭受社会压迫的程度揭示出来,显然是对不平等制度的强烈批判。此诗改称"渔民"为"鱼蛮子",同样表达了诗人对渔民的深切同情,但是立意远比张诗确切。"一只破船一个网,日里捉鱼夜补网。吃了早顿无夜顿,渔霸逼债卖儿郎。"这首流行于民国时期太湖地区的渔谚也典型反映了渔夫生活之贫困。[1]

中国古代文人之所以以渔夫自喻,是因为这一形象能够恰到好处地作为他们遭际和理想的表达。他们既忧国忧民,又想独善其身,难免陷入在朝与去野、入世与出世的矛盾之中。他们寄寓林野,渔钓于山水之间,暂以闲淡生活平复、慰藉心灵;或伺机而起,再展鸿图。因此,渔夫形象的出现是中国社会专制统治与文人政治理想之冲突的产物,是在儒家与道家的思想夹缝中衍生的一种变异现象。具有道家特征的渔夫形象,出现在强大的儒家主流思想的边缘,并作为其重要补充。由此我们可以发现:中国文艺作品中的渔夫形象以个体形式出现

---

[1] 参见李勇:《近代苏南渔民贫困原因探究》,载《安徽史学》2010年第6期。

明显多于以群体形式出现。后者的情况有两类:一是以渔夫家庭生活为题材的,如前已提及的元代姚燧的《满庭芳》;二是以渔民起义为题材的,如明初施耐庵的长篇小说《水浒传》、抗战时期田汉的新平剧《江汉渔歌》(1938)。这两部作品都以南宋渔民起义为历史背景,以塑造底层劳动者这一群体形象为特色,以张扬集体性、历史性的崇高精神为主调。但是,这类作品在中国文学中并不占多数。

  西方文艺中的渔夫形象体现出朴素本真的人生态度、终极关怀式的宗教倾向和天人对立的社会观、自然观,具有象征意味。普遍地看,渔夫形象总是带有既叛逆又惶恐的色彩。隐逸的中国渔夫,为逃脱承担而独善其身,这种潇洒不免带一点愧疚。这种消极意味同样在西方渔夫形象中散发出来,但形成的文化肌理不同。有许多西方作品描写渔夫的悠然生活,传达出一种幽静的神秘感,如前已提及的席勒诗作《渔歌》。但这种神秘感往往是宗教的。西方渔夫形象结构于基督教与异教(或者救赎与欲望)的对立冲突,出现在强大的基督教主流思想的边缘,并作为其重要补充。西方渔夫沉湖、投河的原因就是受欲望的驱使、异端的诱惑,背离了救赎的正道,在狂放不羁中又明显带有一种沉沦的罪感。西方人也爱把渔夫比作具有高贵品质的人类,置之于与强大对象物(异教的)的斗争中,从而显示出人的崇高力量。这些对象物或是体形超常,或是力量巨大,因而都是令人恐怖的。但是在面对这些恐怖的对象物(自然物或虚化而成的妖魔鬼怪等)时,人则表现出一种无比强大的意志和精神。渔夫正是具有这种强大意志和精神的人的代表。[1] 英国画家弗雷德里克·莱顿雷顿的《渔夫与塞壬》(1857,或译《渔夫和妖女》)就是这类主题的代表作。塞壬是古希腊神话中半人半鸟的女海妖,外表异常艳丽,具有魔力的嗓音。她常用美妙的歌声引诱水手、渔夫,令船触礁沉没身亡。画中美艳无比的塞壬已经控制了这个渔夫,渔夫失去理智,表情痴迷,塞壬正用力把他拖入漩涡之中。画中的漩涡也很可怕,神秘又不可抗拒,暗示着某种力

---

[1] 参见飞白:《诗海游踪:中西诗比较讲稿》,浙江工商大学出版社2011年版,第190页。

量和势力是无法战胜的。此画虽是再现妖女塞壬的法力和诡秘,但把渔夫置于妖女的对立面进行处理,本身已经很好地传达了主题。

除人与妖之间的斗争这一主题之外,还有人与自然之间的斗争。法国作家雨果的《海上劳工》(1866),瑞典作家斯特林堡的《在海岸线上》(1890),美国作家麦尔维尔的《白鲸》(1851),英国作家丹尼尔·笛福的《鲁宾逊漂流记》(1719)、鲁德亚德·吉卜林的《勇敢的船长们》(1897)、约瑟夫·康拉德的《黑暗的心》(1902)、威廉·戈尔丁的《品切·马丁》(1956)等,都是"海洋文学"的代表作,典型地表现渔民生活的艰辛。其中《勇敢的船长们》描写了大海的狂放不羁与喜怒无常、渔民生活的艰辛和船长的钢铁意志,体现了"吉卜林法则"(Kipling's Law,意即公正、忠诚和独立自主)。显然,这些作品特别能够彰显西方人的进取意识、冒险精神或崇高品质。这一点在 19 世纪下半叶的一些美术作品中也可得到或直接或间接的体现。荷兰画家约瑟夫·依斯拉埃尔斯的《海上劳动者》、《海滨儿童》用单纯、朴素、自然、率真的画面表现了渔民生活,充满着浓郁的生活气息和诗意。美国画家温斯洛·霍默的《疾风》、《渔家女》等作品,感情深厚、特色鲜明,既现代又古朴,反映出美国社会的渔民生活情况。这些美术作品表面上亲切温馨,不乏对自然的赞誉,但是透露出的仍是渔民生活的不易。顺便指出:海洋在西方文艺作品中具有象征色彩,它是个人主体力量及自由精神的映衬物;"海洋文学"也不可能摆脱人与自然的对立这一基本主题。

中西的渔夫形象都极具艺术性、创造性,它们在根本上是文人、艺术家自身处境的一种反映。个体与自然、社会等对象物之间往往处于一种对立性的关系之中,即个体是处在一种具有张力性的结构之中的,这为人格的产生提供了基础。人格就是一种建构中的、相对稳定的结构组织,具有暗示社会功能的作用,表现为一种与众不同的特点。人格的建构最终必然表征为身心统一、平衡的和谐状态。而这种人格的魅力又恰恰是能够在渔夫形象中得到体现的。渔民以自然为生存环境,普遍具有和谐心态。虽然生活在沿海与生活在江河湖泊边有明显差异,但是渔民与大自然相和谐、困难中求得神灵帮助的心态则是一样的,故在祈神、酬神的各种活动中,所表演的悦神、娱人的民间舞蹈形式也大体相同。至于渔民敬畏大海,在很大程度上是自然灾难所造成,而经济文化的落后加剧了这种心理。这意味着"人海和谐"的心态以及各种敬神活动,能够给渔民带来一定的慰藉,在有所寄托的希冀中增强战胜困难的信心。[1] 渔民与自然(大海)的关系,直接地看,就是鱼与水的关系。"渔"与"鱼"虽有名词和动词的区别,实为一词,中国古人就是把两者视为同一词。[2] 鱼文化在中国源远流长。先人以渔为生、以鱼为文、以鱼喻事、以鱼明理,并且创造出许多成语故事,如:"鱼目混珠"(《玉清经》)、"如鱼得水"(《三国志·蜀志·诸葛亮传》)、"鱼肠雁足"([南朝]王僧孺《捣衣》)、"熊掌与鱼"(《孟子·告子篇》)、"鲁鱼亥豕"(《孔子家语》)、"渔翁得利"(《战国策·燕策二》)、"河鱼腹疾"(《左传·宣公十二年》)、"殃及池鱼"(《吕氏春秋·必己》)、"缘木求鱼"(《孟子·公孙丑》)、"竭泽而渔"(《吕氏春秋·义赏》)、"为渊驱鱼"(《孟子·离娄》)、"涸辙之鲋"(《庄子·外物》)。这些成语都与"鱼"(或"渔")有关,而鱼是离不开水的。因此,"渔文化"的精神本质就是"鱼水和谐"的生态文化。[3]

说到水,这也是西方文化的原型。基督教的产生与人类遭受灾难有关。洪水泛滥,宣告人类苦难来临,洪水成为深重灾难的象征。创世时上帝将水分为上界水和下界水,分别象征平静安全和动荡不安,平静的海水是和平与秩序的体现,苦涩的海水是罪孽的温床。可以说,基督教文化是一种"水文化",并极大地影响西方文学的品性。

---

[1] 参见罗雄岩:《中国民间舞蹈文化教程》,上海音乐出版社2001年版,第200页。
[2] 参见王力:《同源字典》,见《王力文集》第8卷,山东教育出版社1992年版,第174页。
[3] 事实上,"鱼文化"与"渔文化"是两个容易混淆的概念,它们既有联系又有区别。鱼文化是人类在生产活动中产生的与鱼类及渔业活动有关的鱼物、鱼俗、鱼信等各种有形无形的物质和精神财富;而渔文化是渔民在长期的渔业生产活动中创造出来的具有流转性和传承性的物质和非物质方面的成果。两者具有一定的交集,并且在非物质文化方面有相同之处。但鱼文化一般作为民俗文化的一个分支,而渔文化是作为农业文化的一个分支。从文化的价值功能上看,二者在文化的适应功能、区别功能、遗传功能和动力功能的体现上都略有不同。(同春芬、刘悦:《论鱼文化与渔文化》,载《2012年中国社会学年会暨第三届中国海洋社会学论坛:海洋社会学与海洋管理论文集》)为方便论述,这里不拟对这种区别作过多的探究。关于"鱼文化"问题,另参见"附录二"。

《老人与海》之所以受到推崇,就是与此有关。作者海明威喜欢捕鱼打猎等户外活动,长期住在海边,与渔夫为友。他的小说写作就深受基督教文化的影响:"我是靠阅读《圣经》学习写作的,主要是《旧约全书》"。[1] 他的小说经常出现雨、雪、河流、大海和冰山等具体形象,它们构成了水的具象型符号式意象,起着暗示和象征某些观念或哲理的作用。因此,水在海明威小说中具有象征意义。西方文化充斥着欲望与理性的冲突,但最终必须复归到如水般的和谐状态中。正如德国美学家西美尔(G. Simmel)指出,人具有把任何事物进行分离和关联的一种存在本质。"无论在逻辑上,还是实际上,没有经过分离的事物间的关联,以及某种意义上仍是分离的事物间的关联,都可能是没有意义的。在直接意义与象征意义上,在自然意义与理智意义上,我们在任何时候都是这样的人:将分离的关联,或者将关联的分离。"[2] 就休闲的源起而言,一方面是与劳动的分离,另一方面是与劳动的结合。休闲是现实生活的理想化,也是理想生活的现实化。在现实与理想之间,塑造渔夫形象就具有了主题指向,希冀着人能够重归到自由、和谐的生活当中。正如杰弗瑞·戈比所说:"休闲是从文化环境和物质环境的外在压力中解脱出来的一种相对自由的生活,它使个体能够以自己所喜爱的、本能地感到有价值的方式,在内心之爱的驱动下行动,并为信仰提供一个基础。"[3]

三、智慧地生存

文学艺术所建构的审美形象代表了人类对生活本质的理解。文艺家离不开对人的问题思考,对生存之道的探求是永恒的创作主题。显然,文艺作品中的渔夫形象具有"原型"意味。瑞士心理学家荣格认为,人类的集体无意识中潜伏着原始意象,即各种"自古以来就存在的

---

[1] [美]库尔特·辛格:《海明威传》,周国珍译,浙江人民出版社1983年版,第19页。
[2] [德]西美尔:《时尚的哲学》,费勇等译,文化艺术出版社2001年版,第220页。
[3] [美]杰弗瑞·戈比:《你生命中的休闲》,康筝、田松译,云南人民出版社2000年版,第14页。

宇宙形象",它们融汇了初民世世代代的人生体验、情感和思想,作为一种心理积淀以不同形式反复出现在神话、传说和童话等民间作品中,并对创作发生潜移默化的深远影响。加拿大学者弗莱进而指出,原型是文学中交际的意义单位,是构成人类整体文学经验的一些最基本的因素,它们体现了人类集体的文学想象,因而在文学中反复出现,可能是"一个人物,一个意象,一种叙事定势",也可能是"一种可从范畴较大的同类描述中抽取出来的思想"。这一解释把原型从心理学概念转变为文学概念,成为普遍存在于作品中的文学构成因素。[1] 总之,原型是反映人类生存状态的永恒性方面的古老模式。无论在中国还是在西方,渔夫形象的历史都十分久远,其影响也是不断延伸的。

中国的渔夫形象的原型可以溯源到先秦时代。历来民间有关于渔者姜尚(子牙)的传说。姜尚用无饵的直钩在水面三尺上的半空中钓鱼,并且口中念念有词:"负命者上钩来!"后来终被周文王得知,年届耄耋受任为相(事见[北宋]佚名《武王伐纣评话》)。所以,这一形象又具有怀才不遇之意。以魏晋陶渊明为代表的隐逸士人,隐居于山林水边,悠然闲适,正是渔夫生活的写照。他们或离浊避乱,全身远祸;或身在江海,心在魏阙;或超尘脱俗,心系林泉。这些情形都传达出这批隐逸者追求正直高洁的人格操守,推己及人的社会责任及天人合一的自然观,身心和谐的存在立场。这类渔夫正是以姜尚为楷模。除这类有名的渔夫之外,还出现了不易为后人模仿的无名的渔夫。《庄子·杂篇·渔父》写了孔子见到渔父以及和渔父对话的全过程。渔父表面上是一位以捕鱼为生的老者,实际上是一个与儒家代表人物孔子相对立的人物形象。渔夫跟孔子对答,结果是孔子"对渔父礼拜有加"。该篇中对孔子的批评,意在指斥儒家的思想,并借此阐述道家"持守其真""受于天"、回归自然的朴素思想。《楚辞·渔父》勾勒出了一个含有丰富思想内涵的渔夫形象。被流放到江南的"屈原"向渔父请教如何处世。渔父说要放弃你的高洁情怀以示沉浮,但是屈原最

---

〔1〕参见朱立元主编:《当代西方文艺理论》,华东师范大学出版社2003年版,第169—170页。

终没有接受。渔父临走时则说:"沧浪之水清兮,可以濯吾缨;沧浪之水浊兮,可以濯吾足。"其意颇深。此篇对渔父之描写,语言、动作极其简单。庄、屈之"渔父"不仅无名,而且来去缥缈、形影无踪,成为隐逸者形象的雏形,影响甚大。在后来的《圣贤高士传》([三国]嵇康)、《晋书·谢万传》([唐]房玄龄)、《世说新语·文学》([南朝]刘义庆)中都有对这类形象的记叙或解说。这类形象亦经常出现在各种"隐逸传"中,如《南史·隐逸传》([唐]李延寿):"渔父者,不知其姓名,孙缅为浔阳太守,落日逍遥渚际,见一轻舟凌波显隐,俄而渔父至。"如《宋书·隐逸传》([梁]沈约):"王宏之性好钓。或问:渔师得鱼卖否?王曰:亦自不得,得亦不卖。"其中的"渔父""渔师"都是非常神秘的,甚至是不可理喻的。无论是文学、历史,还是实际生活中,所见到的"渔夫"也总是如此。如北宋范仲淹的《江上渔父》:"十年江上无人问,两手今朝一度叉。"范氏尝于江上见一渔父,意其隐者,问姓名不对,于是留诗一绝而去(事见[北宋]宋何薳《春渚纪闻》卷七)。显然,这些有名的或无名的渔夫,基本是作为隐士而出现的。他们是充满智慧的高人,具有常人不具有的品行和能力。

西方的渔夫形象的原型来自多个方面。古希腊神话中有海神波塞冬(Poseidon)的故事。这个海神威猛高大,手持三叉戟,威风凛凛、凶悍无比,且权倾天下、法力无边,能够呼风唤雨。后来在意大利雕塑家乔·贝尼尼的《海神之子》(1637)中就是把他雕成一个老渔民的形象。《路吉阿诺斯对话录》中有一篇《渔夫》。[1] 此中的"渔夫"意指那些用无花果与金子作钓饵,把柏拉图派(后代学派的末流)"钓"起来进行审问的智者们(包括柏拉图、亚里士多德、检查之神、"直言人"等)。在欧洲的一些史诗中也有这方面的记录,如现存的《贝奥武甫》。这部流传于6—7世纪的丹麦史诗反映了北欧古代日耳曼人氏族社会末期的社会生活,多方面表现了当时氏族成员靠渔猎、畜牧、种植、劫掠为生的情景。除神话传说、史诗之外,还有《圣经》。在《启示

---

[1] 路吉阿诺斯(Loukianou),又译琉善、卢奇安;《渔夫》(Alieus),又名《再生的人们》(Anabiountes)。该对话录最早由周作人汉译,包括诸神对话、海神对话、死人对话、妓女对话、卡戎、过渡、公鸡、渔夫等20篇。

录》中,"必有渔夫站在河边"。基督教借古代渔王的故事衍生出寻找圣父的题材。早期的基督教改宗者,既是犹太人又是罗马公民的圣保罗,成功地将基督教徒们引向一个更宽容的目标。他在宣教时称:只要有人愿意接受耶稣为神和救世主,都可以加入基督教,而不论身份、地位、贫富、性别。于是,罗马社会里形形色色的人都被吸引,这些人包括手工业工人、小商小贩,甚至城市里的穷人。芸芸众生之所以觉得基督这位救世主比较容易接受,也许因为他曾经是位木匠,曾经与渔夫、娼妓等身份卑下的人为伍,他是被帝国专权者钉上十字架的,他保证会拯救所有的追随者,而不论男女、贵贱。[1]《新约·马太福音》中有一个渔夫彼得。耶稣看见他和他的兄弟安德烈向大海里撒网,就对他们说:来跟从我,我要使你们成为捉人的渔夫。彼得后来成为耶稣的十二使徒之一,被称为圣彼得。至此,"人类的渔夫"这一象征性概念产生了。

对比中西的渔夫形象的原型之特征,我们可以发现:中国文化中的渔夫往往是智者、隐逸者(远祸、避世、超脱)或劳动者(普通劳动者);而西方文化中的渔夫往往是智者、拯救者("人类的渔夫")或劳动者(参与劳动实践且有信仰的追求者)。尽管有些差异,但是把渔夫作为一个"智者"则是共同的。如果说那些称为"智者"的渔夫,由于具有渊博学识、高雅情调或深沉思想而显得神秘,那么将渔夫所拥有的智慧分化到普通劳动者身上,则是为后来的世人所热衷的。如"渔夫与鬼",这是比较常见的故事类型,而此类故事的主题就是赞扬渔夫的智慧。[2] 著名的如阿拉伯民间故事《渔夫与魔鬼》。清代沈周的《石田杂记·黄天荡渔者》与之类似。人与鬼之间有了友谊,不再像以前的文本那样,把鬼说成是与人敌对的一方。这个故事里的鬼是个善

---

[1] 参见[美]朱迪斯·M.本内特、C.沃伦·霍利斯特:《欧洲中世纪史》(第10版),杨宁、李韵译,上海社会科学院出版社2007年版,第19页。
[2] 渔夫形象也有负面的。如宋代王銍《取红灯》中的故事:木匠、渔夫、猎人、医生,各有一技之长,而使小葵姑娘左右为难,于是立下"取红灯,杀妖精"的题目,作为考验。医生知难而退,猎人、渔夫或因畏难,或因贪利,均以失败告终,唯有木匠凭着勇气和大公无私的爱心最终达成心愿。在《伊索寓言》中也有《吹笛子的愚蠢的渔夫》。总的来说,这类渔夫形象较少见。

鬼,生前是商人,死后也还是通情达理。他要求渔人摆渡,就先为其捕鱼,很懂得礼尚往来的规矩。故事结尾也就是如此。在这个故事中,鬼与渔夫都极守信用,都具有高尚品格。[1]

在实际生活中,人总会遭遇困境,而化解这种困境就需要智慧,需要拥有像渔夫那样的处世之道[2]。《庄子·秋水》曰:"水行不避蛟龙者,渔夫之勇也。"汉代刘向说:"入深渊刺蛟龙,抱鼋鼍而出者,此渔夫之勇悍也"(《说苑·善说》)。莎士比亚有一句名言:"宁做聪明的渔夫,不做愚蠢的才子"(Better a witty fool than a foolish wit)。他在晚年与人合写的传奇剧《泰尔亲王配力克里斯》(1608—1612)中,勇敢、聪明的渔夫成了故事的主角。"渔夫的故事"往往隐含着现实与理想的矛盾、冲突,蕴含着摆脱生存困境的主题。普希金的叙事诗《渔夫和金鱼的故事》(1833)是对人的一种生存本性的彰显。在海边有一间破房子,里面住着渔夫和他的老太婆,生活安宁踏实。渔夫偶然地钓到了一条金鱼。这条鱼给了老太婆木房,使她成了世袭的贵妇人、自由自在的女皇、海上的女霸王;给了渔夫石头房子,皇上、教皇的待遇。但是最终渔夫和他的老太婆又住回了以前的破泥房子。故事中的老太婆、渔夫和金鱼都是隐喻,分别代表主人、奴才和工具,它们之间构成了一种存在关系。就人而言,它总是处在纵欲与禁欲之间的选择性生存之中。我们既不能像老太婆那样无休止地放纵自己的欲望,又不能像渔夫那样进入到一种无欲的精神境界。为满足欲望,我们既不能完全放弃先进工具的使用,又不能过度依赖先进工具的使用。可以说,人总是被迫置身在生活的夹缝里,尴尬成了我们人类基本的生存状态[3]。唐代柳宗元在永州时作《设渔者对智伯》,这则寓言故事可谓异曲同工。智伯就是那个拥有无穷欲望的"老太婆"。他消灭了范氏、

---

[1] 参见顾希佳:《"渔夫水鬼"型故事的类型解析》,载《思想战线》2002年第2期。
[2] 林语堂说:"智和勇是同样的东西,勇乃是了解了人生之后的产物;一而二,二而一,一个完全了解人生的人始能有勇。如果智不生勇,智便无价值。智抑制了我们愚蠢的野心,使我们从这个世界的骗子(Humbug)——无论是思想上的或人生上的——手中解放出来而生勇气。"(《生活的艺术》,越裔译,东北师范大学出版社1994年版,第105页)
[3] 参见周甲辰:《尴尬:人类基本的生存状态——〈渔夫和金鱼的故事〉之哲学解读》,载《湛江师范学院学报》(哲学社会科学版)2000年第4期。

中行氏之后,意欲联合韩、魏围攻赵,结果反而是韩、魏和赵联合消灭了智伯。这则悲剧造成的原因有两个方面:一是智伯的欲望,二是智伯未领悟渔者的意见。所以,智伯之被灭是咎由自取。这两则故事说明:一旦人的欲望膨胀但又能及时得到扼制,他就能够回归平静。因此,渔夫形象折射出人与对象物之间的生存依赖性关系,明示着人对理想生活的关怀和期待。朴素的渔夫形象恰恰构成了从现实到理想、从普通劳动者到智慧者的"中介"。渔夫智慧是人类应当具有的生存品性,也与作为人类的普遍的精神关怀和"美丽的精神家园"的休闲能够形成暗合关系。

四、认同的意味

人类推崇渔夫形象,还表现在文化传播方面。不同地域、不同民族之间的文化交流乃是寻常之事。许多民族中有群众口头流传或经文人艺术家书面加工后而广为人知的"渔夫的故事"。像《伊索寓言·渔夫》《一千零一夜·渔夫的故事》《格林童话·渔夫和他的妻子》《小鱼与渔夫》《渔夫和他的灵魂》都十分经典。而这些发生在异域的故事经传播,更加为世人所知。在中国,这些故事也几乎家喻户晓。其中原因是多方面的,重要的应在于这些故事本身所包含的道德理性、生活哲理等,具有启发世人的普遍教育作用。正如美国学者指出:"文化的核心部分是传统的(即历史的获得和选择的)观念,尤其是它们所带来的价值。"[1]作为生活方式的中介和导向,文化不仅教会人们生活,而且教会人们应该怎样生活。渔夫文化的价值之一在于它具有一种别样的休闲魅力。这样,"渔夫的故事"也往往成为"休闲的故事"。

法国当代社会学家波德里亚在《消费社会》(1970)一书中就引用了这样一则"渔夫的故事":"共同进行的潜水捕渔及共同品尝的萨莫斯葡萄酒唤醒了他们身上的一种深深的同志情谊。在返航的船上,他

---

[1] [美]A.L.克罗伯、E.克拉克洪:《文化·概念和定义的批评考察》,转引自冯天瑜《中华文化史》,上海人民出版社2005年版,第11页。

们发觉彼此只知道对方的姓氏,于是交换了地址,才惊奇地发现他们原来是在同一家工厂工作,一位是技术员,而另一位是守夜人。"他并且评道:"这则有趣的寓言总结了地中海俱乐部的全部意识形态。"[1]波德里亚之所以引用这则寓言故事,意在说明休闲的异化及不可能。他认为,时间稀缺造成了休闲的异化、人际关系的冷漠,以至在消费社会中休闲成为"悲剧"。休闲是人类的一种自由的生存状态,甚至是一种生存之境界。正如"存在还是死亡"的诘问一样,任何一个时代、社会的休闲也都将是一个需要重新解释的问题。显然,不同的工作、职业造成不同的生活观、时间观。尽管时间具有先天、绝对的一面,但是对于时间的利用则是因人而异。在休闲消费的机制中,时间具有十足的诡异性:一方面是"私人财产",是不可让与的范畴;另一方面是被权力化,因被消费者所挤占而成了一个可以让与的范畴。因此,以时间为基础的休闲,在消费社会中是不可能绝对的自由、平等(详见本书第三章第二节)。

尽管波德里亚对消费社会的休闲持以悲观的态度,但是这并不妨碍我们对休闲具有认同价值的肯定。休闲具有多方面的积极意义。休闲活动是一种自由的活动。休闲自由是一种"成为状态"的自由,是在生活规范内做决定的自由空间。休闲是对自身具有意义和目的的活动的选择,是实现自我认同的一种重要机制。休闲不仅是一种特定的个体活动,而且是一种重要的社会现象。正如人的发展既是自我成长又是社会化的过程一样,休闲既有自发性的时候,又有存在组织的时候。许多人之所以自愿加入一些休闲群体组织,是因为这种组织提供了独特的社会场景。通过这种组织参加休闲活动,可以满足工作场所或家庭中难以实现的心理需要,从而丰富社会交往的形式,等等。而这些都为个体自我认同的塑造、表现提供了特别的机会。事实上,

---

[1] [法]波德里亚:《消费社会》,刘成富、全志钢译,南京大学出版社2001年版,第168页。其中所提到的"地中海俱乐部"(CLUB MED)是当今全球知名的度假俱乐部,也是世界最大的度假连锁集团,在全球拥有80家度假村。它以"一价全包"的产品与服务,引领了全球奢华度假的潮流。"一价全包"的服务模式,即客人只需支付一次费用,即可在度假村里享受各种免费假日服务,包括各种运动体验、环球美食、娱乐等。

自我认同必须建立在群体的基础上,自我是在个人与他人的关系中创造出来的,是一个社会的自我,而且自我总是在与他人的关系中实现对自己的认同。也只有在社会化过程中才能使个性逐渐完善和成熟,只有在社会群体中才能真正实现自我认同。随着现代社会的发展,越来越多的人选择休闲、从事休闲。休闲就是一种生活方式。故此,我们不得不将"认同"本身作为达到休闲趣味的途径或方式来看待。与那种仅仅以趣味为唯一目的的认同方式不同,休闲认同是基于休闲具有多方面功用的整合。西方学者用"休闲谱系"[1]揭示休闲的不同侧面,包括休息、成长、社会交往、思考、运动、保养等。这样,每个参与休闲的人都可以在休闲体验中得到不同形式的趣味认同。"休闲认同"即是一种休闲趣味。

渔夫文化包括了丰富的认同内涵,提供了独特的想象空间。于是,我们看到"渔夫的故事"广被引用。美国当代作家阿瑟·格登写有一则"墨西哥渔夫与美国银行家"的故事:

> 在墨西哥一个小渔村的码头边,一位美国投资银行家遇到一个驾着小船刚刚打鱼回来的渔夫。
>
> 小船里是几条长着黄色长鳍的金枪鱼。美国人夸墨西哥人的鱼真是不错,并问捕这些鱼要花多长时间。
>
> 墨西哥人回答:"只需一会儿工夫。"
>
> 然后美国人问:"为什么你不在外面多待些时候,捕更多的鱼呢?"
>
> 墨西哥人说:"这些已足够我家用了。"
>
> 美国人又问:"但是剩下的时间你干什么去呢?"
>
> 这个渔夫说:"每天我会睡个懒觉,然后打点鱼,逗孩子玩会儿,陪我老婆玛丽亚睡个午觉。晚上在村子里晃荡几圈,和朋友们弹会儿吉他,再喝上几杯。我的生活充实而又忙碌。"

---

[1] 即 Leisure Experience Spectrum(LES)。这是通过随机抽样询问人们休闲时所从事的活动内容,将之记录、积累并经过分类后而得到的一种方法。(李仲广、卢昌崇:《基础休闲学》,社会科学文献出版社 2004 年版,第 94 页)

第四章　休闲的生活艺术

美国人嘲笑地说:"我是哈佛大学毕业的,获得 MBA 学位,我想我或许能够帮助你。我建议你应该花更多的时间去捕鱼,然后用卖鱼挣的钱买一条更大些的船——用这条大船挣的钱你可以再买几条船,最后你就会拥有一个船队;你要直接把捕到的鱼卖给加工商,而不是中间那些二道贩子,这样你才能卖得最好的价钱;财富积累到一定程度,你要自己开家食品罐头厂,这样你就能控制整个产品的生产、加工和供应。那时候你就可以离开这个小渔村,搬到墨西哥城去,然后是洛杉矶,甚至是纽约,在那里你还可以再进一步扩大你的投资。"

墨西哥渔夫问:"但是,这得需要多长时间呢?"

银行家回答:"大约 15 到 20 年。"

"然后又怎么样?"渔夫问。

美国人得意地笑着说:"然后才是最精彩的篇章。当你投资企业达到一定规模,到时时机成熟,你就可以宣布你的 IPO 上市计划,向公众出售你的股票。一夜之间,你就会变得非常富有,能够赚成百上千万美元啊。"

"上千万？然后呢?"

美国人说:"然后,你就可以退休了,搬到一个海岸边的小渔村,早晨睡个懒觉,打几条鱼,逗逗孩子们,陪老婆睡个午觉。晚上在村里溜达几圈,和朋友们弹会儿吉他,再喝上几杯。"

听了以上的故事,企业家说:"美国人真是多此一举,忙活了一辈子,绕了一大圈,干吗还要回到村子里?"社会学家说:"不,那不是绕了一个圈;而是螺旋式上升,人那样活一辈子,既推动了社会进步,又实现了人生价值。"环保主义者说:"我赞成墨西哥渔夫的做法,反对美国人那样子买船打鱼、破坏环境。"哲人说:"每个人都有自己的活法……"您说呢?[1]

---

[1] 见《发明与创新(学生版)》2006 年第 8 期,玉瑟译。关于这则故事,还有其他版本,但大同小异。如马惠娣曾引述过,只是故事的主人公是哈佛大学高材生而非美国投资银行家。(《走向人文关怀的休闲经济》,中国经济出版社 2004 年版,第 16 页)

渔夫与银行家有不同的生活追求,一为利,一为乐。因此,他们的"时间"观是根本不同的。银行家把时间都花在逐利当中,而渔夫把时间都花在逐乐当中。对于渔夫而言,他没有什么真正的时间概念,甚至时间不是一个问题。这与在"消费社会"中把时间作为日益稀缺的资源的情况,显然有着巨大的反差。尽管故事中的渔夫具有特定的文化身份(墨西哥人),但是它所代表的是一位与忙碌于生活的工作者相对立的休闲者。他无欲无忧,满意于当下的日常生活,不为生活所累。这种态度、精神的确耐人寻味,也值得借鉴。

还有一则广为流传的哲学家与渔夫的故事,更具哲理性:

> 一位哲学家搭乘一个渔夫的小船过河。
> 行船之际,这位哲学家向渔夫问道:"你懂数学吗?"
> 渔夫回答:"不懂。"
> 哲学家又问:"你懂得物理吗?"
> 渔夫回答:"不懂。"
> 哲学家再问:"你懂化学吗?"
> 渔夫回答:"不懂。"
> 哲学家叹道:"真遗憾!这样你就等于失去了一半的生命。"
> 这时,水面上刮起一阵狂风,把小船掀翻了,渔夫和哲学家都掉进了水里。
> 渔夫向哲学家喊道:"先生,你会游泳吗?"
> 哲学家回答说:"不会。"
> 渔夫非常遗憾地说:"那你就要失去整个生命了!"

在这则故事中,哲学家充其量只是个脱离生活实际的人,而渔夫是拥有实践智慧,即真正懂哲学、爱生活的人。尽管渔夫并不能像哲学家那样运用理性和逻辑去反思、揭示生活的本意,但是他懂得如何去适应环境,掌握着正确的生存之道。在这个意义上说,渔夫是比哲学家更高明的"生活艺术家"。

总的来说,人类的文化心理中存在一种"渔夫"情结。渔夫形象展示出生命的能动性,放射出生活的哲理之光,彰显出简单、质朴的生活精神。"渔夫"是人类生存之旅上的潇洒、优雅、充实、自信的智者,是生活理想的追求者,更是生活艺术的集大成者。[1] 在这个日益重视休闲的时代,人类的确应该效仿"渔夫",褒有那份闲态、闲情、闲意,成为充满休闲智慧的"当代渔夫"。或许对于当下人来说,体验渔夫生活并不是一件难事。直接参与捕捞作业,体验与渔民一起坐渔船、拉渔网、尝海鲜的渔民生活,这样的捕鱼项目,已经普遍出现在旅游休闲项目当中。近年来,许多地方制定、推出"渔文化"的发展战略,如浙江象山、山东荣成的以"渔业、渔村、渔民"为主要骨架的"三渔文化",江苏金坛的"鱼、渔、游三合一"的"渔文化广场"。经济与文化是可以相互促进的。但是,发展经济切不可仅仅将文化作为形式进行包装,而必须重视对其内涵的提升。当然,这一主题已经超越了这里所说的"渔文化"范畴,此处不再讨论。

---

[1] 参见倪正芳、唐湘丛:《隐士与智者:中西文学"渔夫"形象比较》,载《湖南工程学院学报》2001年第1期。

结　语

　　以上各章总的是将休闲置于审美视域而展开的论述。可以见出，休闲与审美之间是一种看似简单实则深刻的关系。正如没有人会把休闲活动直接当作审美活动一样，休闲与审美之间也并非就是可以对应的直线关系。但从分析美学、体验美学、文艺美学与经济美学看，休闲蕴含着审美，休闲可以成为审美。通过对休闲实现的审视，我们也发现主体、资源、原则、方式这些构成因素，都可以从审美维度得以解释和立意。从制约休闲的伦理、消费、技术等方面看，它们可以在自身限度范围内促进休闲价值的实现。因此，休闲并不总是能够成为当然之事。我们需要对休闲异化问题加强批判，以建立一种休闲审美的认同机制。通常认为，审美认同是在自我意识的文化计划中被构建出来的。可识别的个体有意地通过巩固或侵蚀的方式进行结盟或颠覆边界。这不仅仅取决于个体的意图，而且要为文化冲动所激发。个体休闲只有在特定文化情境中，才能够突破壁垒，构建审美。任何与集体或社会分离的行为最终也只是昙花一现。珍视休闲传统，就是让我们一如既往地保持一份审美心，让我们的存在更加合理化、人文化。

　　休闲美学处于不断建立和完善的建构进程中。我们需要借鉴和创新，需要在理论研究与实际应用两个层面同时推进。休闲的研究需要提出使审美活动真正切入到实际休闲活动中的策略，特别要指出休闲日常生活化的美学方向。日常生活是每个人无时不以某种方式从事的活动，它与自己息息相关。休闲活动是日常生活中的特定部分，它蕴含在日常生活之中，既超越一般的日常生活活动，又反哺于日常生活活动本身。休闲美学的旨趣就在于还原日常生活世界的诗性，通过袪除日常生活世界的平庸而体验它的神奇。

首先,应着手于日常闲暇活动的审美关联。人因活动而产生了各种日常生活现象。所谓的"日常生活"应当是指"那些同时使社会再生产成为可能的个体再生产的要素的集合"[1]。因此,各种日常生活现象当中也都包含了个体与社会两种"再生产"要素,它们的"可能"关系生成了丰富的日常生活活动形式,闲暇活动即为其表现之一,而它的具体表现方式则又是多样化的。休闲美学研究起始于对各种闲暇活动的分析,并将闲暇活动作为一种重要的人的生活活动和一种突出的社会现象来看待。总之,对闲暇活动本身以及由此产生的各种复杂问题,特别是与审美之间的关联问题是应当首先去关注的。

其次,应着眼于日常休闲体验的审美提升。对日常生活的态度是人对世界更高且更复杂的反映方式的基础。乔治·卢卡契说:"如果把日常生活看做是一条河流,那么由这条长河中分流出了科学和艺术这样两种对现实更高的感受形式和再现形式。它们互相区别并相应地构成了它们特定的目标,取得了具有纯粹形式的——源于社会需要的——特性,通过它们对人们生活的作用和影响而重新注入日常生活的长河。"[2]"第一性"的日常生活态度正是体验特征重要性的表明。但体验又是有层次的,可以分为一般的体验和特殊的体验,或者非审美性的体验和审美性体验。因此,以闲暇活动为基础的各种休闲体验也有一般和特殊或者审美性与非审美性之分别。体验的本质在于它的直接性和获得性,休闲体验亦如此。尽管我们可以从时间的、行动的、精神状态等不同维度来理解"休闲",但是休闲体验最为本质的规定仍是自由,它可以是工作的自由时间,可以是任由自己支配的行动自由,也可以是无任何羁绊的自由状态。但休闲的自由又是有条件的:"是一种成为状态的自由,是在生活规范内做决定的自由空

---

[1] [匈]阿格妮丝·赫勒:《日常生活》,衣俊卿译,重庆出版社1990年版,第3页。
[2] [匈]乔治·卢卡契:《审美特性》,徐恒醇译,中国社会科学出版社1986年版,第1页。

间。"[1]可见,休闲自由应是情境的自由、个人选择的自由、行使权利的自由,是在相对自由的生活中体验到的一种"价值"感,它让你暂时摆脱外在的压力,让你即使是在工作之中也会体会到的"畅"即审美自由感。因此,真正的休闲是一种被高度提升了的审美体验。休闲美学研究就是探讨获得这种"最佳体验"的各种美学条件,包括实现方式、途径及各种制约性影响因素等。

再次,应着力于日常休闲生活的审美建构。日常生活是"总体的人"在其中得以形成的活动,有一个对象化的过程,但此并不意味着每一具体的日常活动都是对象化的,而实际上也不是所有的对象化对象都处于同样的层面。这种异质性决定了日常生活的有效范围。只有实现了对象化的日常生活才是有意义的、美的生活。休闲的境界在于美,美也是有意义的日常生活的最高层次。休闲的美在于它作为处理日常生活的最为恰当的方式,它是为追求满足的获得而开展的广泛沟通,其中内隐了的正是一种因愉快和欢乐而获得的日常满足感。因此,在审美生活视野中,休闲美学获得了一种向度,即通过"还原"的方式达到创造性的诗意生活。作为生活美学的重要部分,休闲美学从美学的立场审视日常生活,它不是要取消日常生活,而是要重新定义日常生活,提升日常生活的审美品质。因此,廓清日常生活中的各种休闲现象,发现休闲的审美蕴涵,确证何为"休闲之美"和"美之休闲"就变得十分重要和迫切;而从审美的日常生活化出发,分析休闲审美的基本构成及其各种制约因素,可以摆脱我们理解日常生活和休闲的各种浅见;发掘休闲审美的传统,可以使我们更好地正视休闲的文化根基和当代产业化趋势。唯且如此,休闲美学才是可能的。

休闲的生活是美的生活。这里摘录当代著名生态美学家阿诺德·伯林特(Arnold Berleant)的一段话作为本书结尾:

我们所讲的是特定的情境,而不是总的全部的境况;小范围

---

[1] [美]约翰·凯利:《走向自由:休闲社会学新论》,赵冉译,云南人民出版社2000年版,第20页。

的美而不是抽象意义上的美:日落时弥漫着颜色的天空,一轮升起的圆月,早春的一朵花,春天到来时鸣鸟的第一首歌,孩子的微笑,朋友的握手,音乐会上富有活力的声音。每天觉得这个世界是新的,也就会认为这个世界是美的,它给我们在日常生活中发现美以动力,这就可能使我们去创造并培养美的情境,即使这种美不易察觉,因为具有重大意义的美已经从这个世界上消失了。因为这个原因,美可能会成为我们的理想,对于大多数人来说,这是找寻到美唯一可走的道路。[1]

---

[1]〔美〕阿诺德·伯林特:《美和现代生活方式》,吴海伦译,见《美与当代生活方式:"美与当代生活方式"国际学术讨论会论文集》,陈望衡主编,武汉大学出版社2005年版,第10页。

参考书目

赖勤芳主编:《休闲美学读本》,北京大学出版社 2011 年版。
张玉勤:《休闲美学》,江苏人民出版社 2010 年版。
陈琰:《闲暇是金:休闲美学谈》,武汉大学出版社 2006 年版。
吕尚彬等:《休闲美学》,中南大学出版社 2001 年版。
郭鲁芳:《休闲学》,清华大学出版社 2011 年版。
魏翔:《闲暇经济导论:自由与快乐的经济要义》,南开大学出版社 2009 年版。
李仲广、卢昌崇:《基础休闲学》,社会科学文献出版社 2009 年版。
陈来成:《休闲学》,中山大学出版社 2009 年版。
马勇、周青编著:《休闲学概论》,重庆大学出版社 2008 年版。
章海荣、方起东:《休闲学概论》,云南大学出版社 2005 年版。
章海荣:《旅游美学导论》,清华大学出版社、北京交通大学出版社 2006 年版。
于光远、马惠娣:《十年对话:关于休闲学研究的基本问题》,重庆大学出版社 2008 年版。
于光远、马惠娣:《休闲·游戏·麻将》,文化艺术出版社 2006 年版。
于光远:《论普遍有闲的社会》,中国经济出版社 2004 年版。
马惠娣:《休闲:人类美丽的精神家园》,中国经济出版社 2004 年版。
马惠娣:《走向人文关怀的休闲经济》,中国经济出版社 2004 年版。
马惠娣:《中国公众休闲状况调查》,中国经济出版社 2004 年版。
陈鲁直:《民闲论》,中国经济出版社 2004 年版。
王雅林主编:《城市休闲:上海、天津、哈尔滨城市居民时间分配的考察》,社会科学文献出版社 2003 年版。
王雅林、董鸿扬主编:《闲暇社会学》,黑龙江人民出版社 1992 年版。
王雅林主编:《生活方式概论》,黑龙江人民出版社 1989 年版。
程遂营:《北美休闲研究:学术思想的视角》,社会科学文献出版社 2009 年版。
程遂营、张珊珊:《中国长假制度:旅游与休闲的视角》,中国经济出版社 2010

年版。

楼嘉军:《休闲新论》,立信会计出版社 2005 年版。

楼嘉军:《娱乐旅游概论》,福建人民出版社 2000 年版。

刘嘉龙:《休闲活动策划与管理》(第 2 版),格致出版社 2012 年版。

汤舜:《休闲心理学》,线装书局 2012 年版。

马振杰、蔡建明:《休闲与休闲产业》,武汉出版社 2008 年版。

张建:《休闲都市论》,东方出版中心 2009 年版。

徐明宏:《休闲城市》,东南大学 2004 年版。

俞晟:《城市旅游与城市游憩学》,华东师范大学出版社 2003 年版。

刘晨晔:《休闲:解读马克思主义的一项尝试》,中国社会科学出版社 2006 年版。

罗伟:《闲雅与人生:休闲的伦理学考查》,经济日报出版社 2008 年版。

刘海春:《生命与休闲教育》,人民出版社 2008 年版。

庞桂美:《闲暇教育论》(新世纪版),江苏教育出版社 2004 年版。

吴小龙:《适性任情的审美人生:隐逸文化与休闲》,云南人民出版社 2005 年版。

柴毅龙:《畅达生命之道:休闲与养生》,云南人民出版社 2005 年版。

吴伟希:《追求生命的超越与融通:儒道释与休闲》,云南人民出版社 2004 年版。

崔乐泉:《忘忧清乐:古代游艺文化》,江苏古籍出版社 2002 年版。

鲁枢元:《陶渊明的幽灵》,上海文艺出版社 2012 年版。

李渔:《闲情偶寄》,李忠实译注,天津古籍出版社 1996 年版。

文震亨:《长物志》,汪有源、胡天寿译注,重庆出版社 2008 年版。

计成:《园冶》,胡天寿译注,重庆出版社 2008 年版。

杨泓、孙机:《寻常的精致》,辽宁教育出版社 1996 年版。

莫运平:《诗意里的休闲生活》,岳麓书社 2006 年版。

杜辛:《闲情文化》,中国经济出版社 2013 年版。

龚斌:《中国人的休闲》,上海古籍出版社 1998 年版。

戴嘉枋等:《雅文化:中国人的生活艺术世界》,中州古籍出版社 1998 年版。

黄卓越、党圣元:《中国人的闲情逸致》,广西师范大学出版社 2007 年版。

林语堂:《生活的艺术》,越裔译,东北师范大学出版社 1994 年版。

林语堂:《吾国与吾民》,黄嘉德译,东北师范大学出版社 1994 年版。

王国维:《王国维文集》第 1 卷、第 3 卷,中国文史出版社 1997 年版。

蔡元培:《蔡元培美育论集》,湖南教育出版社1985年版。
梁启超:《生活于趣味》,北京大学出版社2013年版。
朱光潜:《朱光潜全集》第1—7卷,安徽教育出版社1987年版。
宗白华:《美学散步》,上海人民出版社1981年版。
鲁迅:《鲁迅全集》第4卷、第6卷、第9卷,人民文学出版社2005年版。
丰子恺:《丰子恺文集》第1卷、第5卷,浙江文艺出版社、浙江教育出版社1990年版。
朱自清:《文学的标准与尺度》,广西师范大学出版社2004年版。
朱自清:《论雅俗共赏》,广西师范大学出版社2004年版。
冯天瑜:《中华文化史》,上海人民出版社2005年版。
钱穆:《人生十论》,广西师范大学出版社2004年版。
张品良:《经济美学》,百花洲文艺出版社2002年版。
朱狄:《艺术的起源》,中国青年出版社1999年版。
刘清平:《时尚美学》,复旦大学出版社2008年版。
赵庆伟:《中国社会时尚流变》,湖北教育出版社1999年版。
范玉吉:《审美趣味的变迁》,北京大学出版社2006年版。
胡大平:《崇高的暧昧:作为现代生活方式的休闲》,江苏人民出版社2002年版。
南帆:《双重视域:当代电子文化分析》,江苏人民出版社2001年版。
彭锋:《完美的自然》,北京大学出版社2005年版。
张世英:《哲学导论》,北京大学出版社2002年版。
李泽厚:《美学三书》,安徽文艺出版社1999年版。
倪梁康:《胡塞尔现象学概念通释》(修订版),三联书店2007年版。
赵敦华:《现代西方哲学新编》,北京大学出版社2001年版。
童庆炳:《维纳斯的腰带:创作美学》,中国人民大学出版社2009版。
张法:《美学导论》(第3版),中国人民大学出版社2011年版。
张法:《中西美学与文化精神》,中国人民大学出版社2010年版。
聂振斌等:《艺术化生存:中西审美文化比较》,四川人民出版社1997年版。
飞白:《诗海游踪:中西诗比较讲稿》,浙江工商大学出版社2011年版。
杜卫主编:《中国现代人生艺术化思想研究》,上海三联书店2007年版。
杜卫:《美育论》,教育科学出版社2000年版。
王一川:《审美体验论》,百花文艺出版社1999年版。
李天道:《中国美学的雅俗精神》,中华书局2002年版。

朱存明：《情感与启蒙：20世纪中国美学精神》，西苑出版社1999年版。

张思宁：《转型中国之价值冲突与秩序重建》，社会科学文献出版社2011年版。

王宁：《消费社会学：一个分析的视角》，社会科学文献出版社2001年版。

郑祥福等：《大众文化时代的消费问题研究》，中国社会科学出版社2008年版。

宋妍：《媒介之镜与休闲时代》，辽宁教育出版社2009年版。

刘悦笛：《生活美学：现代性批判与重构审美精神》，安徽教育出版社2005年版。

周宪：《审美现代性批判》，商务印书馆2005年版。

陆扬：《日常生活审美化批判》，复旦大学出版社2012年版。

艾秀梅：《日常生活审美化研究》，南京师范大学出版社2010年版。

周小仪：《唯美主义与消费文化》，北京大学出版社2002年版。

李元：《唯美主义的浪荡子：奥斯卡·王尔德研究》，外语教学与研究出版社2008年版。

高宣扬：《福柯的生存美学》，中国人民大学出版社2005年版。

鲍金：《消费生存论：现代消费方式的生存论阐释》，中央编译出版社2012年版。

杨国荣：《伦理与存在：道德哲学研究》，上海人民出版社2002年版。

陈望衡：《审美伦理学引论》，武汉大学出版社2007年版。

陈望衡主编：《美与当代生活方式："美与当代生活方式"国际学术讨论会论文集》，武汉大学出版社2005年版。

王国平主编：《生活品质之城：杭州城市标志诞生记》，中国美术学院出版社2008年版。

王国平主编：《生活品质蓝皮书：2007生活品质评价年度报告》，浙江人民出版社2008年版。

黄德兴等编：《现代生活方式面面观》，上海社会科学院出版社1987年版。

刘小枫主编：《人类困境中的审美精神：哲人、诗人论美文选》，东方出版中心1996年版。

陆梅林、李心峰主编：《艺术类型学资料选编》，华中师范大学出版社1997年版。

周辅成主编：《西方伦理学名著选辑》上下卷，商务印书馆1964年版。

汪民安、陈永国编：《后身体：文化、权力和生命政治学》，吉林人民出版社

2003年版。

罗钢、王中忱主编:《消费文化读本》,中国社会科学出版社2003年版。

赵一凡主编:《西方文论关键词》,外语教学与研究出版社2006年版。

叶朗总主编:《中国历代美学文库》(19册),高等教育出版社2003年版。

马奇主编:《西方美学史资料选编》上下卷,上海人民出版社1987年版。

〔古希腊〕亚里士多德:《亚里士多德全集》第8—9卷,苗力田编译,中国人民大学出版社1994年版。

〔古希腊〕柏拉图:《柏拉图全集》第2卷,王晓朝译,人民出版社2003年版。

〔美〕克里斯多夫·爱丁顿、陈彼得:《休闲:一种转变的力量》,李一译,浙江大学出版社2009年版。

〔美〕埃德加·杰克逊编:《休闲的制约》,凌平等译,浙江大学出版社2009年版。

〔美〕埃德加·杰克逊编:《休闲与生活质量:休闲对社会、经济和文化发展的影响》,刘慧梅、刘晓杰译,浙江大学出版社2009年版。

〔美〕克里斯多弗·R.埃廷顿等:《休闲与生活满意度》,杜永明译,中国经济出版社2009年版。

〔美〕伊夫·R.西蒙:《劳动、社会与文化》,周国文译,中国经济出版社2009年版。

〔美〕查尔斯·K.布赖特比尔:《休闲教育的当代价值》,陈发兵等译,中国经济出版社2009年版。

〔美〕托马斯·古德尔等:《人类思想史中的休闲》,成素梅等译,云南人民出版社2000年版。

〔美〕杰弗瑞·戈比:《你生命中的休闲》,康筝、田松译,云南人民出版社2000年版。

〔美〕杰弗瑞·戈比:《21世纪的休闲与休闲服务》,张春波等译,云南人民出版社2000年版。

〔美〕卡拉·亨德拉等:《女性休闲:女性主义的视角》,刘耳等译,云南人民出版社2000年版。

〔美〕约翰·凯利:《走向自由:休闲社会学新论》,赵冉译,云南人民出版社2000年版。

〔美〕James Clifford:《文化之道:二十世纪晚期的旅行与诠释》,蓝达居等译,广西师范大学出版社2009年版。

〔美〕Nelson Graburn:《人类学与旅游时代》,赵红梅译,广西师范大学出版社

2009年版。

〔美〕Dean MacCannell:《旅游者:休闲阶层新论》,张晓萍等译,广西师范大学出版社2008年版。

〔美〕麦克林等:《现代社会休闲与游憩》,梁春媚译,中国旅游出版社2010年版。

〔美〕艾泽欧-阿荷拉,《休闲社会心理学》,谢彦君等译,中国旅游出版社2010年版。

〔美〕奥萨利文等:《休闲与游憩:一个多层级的供递系统》,张梦译,中国旅游出版社2010年版。

〔美〕肯·罗伯茨:《休闲产业》,李昕译,重庆大学出版社2008年版。

〔美〕约翰·R.凯里:《解读休闲:身份与交际》,曹志建、李奉栖译,重庆大学出版社2011年版。

〔美〕保罗·福塞尔:《格调:社会等级与生活品味》,梁丽真等译,广西人民出版社2002年版。

〔美〕约翰·菲斯克:《解读大众文化》,杨全强译,南京大学出版社2001年版。

〔美〕凡勃伦:《有闲阶级论:关于制度的经济研究》,蔡受百译,商务印书馆2004年版。

〔美〕B.约瑟夫·派恩、詹姆斯·H.吉尔摩:《体验经济》,机械工业出版社2002年版。

〔美〕C.莱特·米尔斯:《白领:美国中产阶级》,周晓虹译,南京大学出版社2006年版。

〔美〕J.曼蒂、L.奥杜姆:《闲暇教育理论与实践》,叶京等译,春秋出版社1989年版。

〔美〕马丁·M.派格勒:《休闲娱乐空间》,关忠慧等译,大连理工大学出版社2002年版。

〔美〕丹尼尔·贝尔:《资本主义文化矛盾》,赵一凡等译,三联书店1992年版。

〔美〕马尔库塞:《单向度的人:发达工业社会意识形态研究》,刘继译,上海译文出版社2008年版。

〔美〕大卫·理斯曼等:《孤独的人群》,王崑、朱虹译,南京大学出版社2002年版。

〔美〕尼尔·波兹曼:《娱乐至死》,章艳译,广西师范大学出版社2004年版。

〔美〕安德鲁·芬伯格:《技术批判理论》,北京大学出版社2005年版。
〔美〕杰里米·里夫金:《工作的终结》,上海译文出版社1998年版。
〔美〕尼葛洛庞蒂:《数字化生存》,胡泳等译,海南出版社1997年版。
〔美〕阿尔温·托夫勒等:《创造一个新的文明:第三浪潮的政治》,陈峰译,三联书店1996年版。
〔美〕阿尔温·托夫勒:《未来的冲击》,孟广均等译,中国对外翻译出版公司1985年版。
〔美〕费瑟斯通:《后现代主义与消费文化》,刘精明译,译林出版社2000年版。
〔美〕珍妮弗·克雷克:《时装的面貌:时装的文化研究》,舒允中译,中央编译出版社2004年版。
〔美〕詹姆逊:《快感:文化与政治》,王逢振等译,中国社会科学出版社1998年版。
〔美〕杜威:《艺术即经验》,高建平译,商务印书馆2005年版。
〔美〕K.E.吉尔伯特、〔德〕H.库恩:《美学史》,夏乾丰译,上海译文出版社1989年版。
〔美〕爱默生:《生活的准则》,金叶译,蓝天出版社2004年版。
〔美〕加耳布雷思:《丰裕社会》,徐世平译,上海人民出版社1965年版。
〔美〕朱迪斯·M.本内特、C.沃伦·霍利斯特:《欧洲中世纪史》(第10版),杨宁、李韵译,上海社会科学院出版社2007年版。
〔美〕罗德·W.霍尔顿、文森特·F.霍普尔:《欧洲文学的背景》,王光宇译,重庆出版社1991年版。
〔美〕梭罗:《瓦尔登湖》,徐迟译,上海译文出版社2004年版。
〔美〕曼纽尔·卡斯特:《网络社会的崛起》,夏铸九等译,社会科学文献出版社2006年版。
〔美〕阿诺德·伯林特:《生活在景观中:走向一种环境美学》,陈盼译,湖南科技大学出版社2006年版。
〔美〕R.T.诺兰等:《伦理学与现实生活》,姚新中等译,华夏出版社1988年版。
〔德〕约瑟夫·皮柏:《闲暇:文化的基础》,刘森尧译,新星出版社2005年版。
〔德〕约瑟夫·皮柏:《节庆、休闲与文化》,黄藿译,三联书店1991年版。
〔德〕西美尔:《时尚的哲学》,费勇等译,文化艺术出版社2001年版。
〔德〕温克尔曼:《希腊人的艺术》,邵大箴译,广西师范大学出版社2001

年版。

〔德〕汉斯-维尔纳·格茨:《欧洲中世纪生活》,王亚平译,东方出版社 2002 年版。

〔德〕尼采:《快乐的科学》,黄明嘉译,漓江出版社 2000 年版。

〔德〕荷尔德林:《荷尔德林诗新编》,顾正祥译,商务印书馆 2012 年版。

〔德〕伽达默尔:《真理与方法》上下卷,洪汉鼎译,上海译文出版社 1992 年版。

〔德〕伽达默尔:《美的现实性:作为游戏、象征、节日的艺术》,张志扬译,三联书店 1991 年版。

〔德〕海德格尔:《存在与时间》(修订译本),陈嘉映、王庆节合译,三联书店 2006 年版。

〔德〕海德格尔:《演讲与论文集》,孙周兴译,三联书店 2005 年版。

〔德〕阿多诺:《美学理论》,王柯平译,四川人民出版社 1998 年版。

〔德〕鲍姆嘉滕:《美学》,简明、王旭晓译,文化艺术出版社 1987 年版。

〔德〕康德:《判断力批判》,宗白华译,商务印书馆 2000 年版。

〔德〕席勒:《审美教育书简》,冯至、范大灿译,北京大学出版社 1985 年版。

〔德〕黑格尔:《美学》第 1 卷,朱光潜译,商务印书馆 1979 年版。

〔德〕本雅明:《发达资本主义时代的抒情诗人》(修订译本),张旭东、魏书生译,三联书店 2007 年版。

〔德〕桑巴特:《奢侈与资本主义》,王燕平、侯小河译,上海人民出版社 2005 年版。

〔德〕卡尔·雅斯贝尔斯:《时代的精神状况》,王德峰译,上海译文出版社 1997 年版。

〔德〕尤尔根·哈贝马斯:《作为"意识形态"的技术和科学》,李黎、郭官义译,学林出版社 1999 年版。

〔德〕马克斯·舍勒:《伦理学的形式主义与质料的价值伦理学》,倪梁康译,商务印书馆 2011 年版。

〔德〕鲁道夫·奥伊肯:《生活的意义与价值》,万以译,上海译文出版社 1997 年版。

〔德〕马克斯·韦伯:《新教伦理与资本主义精神》,于晓、陈维纲译,三联书店 1992 年版。

〔德〕沃尔夫冈·韦尔施:《重构美学》,陆扬、张冰岩译,上海译文出版社 2002 年版。

〔德〕马克思:《1844年经济学哲学手稿》,刘丕坤译,人民出版社1979年版。

〔德〕马克思:《〈经济学手稿〉导言》,见《马克思恩格斯选集》第46卷上册,人民出版社1972年版。

〔德〕马克思:《政治经济学批判》,见《马克思恩格斯全集》第46卷下册,人民出版社1972年版。

〔德〕马克思:《德意志意识形态》,见《马克思恩格斯全集》第3卷,人民出版社1972年版。

〔德〕马克思:《资本论》,见《马克思恩格斯全集》第26卷第3册,人民出版社1972年版。

〔德〕恩格斯:《反杜林论》,见《马克思恩格斯全集》第20卷,人民文学出版社1972年版。

〔法〕米歇尔·昂弗莱:《享乐的艺术:论享乐唯物主义》,刘汉全译,三联书店2003年版。

〔法〕罗歇·苏:《休闲》,姜依群译,商务印书馆1996年版。

〔法〕古尔蒙等:《海之美:法国作家随笔集》,郭宏安译,华夏出版社2008年版。

〔法〕罗丹:《法国大教堂》,啸声译,天津教育出版社2008年版。

〔法〕安娜·马丁-菲吉耶:《浪漫主义者的生活(1820—1848)》,杭零译,山东画报出版社2005年版。

〔法〕巴尔扎克:《风雅生活论》,许玉婷译,江苏人民出版社2008年版。

〔法〕安德烈·莫洛亚:《生活的艺术》,王辉等译,三联书店1986年版。

〔法〕丹纳:《艺术哲学》,傅雷译,安徽文艺出版社1998年版。

〔法〕莫里斯·梅洛-庞蒂:《知觉现象学》,姜志辉译,商务印书馆2001年版。

〔法〕波德莱尔:《1846年的沙龙:波德莱尔美学论文选》,郭宏安译,广西师范大学出版社2002年版。

〔法〕马克·西门尼斯:《当代美学》,王洪一译,文化艺术出版社2005年版。

〔法〕贝尔纳·斯蒂格勒:《技术与时间2:迷失方向》,赵和平等译,译林出版社2010年版。

〔法〕居伊·德波:《景观社会》,王昭凤译,南京大学出版社2007年版。

〔法〕波德里亚:《消费社会》,刘成富等译,南京大学出版社2001年版。

〔法〕尼古拉·埃尔潘:《消费社会学》,孙沛东译,社会科学文献出版社2005年版。

〔法〕布迪厄、〔美〕华康德:《实践与反思:反思社会学引论》,李猛、李康译,中央编译出版社 1998 年版。

〔英〕克里斯·布尔等:《休闲研究引论》,田里等译,云南大学出版社 2006 年版。

〔英〕罗杰克:《休闲理论原理与实践》,张凌云译,中国旅游出版社 2010 年版。

〔英〕C.米歇尔·霍尔、〔美〕斯蒂芬·J.佩奇:《旅游休闲地理学:环境·地点·空间》(第 3 版),周昌军等译,旅游教育出版社 2007 年版。

〔英〕约翰·卢伯克:《人生的乐趣》,薄景山译,上海人民出版社 2008 年版。

〔英〕马克曼·艾利斯:《咖啡馆的文化史》,孟丽译,广西师范大学出版社 2007 年版。

〔英〕阿兰·德波顿:《旅行的艺术》,南治国译,上海译文出版社 2009 年版。

〔英〕罗杰·西尔弗斯通:《电视与日常生活》,陶庆梅译,江苏人民出版社 2004 年版。

〔英〕戴维斯·钱尼:《文化转向:当代文化史概览》,戴从容译,江苏人民出版社 2004 年版。

〔英〕洛克:《教育漫话》,徐大建译,上海人民出版社 2005 年版。

〔英〕卡莱尔:《文明的忧思》,宁小银译,中国档案出版社 1999 年版。

〔英〕伯特兰·罗素:《罗素文集》,王正平等译,改革出版社 1996 年版。

〔英〕李斯托威尔:《近代美学史评述》,蒋孔阳译,上海译文出版社 1980 年版。

〔英〕H.P.里克曼:《狄尔泰》,殷晓蓉、吴晓明译,中国社会科学出版社 1989 年版。

〔英〕安东尼·吉登斯:《现代性与自我认同》,赵旭东、方文译,三联书店 1998 年版。

〔英〕奥斯汀·哈灵顿:《艺术与社会理论:美学中的社会学论争》,周计武、周雪娉译,南京大学出版社 2010 年版。

〔英〕伊恩·伯基特:《社会性自我:自我与社会面面观》,李康译,北京大学出版社 2012 年版。

〔英〕齐格蒙特·鲍曼:《工作、消费、新穷人》,仇子明、李兰译,吉林出版集团有限责任公司 2010 年版。

〔英〕齐格蒙特·鲍曼:《自由》,杨光、蒋焕新译,吉林人民出版社 2005 年版。

〔英〕齐格蒙特·鲍曼:《后现代伦理学》,张成岗译,江苏人民出版社 2002 年版

〔英〕约翰·哈萨德编:《时间社会学》,朱红文、李捷译,北京师范大学出版社2009年版。

〔英〕雷蒙·威廉斯:《关键词:文化与社会的语汇》,刘建基译,三联书店2005年版。

〔英〕维特根斯坦:《文化和价值》,黄正东、唐少杰译,清华大学出版社1987年版。

〔波〕瓦迪斯瓦夫·塔塔尔凯维奇:《西方六大美学观念史》,刘文谭译,上海译文出版社2006年版。

〔匈〕阿格妮丝·赫勒:《日常生活》,衣俊卿译,重庆出版社1990年版。

〔匈〕卢卡契:《审美特性》,徐恒醇译,中国社会科学出版社1986年版。

〔加〕马歇尔·麦克卢汉:《理解媒介:论人的延伸》,何道宽译,商务印书馆2004年版。

〔荷〕约翰·赫伊津哈:《游戏的人:关于文化的游戏成分研究》,多人译,中国美术学院出版社1998年版。

〔俄〕巴赫金:《拉伯雷研究》,李兆林、夏忠宪等译,河北教育出版社1998年版。

〔俄〕叶·魏茨曼:《电影哲学概说》,崔君衍译,中国电影出版社1992年版。

〔俄〕车尔尼雪夫斯基:《生活与美学》,周扬译,人民文学出版社1958年版。

〔韩〕孙海植等:《休闲学》,朴松爱、李仲广译,东北财经大学出版社2005年版。

〔日〕笠原仲二:《古代中国人的美意识》,魏常海译,北京大学出版社1987年版。

附录1　林语堂人生艺术化思想的形成

提要:"人生艺术化"是林语堂人生哲学观的体现。作为一名现代中国的知识分子,林语堂面临着中西文化选择的强大压力,生存的困境促使他通过独特的生活方式进行诗意的反抗。他提出的"新文化"理想观就是要赋予中西文化,特别是中国文化以深刻的人文内蕴和现代意义。他也正是借文化这一平台来揭橥纷繁人生的真相,并作为其个人在复杂的现代性境遇中的美学立场和生存态度。

关键词:人生艺术化;现代化;"新文化"理想;人文主义

"现代现象"是"中国三千年来未有之大变局"。[1] 由于国情的特殊性,中国的现代化之路完全不同于西方的现代化之路。西方现代化是以科技化和工业化的高度发展为条件的,但在近代以来的中国并不具备这样的客观条件。可以说,中国的现代化起初是"被迫"的,且起步时间相对较晚,因而它也就不可能一下子形成与西方同等的繁荣。同时,根深蒂固的传统文化会使中国的现代化进程面临巨大的阻碍。因此,现代化问题在中国造成了复杂的状况,这也必将引起人们的深刻思考。现代知识分子普遍地受到社会、时代氛围的感染和中西文化的双重影响。这使得他们对这一问题保持着十分的敏感,因而也有着更加深刻的反思。

林语堂就是这样一位善于反思的现代知识分子。他有着这样清

---

[1] 刘小枫:《现代性社会理论绪论:现代性与现代中国》,上海三联书店1998年版,第2页。

醒的认识:"现代化一词有个坏的氛围,中国在引进现代化的时候,不得不把它整个地接受下来。"[1]他认为,时人对于"现代化"的理解是十分片面的、狭隘的。中国的现代化是从西方输入开始的,"现代化"往往只是被作为"科学化"的代语。因此,对从西方涌入的各种现代思潮缺乏清晰的辨认和体会,而在接受西方现代文明时缺乏理性的、批判的精神,这也是必然的。但是,这种认识并不意味着林语堂是在否定,甚至抛弃"现代化"。对于任何一位明智的现代知识分子而言,他们不可能远离现实。在中西(或曰传统与现代)文化的大碰撞和交融之中,他们也必然会承当起历史的重任。艰难的选择、生存的困境将促使他们诉诸"审美"这种独特的方式来表明自己对"现代化"追求的愿望和努力。所以,"言说'现代'并不必然是一种关于现代现象的知识学建构,它也可能是一种、而且经常是一种非知识性的个体情绪反应"[2]。林语堂的人生哲学就体现在这种非常具有个人情感色彩的"生活艺术化"追求之中,而它的形成正与对"现代化"的反思密切结合在一起。

一、"新文化"理想的倡导

现代中国知识界共同面临的一个时代课题就是重建文化理想。这一课题首先与人们对"中国文化"的认识密切相关。与其他的现代知识分子一样,林语堂是一名致力于思想文化建设的启蒙者,承袭了"借思想文化以解决实际问题"的精神传统。特殊的是,他的文化理想不是以西方文化为制高点,而是以中国文化来反观西方文化,在现代化视野下张扬中国文化精神。像王国维、梁启超、蔡元培、鲁迅、宗白华、朱光潜等,这批知识分子从小接受传统的儒家文化。与他们形成鲜明对照的是,林语堂从小接受的是西方文化,特别是基督教文化。这就是说,中国文化对林语堂的影响反而是迟到的。正是这种逆向的文化接受,影响和决定了他日后思想的形成与发展。他站在现代文化

---

[1] 林语堂:《中国人》,郝志东、沈益洪译,学林出版社1994年版,第347页。
[2] 刘小枫:《现代性社会理论绪论:现代性与现代中国》,上海三联书店1998年版,第2页。

的立场领会、理解中国文化的深义,并赋予中国文化以现代意义。显然,这种立场在当时许多人看来是十分"另类"的。

在20年代林语堂曾是一位激进的反传统的先锋,以启蒙者的姿态致力于中国国民性的改造。他批评当时中国国民"癖气"太重,承认"吾民族精神有根本改造之必要"。他认为,必须"爽爽快快地讲欧化"才能实现"精神复兴"。[1] 所谓的"精神复兴"指的不是复兴中国古人之精神,而主要是指西欧之精神。他并且提出"精神复兴"的六个条件,由此表现革除传统陋习、向西方学习的决心。他也尖锐批评当时的中国文化界,表示出十分的不满:"今日中国,正处在新陈代谢,中西交汇的时期,呈一种极凌乱芜杂的现象。"[2] 他指出,中西、新旧文化的碰撞、冲突很容易使现代青年走上思想之歧途,而要使中国"文章之昌明思想之饥荒的时代一跃而为文章衰落思想勃兴的时期,必须创出一种新的、健全的、富有充实的新文化"。[3] 这种"新文化"就是那种注重改变人的精神面貌和执著于人生价值探寻的现代文化,亦即他追求的理想文化。

1932年林语堂在上海创办《论语》杂志。作为一份面向都市民众的杂志,《论语》提倡"幽默""性灵"的文学主张,关注民间生活,关怀世俗人生,由此构建了一种现代文化模式和自由人性观。这种努力尽管在当时并未获得主流肯定,但是这种"创造性"成为他日后一以贯之的动力和方向。即至晚年,他仍然思索文化复兴的问题:"我想此后的新文化也不必由新时代潮流引起激变,由东西文化交流之汇通,而揖彼注此,相辅相成,收得新的光辉与生命。"[4]他意识到世界文化之间相互交流乃是不可磨灭的事实,"实在文化接触,贵在相互吸收"。[5]

---

[1] 林语堂:《给玄同先生的信》,见《林语堂名著全集》第13卷,东北师范大学出版社1994年版,第11页。
[2] 林语堂:《论现代批评的职务》,见《林语堂名著全集》第13卷,东北师范大学出版社1994年版,第120页。
[3] 同上书,第122页。
[4] 林语堂:《关于文化复兴的一些意见》,见《林语堂名著全集》第16卷,东北师范大学出版社1994年版,第65页。
[5] 林语堂:《艺术的帝国主义》,见《林语堂名著全集》第18卷,东北师范大学出版社1994年版,第234页。

就中国文化而言，它也不应该是封闭式地存在，而必须与世界文化相接轨。但考虑到中国文化的自身特殊性，要实现"文化复兴"又必须采取自己的策略，"欧洲文艺复兴为一事，中国文艺复兴为一事"。针对中国的现实，林语堂提出了"抛弃传统的道统观念"，"避免再走上程朱谈玄的途径"的"文艺复兴"之方法。[1] 这里的要求就是摒弃旧思维，采用现代思维来复兴中国文化观念。中国文化必须要适应时势的发展，必须要在现代文化中焕发光彩，才能成为一种"新文化"。因此，实现中国文化的现代转化是必然的趋势。

面对现代化的大潮，林语堂还提出了这样非常有意思的问题："旧文化能否拯救我们？"[2] "旧文化"常被误解为传统文化，被人视作一种僵化的、守成不变的文化。但在林语堂看来，这种所谓的"旧文化"是一种"民族遗产"，是"一套道德和心理素质的体系，是活着的、能动的东西，表现为在一个新环境下对生活的某种哲学态度和对生活的反映与贡献"。[3] 这种态度包含他对中国现代化的考量。"中国除了现代化，别无它途"[4]；"只有现代化才能救中国"[5]。他认为，今日世界处于文化一体化的进程中，中国文化与世界文化密不可分地联系在一起，中国文化只有融入到世界文化的大潮中才有发展前途。如果把中国文化排斥在世界文化之外，就不可能保证它的自主权。林语堂是文化相对主义者，反对那种全盘"西化"的虚无主义。他对中国文化的现代意义持以信心，指出应当回归中国文化，而这也不会在根本上伤害对西方文化价值的认可。可以说，这是一条相对折中的中国文化现代化之路。此外，林语堂还重申了实现文化现代化的重要性。文化现代化是与国家(民族)的现代化、人的现代化相辅相成的。他认为，只有从改变人的精神、意识着手，从转变人对文化的认识开始，才能提高整个民族的生存适应能力。这就是"必须调整自己去适应现代工业主

---

[1] 林语堂：《文艺如何复兴法子》，见《林语堂名著全集》第16卷，东北师范大学出版社1994年版，第53—54页。
[2] 林语堂：《中国人》，郝志东、沈益洪译，学林出版社1994年版，第343页。
[3] 同上书，第349页。
[4] 同上书，第344页。
[5] 同上书，第347页。

义和民族主义的一切内涵",随之改变人的精神面貌,即要"人的现代化"。[1]

可以说,林语堂是一位具有强烈民族本位意识的文化论者。他没有完全认同西方文化,而是在现代化背景下认真思索中国文化的处境和出路。所谓的"思想文化启蒙""文化复兴",以及"人的现代化",这些都表达了他致力"拯救"中国文化的愿望。显然,把林语堂归为一名十全十美的"西化的知识分子",这是不够恰当的。同样,把林语堂对中国文化的情感皈依,解释为一种"汉学心态",即以西方的知识系统反观中国文化,这也必然有悖于他建立"新文化"理想的初衷,因这种叙事中的中国文化只能处于"他者"地位,遑论为民族文化求得适当的话语权。林语堂的"新文化"理想观是从现代化角度出发的,是站在民族文化和现代美学的立场,以重新确立"人"的生存地位为主旨的理想之追求。正如他在用英文写就的《生活的艺术》一书的"自序"中所言:"我也想以一个现代人的立场说话,而不是以中国人的立场说话为满足","我不想仅仅做一个虔诚的移译者,而要把我自所吸收到我现代脑筋里的东西表现出来"。[2]

二、"新文化"策略及人生论导向

就"新文化"理想的构建而言,林语堂的策略主要包括以下几方面:

其一,提出评价文化的标准。

"文化"作为一个范畴,不仅内涵十分宽泛,而且在形态上也很丰富。它不仅表现为一种物态化的东西,而且也表现为一种意识化的或是精神性的东西。林语堂说:"文化也者,盖为闲暇之产物,而中国人固富有闲暇,富有三千年长期之闲暇以发展其文化。"[3]这是一种同时注重物质性和精神性之表现的文化概念之界定。

在西学东渐的大潮中,现代知识界对于西方科学、文化的引入是

---

[1] 林语堂:《中国人》,郝志东、沈益洪译,学林出版社1994年版,第349页。
[2] 林语堂:《生活的艺术》,越裔译,东北师范大学出版社1994年版,第5页。
[3] 林语堂:《吾国与吾民》,黄嘉德译,东北师范大学出版社1994年版,第126页。

全盘性的,对其认识主要是从物质性的,即实用性的层面来考虑的。因此,学理性、概念化的意味比较浓厚。随着此后的发展,一些富有理智的知识分子开始注意对与科学、文化等相关的各种名词、术语进行辨正。如在当时,就流行"物质文明""精神文明""机器文明""唯物文明"等概念。固然,这些概念对促进中国传统文化观念的现代转化具有积极意义,但在客观上造成了文化论争的混乱局面。胡适曾在《我们对西方文明的态度》一文中表达了"一心一意的现代化"的观点。常燕生认为,胡适的观点是有失偏颇的,主要在于"东西文化"这一概念本身就不科学。他说:"世界上并无东西文化之区别,现今一般所谓东西文化之异点,实即是古今文化之异点。"[1]为此,他还提出了相关的理由,如文化始终是在进步的,文化的特性在于"利用厚生"的目的。

  林语堂亦反对所谓的"东西文化"之说。他认为,把文化进行"东"与"西"之分,这种区别不能代表什么,把文明进行"物质"与"精神"之别也根本不能代表什么。"实则东西文明同有物质文明与精神文明两方面,物质文明并非西洋所独有,精神阐明也并非东方的奇货","无论何种文明,都有物质文明与精神文明两方面,并且同一物质方面也有他的美丑,同一精神方面,也有他的长短,不能只有两个字'物质'或'精神'的招牌给他冠上完事"。而且他认为,物质文明与精神文明不是同步发展的,"必有物质文明,今日中国,然后才有讲到精神文明,然后才有余暇及财力来保存国粹"[2]。在澄清了有关"文化"的各种概念之后,林语堂也并非一味地排斥彼此,数落各自的缺点,而是在一种平等的基础上对中西文化进行阐说。即他并没有以一种"文化优越"论者的姿态排斥某一种文化,或以东方文化取代西方文化,或以西方文化取代东方文化,而是兼收并蓄,建立起一种普遍的文化观念。为此,他提出了一个文化评价的标准:"谈不到人生便也谈不到文

---

[1] 罗荣渠主编:《从"西化"到现代化:五四以来有关中国的文化趋向和发展道路论争文选》,北京大学出版社1990年版,第174页。
[2] 同上书,第194页。

化","把东西文化放在人生的天平上称一称,才稍有凭准"[1]。他认为,评判中西文化各自的价值,必须看哪个更能使人生趋于完满。他要求把是否趋于"完满的人生"作为评价文化的标准。

其二,强化文化的批评功能。

林语堂认为,建立"新文化"的动力在于"现代批评",强调对传统文化、外来文化必须加以理性的分析、批评,"靠我们自己的智力方可"。他说:"现代的文化,就是批评的文化。"[2]被赛珍珠誉为"历来有关中国的著作中最忠实、最钜丽、最完备、最重要底成绩"[3]的《吾国与吾民》从全新视角对"中国人"进行了全方位的解读,内容丰富,包括中国人的德性、中国人的心灵、人生之理想、妇女生活、社会生活和政治生活、文学生活、艺术家的生活、生活的艺术等。林语堂认为,要对中国文化作出一个合理的解释或看法,那就必须使中国文化具有普遍的和现实的意义。"我以为观察中国之唯一方法,亦即用以观察其他任何各国之唯一方法,是搜索一般的人生意义,而不是异民族的舶来文化,要渗透表面的古怪礼貌而觅取诚意的谦德;要从妇女的艳装异服下面,寻求真正的女性与母型;要留意男孩子的顽皮而研究女孩子的幻想,以及婴儿之笑涡,妇人之哭泣,丈夫之忧虑,都是全世界各处相同的表象。是以吾人只有经由丈夫之忧虑与妇人之哭泣,始可能精确地认识一个民族,差异处盖只在社会行为之形式而已。这是一切健全的国际批评之基点。"[4]他着重于东西方人的心理沟通,并通过人生层面架起桥梁。这本书与稍后的《生活的艺术》在西方的出版均引起了强烈反响,使得西方人极为推崇中国人的艺术化生活。这也从一个侧面反映出中国文化的特色和东西文化共存的意义。

其三,注重在比较中确立。

应该说,比较仅仅是一种方法,而不是一种目的。比较首先指的

---

[1] 林语堂:《谈中西文化》,见《林语堂论中西文化》,上海社会科学院出版社1989年版,第120页。
[2] 林语堂:《论现代批评的职务》,见《林语堂名著全集》第13卷,东北师范大学出版社1994年版,第123页。
[3] 林语堂:《吾国与吾民》,黄嘉德译,东北师范大学出版社1994年版,第6页。
[4] 同上书,第14页。

是一种差异。中西文化和思想法存在不同的侧重点:"中国重实践,西方重推理。中国重近情,西人重逻辑。中国哲学重立身安命,西人重客观的了解与剖析。西方重直感。西洋人重求知,求客观的真理。中国人重求道,求可行之道。"[1]不仅如此,中西哲学思路及论辩法也不同:"中国重情,西方重理。理是分析的,情是综合的;理的方法在于别,情的方法在于和。理把人生宇宙剖析无遗,情必把宇宙人生整个观法,而得天地之和。西洋重理,即 Reason。中国人却认为单说理不够,必须加一情字,合情合理,然后为是。"[2]直至晚年,林语堂仍不厌其烦地谈论中西之不同。在《无所不谈合集》中有论"人生"这样主旨一贯的一组文章。这些曾发表在当时各类报纸上的文章,包括《论色即空》《说戴东原斥宋儒理学》《说西洋理学》《论孔子的幽默》《论情》《论趣》《论利》等。其中多是对中国古代哲学、西方哲学中的一些基本概念进行深入浅出的评述,能使我们更清楚中、西之间在观念层面上的不一致和在人生层面上的一致。

　　比较更像是一场对话。对话是一种特殊的文化存在方式。在对话中,不同的文化主体相互接触、交融,而且彼此又发生突变,从而会引起新的审美生成。林语堂将中、西文化置于人生的场域中,使其碰撞、裂变和整合。这就使得文化超越了时空的限制,为形成他独特的文化情怀和审美人生提供了契机。正如王光甫所说:"从中西思想方法的比较上,语堂先生的文艺理论与文化思想才告完成。"[3]可以认为,文化及美学的比较夯定了林语堂"新文化"理想的人生论导向。

三、"新文化"理想的人文主义特性

　　林语堂"新文化"理想是落实于人生这一层面的。真正有价值的文化都在于造就一种富有生活旨趣的人生;相反,抹杀人生意义,遮蔽

---

〔1〕　林语堂:《论中西思想法之不同》,见《林语堂名著全集》第 16 卷,东北师范大学出版社 1994 年版,第 81 页。
〔2〕　林语堂:《论情》,见《林语堂名著全集》第 16 卷,东北师范大学出版社 1994 年版,第 33 页。
〔3〕　邢光祖:《记林语堂论东西思想法之不同》,见《林语堂名著全集》第 16 卷,东北师范大学出版社 1994 年版,第 97 页。

人生的事实必然是对"新文化"理想的叛离。从根本上说,林语堂的"新文化"理想是与西方人文主义传统相对应的。人文主义作为西方启蒙时代的思想主潮,主张以"人"为中心,信赖理性,并依据不断扩充的知识来充分发挥人的潜能。但是,正如许多西方现代美学家早已指出的:通过高度发展的科技和物质力量来展示人的本质力量,必然会使人发展到沦于野蛮的危险境地。因此,理性和知识万能是一个极大的"神话"。林语堂深切洞察到西方人文思想的危机。他指出,人文思想领域日益受到科学的物质主义的侵入,把人文思想当作与自然科学同等,从科学的角度作出解释,以"只是实事求是,不加善恶的论断"的科学的态度来追求人文意义势必遮蔽人生诸多问题,因为"人类生活到底与草木金石不同。凡是人生哲学的中心问题,如善、神、永生、心术、意见及立身做人的道理,都没法研究了","如今人文科学的教授已陷入一种境地,只管在人类的活动中,求得机械式的公例",造成了"悲观主义"的盛行。[1] 林语堂竭力反对"人文科学"这个名称。在他看来,如果把哲学、道德、文学艺术在内的人文领域纳入科学范畴,用自然科学的观念和方法研究必然会扼杀丰富深刻的人文精神。他把自然科学与人文学科视为彼此不可侵犯的领域,认为客观实证的阐释方法"在自然科学是一种美德,在人文研究,却必是一种罪恶"。[2] 因此,他主张用"人文学科"代替"人文科学"这个概念,并示与"自然科学"的区别。

面对这样一个人文精神失落、人的价值分崩离析的世界,林语堂表现出了强烈的道德忧患意识,以至最终发展成为一种人文主义的宗教态度。"三十多年来我唯一的宗教乃是人文主义。"[3] 他对人文主义的执著追求已成为宗教般的强烈信仰。换言之,由于受基督教影响讳莫至深,使他宗教信仰抹上了极其浓厚的人文主义色彩。

---

[1] 林语堂:《西方人文思想的危机》,见《林语堂名著全集》第16卷,东北师范大学出版社1994年版,第128页。
[2] 同上书,第130页。
[3] 林语堂:《从人文主义回到基督信仰》,见《林语堂散文经典全编》第1卷,九州出版社1997年版,第566页。

现代中国知识分子常常表现出一种美学的宗教文化情结。王国维赞同康德(汗德)的"宗教与道德合一说"(1906):"夫说道德者自不得不导入宗教。何则?最高之善乃道德上必然之理想,而此理想,唯由上帝之观念,决不能为道德之动机故也。故从汗德之意,真正之宗教在视吾人一切义务为上帝之命令。"[1]蔡元培提出"以美育代宗教说"(1917)。他将美育与宗教进行对比,以见出宗教明显的局限性,即美育是自由的、进步的、普及的,而宗教是强制的、保守的、有界的。故祛弊养正人的情感,必须舍弃宗教而以"纯粹之美育"易之。[2] 与他们不同,朱光潜认为宗教具有一种"无言之美"(1924)。"无言之美"不限于美术,"在伦理哲学教育宗教及实际生活各方面,都不难发现","佛教及其他宗教之能深入人心,也是借沉默神秘的势力"。[3] 他们都把宗教置于与道德或美学(美育、美术)的关系中进行立论。显然,宗教是一个没有被现代美学家们回避的重要问题,只是针对的问题维度不同而已。林语堂既是一位科学崇尚者,又是一位坚决的反科学主义者。但是这种"科学"立场,并不意味着他不能笃信宗教。他认同中国文化的价值,尤其是在面临西方文化的压力时,迫切需要保持自己的情感平衡,需要从文化的经验和记忆中寻找精神的皈依。他一方面认同科学的价值,另一方面崇尚宗教的意义。正是这种调和、折中的思维方式,显示出他的宗教观和生活态度的人文性。

总之,林语堂倡导"新文化"的理想,致力"文化人"的建设,是一位真正的"文化"实践者。在他的内心世界,始终杂糅着现代与传统的双重文化关系。但是这种影响并没有使他陷入一种非此即彼的文化选择模式之中,反而表现出一种宽容、调和的文化心态,自言"以自我矛盾为快乐"。[4] 他善于容纳各种文化,并本以理性的态度吸取中西

---

[1] 王国维:《汗德之伦理学及宗教论》,见《王国维文集》第3卷,中国文史出版社1997年版,第311页。
[2] 蔡元培:《以美育代宗教说》,见《蔡元培美育论集》,湖南教育出版社1985年版,第43—47页。
[3] 朱光潜:《给青年的十二封信·附录一》,见《朱光潜全集》第1卷,安徽教育出版社1987年版,第70页。
[4] 林语堂:《八十自叙》,见《林语堂名著全集》第10卷,东北师范大学出版社1994年版,第245页。

文化的积极因素,自诩"对外国人讲中国文化,对中国人讲西方文化";以"两脚踏中西文化,一心评宇宙文章"为座右铭。[1] 可以说,作为一名现代中国的知识分子,林语堂始终持守着人文主义立场,立足人生,关注人的生存处境。"文化"正是他用于揭橥纷繁人生真相的平台,而"人生艺术化"这种审美主义思想形成的基点也在于此。

(原载《天府新论》2005年第6期,收入本书时进行了较大幅度的修改)

---

[1] 林语堂:《林语堂自传》,见《林语堂名著全集》第10卷,东北师范大学出版社1994年版,第31页。

附录2 当代电影中的金鱼意象探析

提要：当代电影中经常出现金鱼意象。金鱼本是一种由鲫鱼变异而来且观赏性很高的特殊鱼种,但在电影中是一种"有意味的形式"。金鱼在电影中具有不同的出现方式,"看"金鱼成为一个关联多重关系的视觉性事件。金鱼在电影中又承担不同的审美功用,形成了衬托、暗示、隐喻等不同的修辞形式。尽管金鱼产于中国,但如今已出现在不同国度的电影中。我们可以从金鱼意象中体会到东西方人不同的审美取向和文化心理。

关键词：金鱼；视觉意味；审美修辞；文化想象

近年来代表中国文化符号的熊猫、象征自由和战斗精神的鸟、寓含嗔恨和贪婪意味的蛇等不断地呈现在银屏上,不少导演似乎十分青睐动物意象。动物意象已成为值得我们关注的文化现象之一。众所周知,动物与人类都是地球上的存在物,两者具有共生关系。我们可以说没有动物就没有人类,动物是人类生存不可或缺的"伙伴"。但动物与人类之间的关系又是微妙的,有的因形态优美或性格温驯而成为人类的朋友,而有的则因其外表丑陋或具有攻击性而成为人类的敌人。由于动物与人类朝夕相处,人类总是在寻求与动物之间的利益关系。特别是随着当代人生态意识的逐步增强,自然存在的各种动物都得到了一定程度的人文关怀,它们也愈来愈成为当代文学、影视艺术等关注的重要对象。显然,"动物"在各种人文艺术中是"有意味的形式",具有相当重要的存在意义。本文试对当代电影中存在的金鱼意象的问题进行探析。

一、金鱼的视觉意味

金鱼是地球上无数动物中最具有观赏性的物种之一。根据史料的记载和科学实验证明:金鱼起源于我国普通食用的野生鲫鱼。它先由银灰色的野生鲫鱼变为红黄色的金鲫鱼,然后经过不同时期的家养,再逐渐变为不同品种的金鱼。现在的品种有文种、龙种、蛋种三类,而颜色上也更多样,有红、橙、紫、蓝、墨、银白、五花等。金鱼易于饲养、形态优美且能美化环境,很受人们的喜爱,是一种特有的观赏鱼。可以说,金鱼是一种天然的活的艺术品,具有相当的可看性和极高的审美价值。鉴此,我们在电影这种影像艺术中经常"看"到金鱼在水中自由自在游动的画面,或是影片中人物在"看"自由自在游动的金鱼的情形。这种"视觉"事件的发生当是极富意味的。

我们所"看"到的金鱼大致充当两种角色:一种是主角,一种是配角。作为主角的金鱼主要集中在一些动画电影中,如苏联的《渔夫和金鱼的故事》(1950)、中国的《美丽的小金鱼》(1958)、日本的《悬崖上的金鱼公主》(2008)等。在这些电影中,金鱼都被拟人化,具有美好、善良、勇敢、智慧、感恩等人性特性。这些寄托了人类理想的金鱼,自然能够对电影主题起着相当重要的提示作用,如中国的《霸王别姬》(1993)、《极度险情》(2002)、《兄弟》(2007)、《明明》(2007)、《恋爱前规则》(2009)、《非常完美》(2009)、《听说》(2011)《建党伟业》(2011),韩国的《雏妓》(1998)、《春夏秋冬又一春》(2003),伊朗的《白气球》(1995)、《小鞋子》(1999),美国的《丑陋的真相》(2009),法国的《天使爱美丽》(2001),泰国的《爱久弥新》(2009),英美合拍的《一条名叫旺达的鱼》(1988),爱尔兰的《金鱼的记忆》(2003)。在这些影片中,金鱼拥有多重身份特征,成为具有丰富审美蕴藉的意象。

以上所说的金鱼的两种角色在影片中的分布情况又是复杂多样的。一般来说,一种意象可以出现在影片的各个时段,或是开始,或是中间,或是结尾,或是在各个时段交叉出现。如《非常完美》《天使爱美丽》等电影中是出现在开始时段,或是简要的,或是含蓄的;如《兄弟》《明明》《听说》等电影为了承上启下,更好地衔接画面而将其置于中间时段；如《小鞋子》等电影中则出现在结尾阶段，往往成为一个象征性的画面；如《极度险情》等则同时出现在开始和结尾阶段，形成了首尾呼应的效果；如《恋爱前规则》《白气球》等则在电影不同时段均出现，从而构成了推动情节发展的另一条线索。

金鱼在电影中出现的时段也是对出场频率（次数）的说明。以金鱼为主角的电影当然处处都在表现金鱼，并且贯穿一部电影的始终；而以金鱼为配角的电影，出现的次数则是相当有限的，或只是一次，或是两次，或是多次出现。如在《非常完美》《兄弟》《明明》《听说》《小鞋子》《丑陋的真相》《天使爱美丽》《春夏秋冬又一春》等电影中，出现金鱼的画面只有一次，即导演通过镜头特写的方式呈现金鱼在水中自由游动的情形。如在《美丽的小金鱼》《恋爱前规则》《霸王别姬》《极度险情》《爱久弥新》《金鱼的记忆》《雏妓》《春夏秋冬又一春》《悬崖上的金鱼公主》《白气球》《一条名叫旺达的鱼》等电影中，金鱼出现的次数就不止一次，有的是以同一画面反复出现的，有的是以不同的画面不同角度出现的。金鱼在影片出现次数的多少并不会影响其在电影中作用的大小，即使只出现一次，如果能巧妙运用，依然能给观众留下深刻的印象。相比之，两次或多次出现则往往起着强调作用，能给观者提供一种解读上的指向。

无论从充当的角色、出场的时机，还是出现的次数看，金鱼意象在不同电影中定然具有差异性。这种差异的形成可以归于三方面的原因：第一，就金鱼本身而言，它拥有美丽的体形，是一种具有可看性的无声动物，不像通过叫唤以表达自己的情绪的狗或猫等有声动物。第二，对电影中的人物而言，金鱼也许是最好的精神伴侣，"看"金鱼也许是最好的心灵慰藉方式之一，因为金鱼安静悠闲而灵动，它像一个安静的忠实的倾听者，而它的每一次尾巴的摆动和一个水泡的吐露，又像是对人无声的回应。第三，对观影者而言，这是一种绝妙的"风景"，构成了一种"特殊的存在"。正如卞之琳所写的诗："你站在桥上看风景，看风景的人在楼上看你。明月装饰了你的窗子，你装饰了别人的梦"（《断章》）。"看"是人类的一种行为，一种反应，也是一种对自我存在的审视。"我们从不单单注视一件东西；我们总是在审度物我之间的关系。我们的视线总是在忙碌,总是在移动,总是将事物置于围绕它的事物链中,构造出呈现于我们面前者,亦即我们之所见。"[1]多重的"看"构成了事物之间复杂的交际关系,彰显出一种特殊的视觉张力,这也成为我们关注电影中金鱼意象的最重要的原因之一。

二、金鱼的审美修辞

电影画面是"一种具有形象价值的具体现实","一种具有感染价值的美学现实","一种具有涵义的感知现实"[2] 以画面为基本构成的电影语言都是富有审美表现力的,而进入电影中的各种物象又都是经过导演精心选择并赋予了特定功能的。因此,现实中的景、物一旦进入画面,就成为了具有审美性的对象。在现实生活中,这些物象往往是苍白的、死寂的、中性的、无知无觉的、没有感情的,并不具备叙事、表意或者抒情的作用,但在电影中则成为了独特的、个性的、多义的,甚至是会说话的、带思想感情的、有灵魂的对象。它们不仅可以成为人物生活的物质环境,而且成为表现人物的情绪、性格、思想的载体,甚至成为有生命的、参与人物活动并推动剧情发展的重要手段。"意象"标注了人类种种情绪经验和人生意识,而观者由于被这些意象所触动,也往往被唤起丰富的审美体验。在这个意义上说,意象构成了一种审美修辞。金鱼这种在电影中屡屡出现的意象同样涵括了这样的审美行为,那么电影又是以何种方式进行审美修辞的呢?

从实际情况看,那些运用金鱼意象的电影总是通过各种方式进行审美表现。其中一种比较简单的方式就是"烘云托月",即用金鱼作陪衬,以突出人物的性格或生活特点。由于金鱼在许多文化中是优质人性的"代名词",因而成了正面人物的替代物或反面人物的对比物。《一条名叫旺达的鱼》(或译《笨贼一箩筐》)讲述的是一群笨贼在抢劫了钻石后各自打着如意算盘却都不如意的故事。影片中有一个患有

---

[1] [英]约翰·伯格:《观看之道》,戴行钺译,广西师范大学出版社2005年版,第2页。
[2] 参见[法]马塞尔·马尔丹《电影语言》,马振淦译,中国电影出版社1992年版,第1—9页。

口吃的名叫"肯"的人,他的宠物是一条名叫"旺达"的金鱼。由于"肯"认为它"能够信任","也不会经常炫耀",金鱼旺达成为他最好的朋友和精神伴侣。应该说,导演选择金鱼是事先充分考虑到两者的类同性,如肯是口吃的,不擅于表达自己,这与金鱼不会表达自己的情绪相似;肯是忠于笨贼这个群体的,这与金鱼的忠实相似;肯又是一个孤寂的、不被人理解的、反被他人愚弄的人物,因此也只有金鱼旺达才能成为他最忠实的听众和朋友。影片借金鱼旺达这一意象既讽刺了笨贼们的贪婪人性,又披露了一个充满谎言的世界。在这个世界中,我们看到了人类的一种无奈,即人们在背叛的同时还保留了仅剩的对动物的那一点可怜的信任,而人最信任的对象居然只有动物。

正如洪深所说:"灯光、音乐也可暗示情感,给与表演上很大的帮助。"[1]作为意象的金鱼也起着这种暗示作用:可以暗示影片中人物性格特点、心理变化、剧情的发展,等等。影片《爱久弥新》中有两组特写给人印象极深。镜头一:阳光下,每个透明的袋子里都有两条嬉戏的金鱼;镜头二:下大雨,伯伯送婶婶到家门口。门口神情严肃的儿子,用伞接过婶婶径直往家里走,独自留下伯伯淋雨,而此时的婶婶像初恋女孩般偷偷跟伯伯挥手告别。挥手的刹那,紧托金鱼的一只手脱离了。这两个镜头中都有金鱼意象的出现。这一意象分别具有这样的意义:一是暗示了俩人的婚姻与爱情,这两条金鱼好比是热恋中的婶婶和伯伯。婶婶双手托着金鱼,买走了其中一对,更是体现了婶婶对这份难得的恋情的珍惜与重视;二是暗示了两个人感情遭受到了挫折。前后两组镜头预示了事件矛盾冲突的演进,推进了剧情的发展。影片还利用金鱼记忆的短暂与老、青两代感情的持久形成强烈对比,从而形成了巨大的想象空间。又如影片《恋爱前规则》中有一对主人公:一个是持有"不恋爱"主张的宅男,一个原是与男主人公素不相识的、有着众多追求者的空姐。男主人公十分喜欢金鱼,家中摆有形状各异的金鱼缸,里面养着许许多多透红色的金鱼。我们看到:当女主

---

[1] 洪深:《电影戏剧表演术》,见《洪深文集》第3卷,中国戏剧出版社1957年版,第183页。

人公出现在男主人公家中时,出现金鱼的画面与出现女主人公的画面是交错出现的。这暗示着男主人公的"精神伴侣"从金鱼慢慢转变为女主人公。同时,影片在两人的情感发展上多次设置障碍,也是通过"金鱼"进行巧妙化解的。可见,影片借助这一动物意象含蓄地表达了男女主人公之间微妙的情感变化,显示出两个人物之间关系在曲折中发展的"真实"。

有些电影则对金鱼意象进行了更为深刻的审美化处理。《非常完美》中的女主人公被未婚夫抛弃,当她回家开门之后,发现屋内一片狼藉。这时镜头给金鱼缸特写:金鱼缸中的水已经浑浊得有些泛白,仅剩的两条金鱼死了。这一镜头既营造了死寂和混乱的气氛,又是用金鱼来象征爱情,即金鱼的死亡意味着女主人公的爱情也死亡了。因此,金鱼的情状和遭遇似乎说明了女主人公被抛弃后的凄凉生活。《天使爱美丽》直接表述了金鱼的身份——女主人公埃米利的好朋友,金鱼被赋予人性,它患有抑郁症,也会有自杀倾向。其实,金鱼就是埃米利的替身,影片正是以金鱼的遭遇来隐喻埃米利的境遇。这两部影片都是以金鱼的感知、体验、想象、理解、谈论等方式来展现主人公的心理、语言和文化行为。金鱼的生存现状成为主人公生活境遇的隐喻,或者说是运用金鱼意象来表达对当代社会、人生的深刻思考。

总的来说,电影通过衬托、暗示、隐喻等不同的修辞方式来表现金鱼的审美功能,对影片也起到了一种"尽意"的作用。虽然金鱼作为一种意象具有强烈的主观性和不确定性,是"一种完全存在于人的意识中的幻象,是虚幻的对象"[1],但是它在特定的语境中具有了相对积极的意义。这就是通过金鱼意象来揭开人类微妙、隐秘、深层律动的心灵世界,展现充满欲望的、悲喜交加的人性本色,从而传递现代人矛盾、异化的精神现实。把握这些特点,也使我们在观看电影时有了一个审美逻辑支点。

---

[1] 谢冬冰:《表现性的符号形式:"卡西尔—朗格美学"的一种解读》,学林出版社2008年版,第194页。

三、金鱼的文化想象

无论从产生还是发展来看，电影都可以视为一种文化。"将电影视为文化，包含着这样两层意识：第一，电影作为文化载体，也即影片本文所呈现的文化内涵。无论是作为一种艺术形式，还是作为一种文化形式，电影都将反映特定时代、国家、民族、地域的社会文化现象，并进而表现其特有的文化价值观念。第二，电影自身作为文化。文化影响、制约并且孕育了电影，电影反作用于文化，促使文化观念的再生产。"[1]作为文化的电影总是有它的特殊规定性和表现方式。它并非是一种直白的、概念的、理论的陈述，而是要借助于由各种意象组成的画面传递文化信息。当然，这必须首先建立在意象符号本身的丰富蕴含之中。尽管金鱼这种鱼种是源于中国的，是中国文化中最具有代表性的符号之一，但如今已不再是中国文化的"专利"，亚洲和欧美的许多民族也都使用金鱼这一文化符号。在不同的文化背景下，金鱼自然也被赋予了不同的文化底色。当代电影中的金鱼成为渗有民族心理特征的重要的文化想象物之一。

《霸王别姬》中主人公程蝶衣用变异的身份演绎了一个"真虞姬，假霸王"的感人故事。程蝶衣曾遭到两次阉割：第一次是在幼时，母亲将长有六指的他送进了戏班，并被剁去了第六指；第二次则是师哥用烟斗捣鼓他的嘴，为的是让他记住那句台词："我本是女娇娥，又不是男儿郎"。第一次阉割使程蝶衣丧尽了童趣，失却了母爱；第二次阉割使他慢慢混淆性别，假戏真做。这两次阉割都使得程蝶衣对自我的身份认同发生了变形和扭曲。电影巧妙地借用了金鱼这一意象来呈现程蝶衣的内在心理世界。片中有这样一组画面：一副屏风，上面绣有金鱼和水草，屏风的后边则是一个给程蝶衣读信的人。程蝶衣是一个供人观赏、娱乐的戏子，一方面是孤芳自赏，另一方面是忍受孤独和寂寞。他沉溺在自己理想中的霸王与虞姬的世界里，与现实世界扞格不

---

[1] 陈晓云、陈育新：《作为文化的影像：中国当代电影文化阐释》，中国广播电视出版社1998年版，第5页。

入,这之间仿佛有一道屏障。而这个屏障正来自他的内心:由两次阉割后所造成的结果,像由变异而来的金鱼。在毒瘾发作的时候,程蝶衣更是将手伸入金鱼缸中,这是无助的挣扎和无从的解脱。在戒毒的时候,程蝶衣身体颤抖,痛苦地呻吟,口中喊着:"娘,我冷。"现实世界中的"虞姬"菊仙给程蝶衣盖上一件又一件的衣服,并像一个母亲一样一把把他搂在自己的怀中。两个"虞姬"之间的仇怨似已得到化解。这时,我们又看到了金鱼,那一缸金鱼,那一缸水已浑浊泛白而里面却拥挤了活得并不自在的许许多多的金鱼。金鱼的处境就是程蝶衣个人处境的真实写照。导演在电影中反复使用了金鱼画面,既通过金鱼暗示主人公的心理活动与实际生活现实,又显露出中国文化的一种独特内涵。程蝶衣的人生经历犹如"戏梦人生"。这部电影用中国文化积淀最深厚的国粹京剧艺术及其艺人的生活,充分发掘了人性,展现了特定环境中个体的生存状态;通过几十年时事风云的展示,广泛传达了中国的文化和历史,并透射出电影人对中国传统文化的哲学思考。

在亚洲其他国家的电影中,金鱼意象也被浸染上本民族的文化因子。受中国文化影响,日本人也有一种金鱼情结,并对金鱼这种动物拥有特殊的感受。《悬崖上的金鱼公主》塑造了一条灵动、可爱、善良的精灵——金鱼,它带领我们进入了一个神秘的、万物共存、超现实的理想世界。电影深刻表现了人类内心深处的一种对美好生活的渴望之情。导演宫崎骏在这部动画中充分考虑到了日本民族的文化心理。这个民族具有多神信仰的传统,视自然界各种动植物为神祇,赋予天地万物以灵性。这种观念长久地渗透到日本人的日常生活和思想观念、思维方式中,这些在电影中都有着独到而全面的反映。地处内陆且宗教文化浓厚的伊朗有不少影片在世界上产生重要影响,《小鞋子》即是其一。这部电影讲述了生活在贫困家庭中的一对兄妹为了一双小鞋子的感人故事。我们在片尾看到:一群小金鱼围拢过来亲吻哥哥脚上的水泡,而此时在哥哥既伤心又疲倦的脸上则露出了笑容。应该说,这个画面是非常深刻的。哥哥本想通过跑步比赛为妹妹赢得一双鞋子,无奈得了第一名而不是第三名(第三名的奖品正好是一双鞋子)。哥哥的这种心理有悖常理。令观者感到更奇特的是:这些在水池中游动的金鱼却成为唯一能体谅哥哥的对象。电影借助这一组画面反映了伊朗缺水的生存现实、被规训的教育体制和深受伊斯兰宗教影响的文化传统。

西方没有原生态的金鱼文化,它基本是被整合到鱼文化当中。我们知道《圣经》中就有鱼的形象,它是诺亚方舟上仅有的几种动物之一。因此,以金鱼等为代表的鱼类在西方文化中代表了一种生命,代表了人的情感和欲望,并且是作为理性文化的一部分。西方当代电影也广泛利用这种具有文化色彩的金鱼意象。如英美合拍电影《金鱼的记忆》讲述了这样一个哲理:"某些人拥有的是与金鱼一样短暂的记忆,对待爱情也只有三秒钟的记忆。"金鱼意象在电影中反复出现。在影片开始前五分钟两次出现一块有金鱼图案的浴帘。浴帘原是一块遮羞之布,而在浴帘后面则是赤裸裸的身体。浴帘上的金鱼图案显然具有深义,它象征了人类的一种欲望,预示着人类身体内的一股强烈冲动。之后,金鱼意象又在影片中多次出现。如出现在一个酒吧的柜台上,它成为剧情的见证者:大学教师和他的金发女学生在这里谈什么是爱情,而他交谈爱情的目的是俘虏对方的爱情;汤姆的女友发现了他的男友背叛她之后,与安姬在这里约会,开始了她的同性恋生活;康佐同时与一个男人和一个女人交往;大卫背着女朋友和男人布屈搞暧昧……在这里,寻欢作乐的人们仿佛只拥有三秒钟的记忆,正如金鱼的记忆般短暂:三秒钟前对这个人说我爱你,三秒钟后却躺在另一个人的怀抱。人与人之间似乎只有欲望而没有感情。柜台上的金鱼见证了灯红酒绿的生活,察觉到人们混乱多变的情感及其脆弱性。这一画面反复出现。爱情本有的恒久性与金鱼仅有的三秒短暂记忆之间形成了鲜明对比。这部电影深刻地讽刺了现代社会人类感情的混乱,从而形成了与东方国家的电影不同的文化利用方式和现代价值诉求。

金鱼意象在当代电影中的普遍运用使得金鱼不再是简单的道具,而是重要的审美符号和文化意象之一。"文化意象是一种文化符号,它具有了相对固定的独特的文化含义,有的还带有丰富的意义,深远的联想,人们只要一提到它们,彼此间立刻心领神会,很容易达到思想沟通。"[1]"金鱼"是不同群体之间进行"思想沟通"的中介,而通过这一意象也可以更好地促进我们对不同文化内涵电影的理解。因此,透过意象可以得其文化底蕴,为我们解读电影提供知识上的背景,而意象的主观性、不确定性的确又为我们利用意象提供了各种契机和可能。本文对金鱼意象在当代电影中的运用分析明白地说明了这一点。最后,必须提及的是,金鱼只是作为当代电影中众多意象的一种,其实还有其他许许多多的动物意象亟待我们去进一步探析。

(原载《阅江学刊》2012年第6期)

---

[1] 谢天振:《译介学》,上海外语教育出版社1999年版,第126页。

后　记

　　本书是在《休闲美学读本》的基础上扩展、深化而来。自 2011 年 5 月出版之后,我一直努力准备撰写一本与此书相配套的学术著作。然而当时我进入了首都师范大学中国语言文学博士后流动站工作,在此期间主要从事中国现代美学关键词的研究,与此书的关联并不很密切,于是本书的撰写一事被迫耽搁下来。出站报告从准备到完成,也是夜以继日,历经千辛万苦,两年多时间就就这样一晃而过了。直到 2013 年下半年,我才终于腾出时间考虑此事,而稍前以此申报的浙江省社科规划课题也被批准立项,于是集中精力完成本书就成为当务之急。

　　本书的写作虽然已有相当的前期积累,但是真正把它作为一项学术课题来研究,难度超出了我的想象,因为需要顾及的方面太多了。"读本"主要由导论和正文两部分组成。导论提出了休闲美学的研究框架,正文是将精心遴选的 49 篇文章(有的是节选)分别置于各个篇章中,两者相得益彰,初步呈现了休闲美学的面貌。为了与之配套,我尽量保留原来设计的框架、结构,也作了适当的变动。在撰写的过程中,除尽量吸收原来的资料之外,还增加了不少资料。许多章节差不多是重新构思而写的,调整较大的是第一章,完全新增的是第一章第一节和第四章第三节。我在许多节之后特意增加了关键概念的辨析,希望起到深化作用。总之,我尽量做到完整、扎实、可靠,以保证学术质量。这里还需特别提及:我把在"读本"绪论中提出的核心观点又作为本书的结论,以便对自己近些年就休闲美学问题的思考有所回应,也算是对当初的设想有个交代。此外,这也牵涉到我即要专心投入研究的一项课题,希望借此保持思维上的衔接。

后　记

　　休闲美学研究这项充满挑战的学术工作填满了我的日常生活——整日地想，整日地写，只是对写作效率不敢恭维，还顶着"休闲"的帽子，自己却难得休闲一把，有愧于生。要休闲，其实真的很难。值得欣慰的是，我住在高楼，可以极目远眺、放眼轻松：绵延的南山，若隐若现；迤逦的北山，雄伟峻拔，山岳给予了我无穷的诗意和想象！其实，人一刻也离不开大地。据说古希腊神话里有一个叫泰坦的大力神，他的脚踵一旦离开大地就被击倒。神尚且需要植根之地，更何况是人？我们不停地活动，多数时候无非是在重复自己。我们应该多养些"地力"，我们需要休闲。汉语"休闲"的本义就是让土培养一些地力，以备下一轮生长出更多的"美味"（沈志屏《话说休闲》）。

　　感谢浙江省社科规划办将此项课题进行立项。感谢张法老师和浙江师范大学美学、文艺学学科其他各位老师，他们的鼓励、建议也促使我能够及时完成本书。还特别感谢闵艳芸编辑，她的认真、细致使本书质量得到提高。

　　本书多个章节已先期刊发。书中凡征引之处已尽力注出，恐有疏漏或错讹，敬请谅解。限于本人学识，可能还会有许多不妥之论。各种不当之处，一并期待读者批评、指正。

2015 年 7 月 20 日